"O livro é de fácil compreensão e reconfortante — os autores incentivam cada passo. No início, estava insegura em fazer os exercícios, mas depois de 1 hora, eu mal conseguia escrever rápido o suficiente! Algo muito valioso é a forma como este livro ajuda a distinguir entre fatos, pensamentos e sentimentos e mostra como lidar com cada um deles. Altamente recomendado."

— **Linda H.**,
Saskatoon, Canadá

"Este é o livro sobre TEPT que eu estava esperando. Nem todo mundo pode consultar um terapeuta. As estratégias apresentadas pelas autoras são fundamentadas em pesquisas extensas e escritas de forma a serem fáceis de entender e usar."

— **Debra Kaysen, Ph.D., ABPP**,
Departamento de Psiquiatria e Ciências do Comportamento,
Stanford University

"Se você quer retomar sua vida após o TEPT, este livro é um presente. Os autores são psicólogos com muitos anos de experiência clínica e escrevem com carinho e compaixão."

— **Tara E. Galovski, Ph.D.**,
Diretora da Divisão de Ciências da Saúde da Mulher,
National Center for PTSD; Departamento de Psiquiatria,
Boston University Chobanian and Avedisian School of Medicine

"Eu amo este livro — ele é muito consistente. Além de a informação ser segura e perspicaz, a forma como é apresentada é perfeita. As planilhas e os exercícios ajudaram a tornar mais acessíveis questões emocionais complexas e pesadas, assim consegui entendê-las e trabalhar com elas."

— **Mary C.**,
Chicago

"A terapia de processamento cognitivo (TPC) é um tratamento verdadeiramente inovador. Este livro prático, informativo e compassivo ensina a identificar e vencer os obstáculos que o prendem ao passado, para que você possa lidar melhor e superar a culpa, o medo e o desamparo. Este é um livro que todo sobrevivente de trauma deveria ter. Ele não só vai melhorar vidas, mas, em alguns casos, vai salvá-las".

— **Robert L. Leahy, Ph.D.**,
autor de *Se ao menos...*

"Décadas de pesquisa mostraram que a TPC é um tratamento altamente eficaz. Este guia fácil de ler coloca as ferramentas para recuperação diretamente em suas mãos. Um livro repleto de cenários identificáveis, técnicas testadas e soluções úteis."

— **Reginald D. V. Nixon, Ph.D.**,
College of Education, Psychology, and Social Work,
Flinders University Institute for Mental Health and Wellbeing,
Flinders University, Austrália

"A TPC permite que os sobreviventes do trauma não apenas se recuperem do TEPT, mas também desfrutem de maior resiliência diante de futuros estressores e desafios da vida. Agora, a desenvolvedora da TPC, com o auxílio de colegas mestras em clínica, compartilha essa abordagem notável para a recuperação do TEPT diretamente com leitores que podem não ter acesso a um terapeuta com treinamento formal em TPC. Isso tem um valor inestimável!"

— **Ann M. Rasmusson, M.D.**,
Departamento de Psiquiatria, Boston University Chobanian
and Avedisian School of Medicine

Vencendo o transtorno de estresse pós-traumático

A Artmed é a editora oficial da FBTC

V451	Vencendo o transtorno de estresse pós-traumático com a terapia de processamento cognitivo / Organizadoras, Patricia A. Resick, Shannon Wiltsey Stirman, Stefanie T. LoSavio ; tradução : Daniel Vieira ; revisão técnica : Érica Panzani Duran. – Porto Alegre : Artmed, 2025. xiv, 336 p. ; 25 cm. ISBN 978-65-5882-251-6 1. Psicoterapia. 2. Terapia cognitivo-comportamental. 3. Transtorno de estresse pós-traumático I. Resick, Patricia A. II. Stirman, Shannon Wiltsey. III. LoSavio, Stefanie T. CDU 616.89-008.441-08

Catalogação na publicação: Karin Lorien Menoncin – CRB 10/2147

Patricia A. **Resick**
Shannon Wiltsey **Stirman**
Stefanie T. **LoSavio**
(orgs.)

Vencendo o transtorno de estresse pós-traumático

*com a **terapia de** **processamento cognitivo***

Tradução
Daniel Vieira

Revisão técnica
Érica Panzani Duran
Especialista em Terapia Cognitivo-comportamental pelo Programa de Ansiedade do Instituto de Psiquiatria do Hospital das Clínicas da Faculdade de Medicina da Universidade de São Paulo (IPq-FMUSP), e em Terapia Cognitiva pela Faculdades Integradas de Taquara (FACCAT). Mestra em Ciências da Saúde pela FMUSP. Doutora em Órgãos e Sistemas pela Universidade Federal da Bahia (UFBA). Formação em Terapia do Esquema no Instituto Wainer/International Society of Schema Therapy, em Terapia Comportamental Dialética no BTech Linehan Institute e em Primeiros Socorros Psicológicos na Johns Hopkins University.

Porto Alegre
2025

Obra originalmente publicada sob o título *Getting Unstuck from PTSD: Using Cognitive Processing Therapy to Guide Your Recovery, 1st Edition*
ISBN 9781462549832

Copyright © 2023 The Guilford Press
A Division of Guilford Publications, Inc.

Coordenadora editorial
Cláudia Bittencourt

Capa
Paola Manica | Brand&Book

Preparação de original
Marcela Bezerra Meirelles

Leitura final
Josiane Tibursky

Editoração
Ledur Serviços Editoriais Ltda.

Reservados todos os direitos de publicação, em língua portuguesa, ao
GA EDUCAÇÃO LTDA.
(Artmed é um selo editorial do GA EDUCAÇÃO LTDA.)
Rua Ernesto Alves, 150 – Bairro Floresta
90220-190 – Porto Alegre – RS
Fone: (51) 3027-7000

SAC 0800 703 3444 – www.grupoa.com.br

É proibida a duplicação ou reprodução deste volume, no todo ou em parte, sob quaisquer formas ou por quaisquer meios (eletrônico, mecânico, gravação, fotocópia, distribuição na Web e outros), sem permissão expressa da Editora.

IMPRESSO NO BRASIL
PRINTED IN BRAZIL

Autoras

Patricia A. Resick, Ph.D., ABPP, é professora de Psiquiatria e Ciências Comportamentais da Duke University Medical School. A Dra. Resick desenvolveu a TPC em 1988 e treinou milhares de terapeutas, incluindo as coautoras deste livro, para utilizar a TPC com seus pacientes. Recebeu prêmios pelo conjunto da obra da International Society for Traumatic Stress Studies, da Association for Behavioral and Cognitive Therapies e da Divisão de Psicologia do Trauma da American Psychological Association, entre outras homenagens.

Shannon Wiltsey Stirman, Ph.D., é professora associada de Psiquiatria e Ciências Comportamentais da Stanford University. Tem trabalhado com pessoas com TEPT e realizado pesquisas sobre TEPT desde o início dos anos 2000. A Dra. Wiltsey Stirman oferece treinamento e consultoria em TPC e terapia cognitivo-comportamental.

Stefanie T. LoSavio, Ph.D., ABPP, é professora assistente de Psiquiatria e Ciências Comportamentais do Centro de Ciências da Saúde da University of Texas, em San Antonio, e diretora associada da Iniciativa de Treinamento STRONG STAR. A Dra. LoSavio é especialista em tratamentos baseados em evidências para TEPT e é pesquisadora, instrutora e consultora de TPC.

*A três dos melhores homens que conheço,
Keith, Marty e Matt Shaw*
— P. A. R.

*Aos meus filhos, Henry, Eve e Brahm,
e aos amigos e familiares cujo amor e apoio
me ajudaram nos momentos mais difíceis*
— S. W. S.

*À minha família,
especialmente John, Susan, Candy e Chris LoSavio;
Renis Pavlik; e David e William Schreiber;
e em memória de Lawrence Cohen e Patricia Schreiber*
— S. T. L.

Nota das autoras

Os exemplos de casos são combinações obtidas de indivíduos reais e foram amplamente modificadas para proteger suas identidades.

Parte do conteúdo deste livro é fundamentada nas seguintes fontes:

P. A. Resick, C. M. Monson e K. M. Chard (2017). *Cognitive Processing Therapy for PTSD: a Comprehensive Manual*. Nova York: Guilford Press. Copyright © 2017 The Guilford Press. Usado com permissão.

S. T. LoSavio (2017). Cognitive Processing Therapy — Modular Version (CPT-M). Em *Therapist Manual and Client Materials*. Manuscrito não publicado, Duke University Medical Center, Durham, NC. Copyright © 2017 Stefanie T. LoSavio. Usado com permissão.

P. A. Resick, S. Wiltsey Stirman e K. Dondanville (2021). *Messaging-based Cognitive Processing Therapy Manual and Client Materials*. Manuscrito não publicado. Copyright © 2021. Usado com permissão.

Agradecimentos

Em primeiro lugar, gostaríamos de agradecer a todos os corajosos sobreviventes de trauma com quem trabalhamos, por compartilharem suas histórias e nos permitir acompanhá-los na sua jornada rumo à cura.

Este livro não seria possível sem o poder estelar de Candice M. Monson, Ph.D., e Kathleen M. Chard, Ph.D., que coescreveram com Patricia Resick o manual de terapia de processamento cognitivo (TPC) para terapeutas em suas diversas versões, começando com o manual inicial do Departamento de Assuntos de Veteranos dos Estados Unidos de 2007 até o manual abrangente cuja 2ª edição está agora em produção na The Guilford Press. Sua mente aberta a ideias e o esforço contínuo para tornar o manual do terapeuta mais acessível a profissionais e pacientes foram uma inspiração para nós quando criamos este livro para pessoas que sofrem de transtorno de estresse pós-traumático (TEPT).

Esperamos que, à medida que trabalhem com o programa apresentado neste livro, os leitores sintam o esforço coletivo realizado por muitas pessoas nos últimos 35 anos, desde o início da TPC para o TEPT. O número de outros pesquisadores, treinadores, terapeutas, coordenadores e supervisores que contribuíram de uma forma ou de outra para a eficácia e a disseminação da TPC nos Estados Unidos e em todo o mundo é grande demais para que possamos citá-los aqui. Digamos apenas que a expressão "não cabe nos dedos das mãos" não é um exagero.

Nossos editores da Guilford, Kitty Moore, Chris Benton e Anna Brackett, forneceram ideias e sugestões valiosas em cada etapa do percurso. Agradecemos por seus esforços e pelos de muitos outros na Guilford que trabalharam nos bastidores para que este livro pudesse tomar forma.

Por fim, queremos expressar nossa profunda gratidão aos nossos familiares e aos nossos amigos. O apoio ao nosso trabalho demonstrado por vocês ao longo dos anos significa muito para nós.

Sumário

PARTE 1 **Introdução: como as pessoas ficam presas ao TEPT e como se desprender**

1 Visão geral deste livro — 3

2 Como o TEPT mantém você preso — 9

3 Um plano para desprender-se do TEPT — 19

PARTE 2 **Identificando onde você está preso**

4 Introdução ao TEPT e recuperação do trauma — 35

5 Processando o significado do seu trauma e construindo um Registro de Pontos de Bloqueio — 60

6 Identificando pensamentos e sentimentos — 72

PARTE 3 **Desprendendo-se das crenças sobre o trauma**

7 Começando a examinar seu pior evento traumático — 91

8 Lista de Perguntas Exploratórias — 119

9 Apresentando padrões de pensamento — 141

10 Utilizando a Planilha de Pensamentos Alternativos para equilibrar seu pensamento — 160

PARTE 4 Desprendendo-se das crenças sobre o presente e o futuro relacionadas ao trauma

11 Segurança — 191

12 Confiança — 210

13 Poder e controle — 236

14 Estima — 256

15 Intimidade — 283

PARTE 5 Avante!

16 Concluindo a terapia de processamento cognitivo — 305

17 Conclusão — 313

Apêndice — 315

Recursos — 323

Índice — 329

PARTE 1

Introdução
Como as pessoas ficam presas ao TEPT e como se desprender

Seja bem-vindo! Se você passou por eventos traumáticos em sua vida, não está sozinho. A maioria das pessoas experimenta um ou mais eventos traumáticos em algum momento, como abuso* físico ou sexual, guerras, um acidente ou a perda traumática e inesperada de um ente querido. No entanto, para alguns, a experiência traumática permanece com eles por muito tempo após o evento traumático, e eles ficam "presos" em sua recuperação do evento, experimentando sintomas de transtorno do estresse pós-traumático (TEPT).

> Margaret foi abusada fisicamente pelo ex-marido e tem lutado contra a autoculpa, pensando "a culpa é minha porque eu fiquei", e a dificuldade em confiar nos outros desde o trauma. Muitas vezes ela se sentiu solitária e desejou que pudesse ter um relacionamento amoroso satisfatório, mas enfrenta obstáculos para deixar alguém se aproximar dela novamente, por medo de ser abusada de novo.

> O irmão de Joseph morreu de *overdose* de drogas e, desde então, ele tem lutado com a culpa de seguir sua vida quando seu irmão não está por perto para viver a dele. Ele também costuma ficar remoendo sobre como poderia ter evitado a morte de seu irmão. Essa experiência dificulta que Joseph se concentre em sua vida atualmente e aproveite o tempo com seus filhos.

> Cynthia foi abusada sexualmente quando criança, bem como sofreu agressão sexual na adolescência e na vida adulta. Como tiraram proveito dela repetidamente dessa maneira, ela costumava se perguntar se seu único valor era atender às necessidades de outras pessoas, lutando para estabelecer limites com os outros, por preocupação de que eles a abandonassem caso não atendesse aos seus desejos. Esse padrão tem causado problemas tanto em suas relações pessoais quanto no ambiente de trabalho.

---

* N. de R.T. Aqui também podemos citar outros tipos de abuso, como o abuso psicológico, financeiro, verbal, cibernético, institucional, entre outros.

Esses exemplos demonstram o impacto que o trauma pode ter na vida de uma pessoa e como ele pode continuar afetando o bem-estar mesmo anos após a ocorrência de eventos traumáticos. Algumas questões importantes a serem consideradas são:

- Você teve problemas para retomar a sua vida após uma experiência de risco de vida ou de violação? Isso afetou o seu trabalho ou suas relações?
- Você ficou preso tentando descobrir o que fez ou deixou de fazer, ou tentando pensar em maneiras de como poderia ter evitado o evento?
- Você já se pegou se esforçando para não pensar no que aconteceu ou para evitar lembranças do evento?

Se teve problemas como esses, você pode estar lidando com sintomas de TEPT. A boa notícia é que a recuperação é possível. Este livro foi planejado para ajudar as pessoas que ficaram presas em sintomas de TEPT a se desprender e voltar a seguir com suas vidas.

Nos capítulos seguintes, você será apresentado a este livro, que oferece uma abordagem abrangente para ajudá-lo a se desprender do TEPT. Você também aprenderá sobre as razões pelas quais as pessoas ficam presas ao TEPT e como se desprender utilizando as estratégias apresentadas aqui. Por fim, você terá a oportunidade de fazer um plano para processar seu trauma, para poder voltar a viver sua vida focado nas coisas que importam para você.

1
Visão geral

Estamos muito felizes por você ter descoberto este livro e por estar interessado em lidar com seu trauma.

Este livro é indicado se você...

- ✓ Já vivenciou um ou mais eventos traumáticos.
- ✓ Foi incomodado por sintomas de TEPT, como pensamentos indesejados ou memórias do(s) seu(s) trauma(s), reações emocionais ou físicas intensas a lembranças, ou o desejo de evitar pensar sobre a memória do trauma.
- ✓ Estiver disposto a enfrentar sua(s) experiência(s) traumática(s) para que possa avançar em direção à recuperação.
- ✓ Estiver disposto a priorizar passar seu tempo praticando as habilidades aprendidas.

Este livro vai guiá-lo por meio de uma abordagem abrangente para superar seu trauma e voltar a ter a vida que você quer levar. Para utilizá-lo, não é preciso de um diagnóstico formal de TEPT. No próximo capítulo, você preencherá um questionário para autoavaliar seus sintomas.

Este material contém todas as planilhas e ferramentas de que você precisará para se recuperar de suas experiências traumáticas. Ao trabalhar com o trauma um pouco a cada dia, você poderá fazer progressos para retomar sua vida. Algumas pessoas completam este programa em algumas semanas, já outras levam vários meses. Tudo depende do seu próprio ritmo. No entanto, quando as pessoas se submetem a tratamentos focados no trauma com terapeutas, as pesquisas mostram que trabalhar consistentemente por um período mais curto (2 a 3 meses) pode levar a melhores resultados do que se estender por um período mais longo.

Trabalhar com seu trauma não fará com que a memória desapareça, mas reduzirá o controle dela sobre você, permitindo que você comece a seguir em frente. Em vez de ser surpreendido pela memória do trauma quando menos espera, você poderá ser capaz de pensar sobre isso quando quiser, sem todas as fortes emoções negativas e a sensação de que o evento traumático está acontecendo novamente. Isso significa que você pode voltar a viver sua vida no aqui e agora, sem que seus traumas prejudiquem seus relacionamentos ou sua capacidade de alcançar seus objetivos.

O QUE É TERAPIA DE PROCESSAMENTO COGNITIVO?

Este livro é baseado na terapia de processamento cognitivo (TPC), uma das terapias mais eficazes para o TEPT. É uma abordagem que ajuda as pessoas a se desprenderem do TEPT e seguirem rumo à recuperação. Os objetivos da TPC são atenuar o TEPT e os sintomas relacionados, como depressão, ansiedade, culpa e vergonha. Também visa melhorar seu funcionamento no dia a dia, além de ajudá-lo a descobrir onde você ficou preso em sua recuperação do trauma (como culpar-se injustamente pelo que aconteceu ou não fazer nada para impedi-lo) e auxiliá-lo a se desprender ao examinar os fatos do trauma para que você possa entender sua experiência e se recuperar.

A TPC é eficaz. Muitas pesquisas demonstraram que essa terapia funciona para pessoas que experimentaram diversas formas de trauma. Esses estudos ocorreram em ambientes de tratamento comunitário, hospitais militares e de veteranos de guerra, abrangendo diversos países. A maioria das pessoas que completou a TPC teve reduções perceptíveis nos sintomas de TEPT, bem como outros problemas, como depressão, pensamentos suicidas, desesperança, raiva, culpa e uso de substâncias. (Veja alguns detalhes no quadro a seguir.)

EVIDÊNCIAS PARA A TPC

Ao longo das décadas em que a TPC foi desenvolvida e refinada, vários pesquisadores e terapeutas coletaram dados para garantir que ela funcione. Essa terapia foi avaliada em ensaios clínicos rigorosos, nos quais foi comparada a outros tratamentos reconhecidamente eficazes. Foram estabelecidas etapas para assegurar que os efeitos observados fossem genuinamente devido ao tratamento em si e para garantir que os resultados não fossem influenciados por fatores externos. O primeiro grande estudo da TPC comparou-a com a exposição prolongada, outro tratamento focado no trauma, e se mostrou muito eficaz para o TEPT. Cento e setenta e uma mulheres que haviam sido estupradas (sendo que a maioria também havia experimentado outros traumas) iniciaram a TPC ou a exposição prolongada. As mulheres saíram-se igualmente bem em ambos os tratamentos, exceto pelo fato de que as mulheres que participaram da TPC relataram sentir menos culpa após o tratamento e menor ideação suicida. Um acompanhamento de longo prazo, realizado 5 a 10 anos após a avaliação pós-tratamento, constatou que as melhoras foram mantidas por longos períodos. Estudos posteriores mostraram que algumas variações da TPC (como tratamento em grupo, tratamento que não incluía um relato escrito do trauma e versões para pessoas que não sabiam ler ou escrever) também se mostraram muito eficazes. Desde os primeiros estudos que demonstraram a eficácia da TPC, houve quase 40 estudos cuidadosamente controlados que compararam a TPC com outras terapias, e eles continuam demonstrando que a TPC reduz os

> sintomas de TEPT e outros problemas, como depressão, pensamentos suicidas e raiva. Há também muitos estudos que examinaram os fatores preditivos dos resultados do tratamento e testes do tratamento em vários contextos terapêuticos, com pessoas que experimentaram diferentes tipos de trauma, abarcando também outros países e culturas. Se você quiser ler publicações de estudos sobre a referida terapia, vários deles estão disponíveis no *site* da TPC (http://cptforptsd.com), em *"Resources"* (recursos).

Ainda, a TPC funciona para pessoas com história de trauma complexo e para além dos sintomas do próprio TEPT. Por exemplo, muitos indivíduos com TEPT também têm depressão ou problemas de uso de substâncias. A pesquisa mostrou que mesmo pessoas com problemas adicionais como esses se beneficiam da TPC. Inicialmente, essa terapia foi desenvolvida para ajudar sobreviventes de estupro no final da década de 1980, mas foi rapidamente testada com pessoas que experimentaram uma série de eventos traumáticos, incluindo adolescentes encarcerados, mulheres abusadas sexualmente na infância, refugiados, veteranos militares e muitos outros. Na maioria das vezes, as pessoas têm mais de um evento traumático em sua vida (múltiplos eventos traumáticos), e a pesquisa sobre TPC nos últimos 30 anos mostrou que esta funciona para as pessoas mesmo que elas tenham histórias de trauma complexas e um conjunto diversificado de sintomas. Em outras palavras, a TPC foi desenvolvida e testada com uma grande variedade de indivíduos e, muito provavelmente, incluindo aqueles que enfrentam alguns dos mesmos problemas que você enfrenta.

A TPC é uma abordagem **limitada no tempo e focada na recuperação**, ou seja, ela não se destina a durar muitos anos. Em vez disso, mudanças positivas podem ser observadas em apenas algumas semanas. Isso pode ser difícil de acreditar se você sofre de TEPT há muito tempo, mas, se continuar com a terapia e se envolver totalmente com as atividades, trabalhando nisso um pouco a cada dia, terá a oportunidade de ver por si mesmo como ela funciona.

A TPC é **focada no trauma**. Isso significa que, na maioria das vezes, o foco está em suas experiências traumáticas e no impacto sobre você. Isso ocorre porque os tratamentos focados no trauma são os mais eficazes disponíveis para pessoas com TEPT. Considerando que você pode estar enfrentando situações estressantes em sua vida, que ocupam muito de sua atenção, concentrar-se em eventos do dia a dia não tratará seu TEPT subjacente. Já se você resolver seu TEPT focando e trabalhando no trauma, é provável que veja melhorias em seu funcionamento cotidiano. Você também verá que muitas das habilidades e das ferramentas que você aprende na TPC podem ajudá-lo também com as questões cotidianas.

POR QUE ESCREVEMOS ESTE LIVRO

Somos psicólogos com muitos anos de experiência, trabalhando com pessoas que sofreram eventos traumáticos e que sofrem de TEPT. Patricia Resick desenvolveu a

TPC originalmente há mais de 30 anos e treinou milhares de terapeutas, incluindo Shannon Wiltsey Stirman e Stefanie LoSavio, para utilizar a TPC com nossos pacientes. Agora, nós três treinamos estudantes e terapeutas para usar a TPC em sua prática clínica, e já supervisionamos milhares de casos. No entanto, ainda há lugares em que é muito difícil, se não impossível, encontrar um terapeuta que tenha sido treinado em TPC. Também reconhecemos que fatores como custos/falta de plano de saúde e dificuldade em se afastar do trabalho, da escola ou das responsabilidades dificultam o acesso regular à terapia. É possível que algumas pessoas se preocupem que seus amigos, familiares ou empregadores possam não apoiar a terapia que estão recebendo, e eles sentem a necessidade de manter seu TEPT. Acreditamos que todos devem ter acesso a ferramentas que possam ajudá-los. Escrevemos este livro para que as pessoas que não podem realizar a TPC com um terapeuta treinado ainda possam ter a oportunidade de utilizar ferramentas de TPC para auxiliar em sua recuperação. É preciso coragem para decidir trabalhar com seu TEPT, e esperamos sinceramente que você ache este livro útil.

A TPC foi testada e mostrou ser eficaz quando realizada com um terapeuta pessoalmente ou pelo computador (p. ex., pelo Zoom), e inclusive temos evidências de que ela pode funcionar por meio de um formato de mensagens de texto. Ela ainda não foi formalmente testada como livro de autoajuda. No entanto, estudos mostraram que a autoajuda para TEPT pode ser benéfica, e incluímos as mesmas habilidades, e organizamos este livro de modo que você possa completá-lo com um terapeuta. Também incluímos muitas orientações extras para que você possa fazer os exercícios por conta própria. Esperamos que as pessoas sejam capazes de utilizar este material para obter benefícios semelhantes aos de se fazer TPC com um terapeuta.

Se você se sentir preso ou sobrecarregado por questões emocionais ou psicológicas, é importante saber que o auxílio especializado está disponível. Buscar um profissional de psicologia habilitado pelo Conselho Regional de Psicologia (CRP) com especialização em terapia cognitivo-comportamental pode ser um passo essencial para lidar com esses desafios.

DESTRAVANDO-SE

Lembrar-se de eventos traumáticos que você vivenciou não é fácil. Então, por que alguém gostaria de pensar sobre sua(s) experiência(s) traumática(s)? A premissa da TPC é de que às vezes as pessoas ficam *presas* no TEPT, mas que é possível se *desprender* e se recuperar dos efeitos do trauma. Como você verá mais adiante neste livro, as pessoas ficam presas no TEPT quando uma experiência traumática não foi totalmente processada e, portanto, os sintomas continuam aparecendo em suas vidas. Desse modo, para lidar com os sintomas contínuos, é útil descobrir onde você ficou preso em sua recuperação do evento e enfrentar o trauma para que ele não tenha mais controle sobre você e sua vida.

No passado, você pode ter pensado sobre o trauma sem ter qualquer sensação de solução ou sentir que não estava fazendo nenhum progresso para se recuperar. Este livro vai guiá-lo passo a passo por meio de conceitos e de estratégias para abordar suas experiências traumáticas de uma forma que possa ajudá-lo a processar o que você passou e avançar em direção à recuperação. Se estiver disposto a trabalhar, as ferramentas abordadas aqui poderão auxiliá-lo a descobrir onde você ficou preso e como seguir em frente.

Desprender-se significa fazer o oposto do que você pode ter feito no passado: tentar ignorar a memória do evento ou evitar os gatilhos que trazem as memórias à tona. Embora essas estratégias possam parecer funcionar no curto prazo, no longo prazo, você provavelmente descobriu que elas o mantêm preso. Em vez disso, pediremos que você pense sobre o que tem dito a si mesmo sobre os eventos traumáticos e examine seus pensamentos automáticos para ver se eles estão de fato corretos e se estão mesmo ajudando-o em sua recuperação. Quando você muda o que está dizendo a si mesmo para ser mais equilibrado e realista, suas emoções mudarão, e você será capaz de avançar em sua recuperação. Você pode estar sentindo outras emoções universais após um trauma e que fluem naturalmente do evento (como tristeza ou nojo), mas, diferentemente dos sentimentos que você tem quando está preso em sua recuperação, esses sentimentos seguirão seu curso com rapidez e, por fim, diminuirão.

Reynaldo vinha apresentando sintomas de TEPT desde que um de seus amigos fora baleado e morto quando era jovem. Ele deveria estar com o amigo naquela noite, mas foi chamado para trabalhar. Após o ocorrido, as pessoas perguntaram por que ele não havia tentado impedir o amigo de ir para uma parte tão perigosa da cidade, e Reynaldo sentiu muita culpa. Seus pais lhe disseram para não se lamentar sobre o que havia acontecido. Quando ele tentou conversar com a irmã sobre seus sentimentos após o funeral, ela reagiu com raiva e disse que era hora de seguir em frente. Reynaldo começou a tentar afastar seus pensamentos e seus sentimentos. Evitava lugares nos quais passava tempo com seus amigos. Quando as memórias ficavam difíceis de controlar, ele bebia ou fumava maconha para tentar se livrar delas, mas elas continuaram surgindo, mesmo alguns anos depois do evento. Sobretudo quando pensava no que havia acontecido, sentia-se culpado, envergonhado e com raiva de si mesmo. Esses sentimentos não desapareceram sozinhos.

Reynaldo começou a fazer TPC e passou a enfrentar o trauma. Ele fez os exercícios dessa terapia quando notava pensamentos que o mantinham preso, incluindo a identificação e o exame de alguns dos pensamentos que o estavam fazendo se sentir culpado, como pensar "eu deveria estar lá" ou "eu poderia ter evitado". Reynaldo começou a olhar para as evidências dessas crenças e considerou se esses pensamentos eram realistas. À medida que a culpa e a raiva de si mesmo diminuíam, notou que estava começando a sentir tristeza e raiva da pessoa que havia atirado em seu amigo, o que fazia sentido. No início, as emoções foram bem fortes. Reynaldo permitia-se chorar quando se sentia triste, mas, às vezes, como quando estava no trabalho, reconhecia a tristeza, fazia uma pausa e ouvia alguma música, e depois voltava ao trabalho. Logo percebeu que os sentimentos de pesar e de tristeza eram menos intensos, e passou a ter também algumas lembranças felizes de seu amigo. A lembrança do trauma ainda estava lá, mas não tinha sobre ele o mesmo poder de antes.

Estamos muito felizes por você ter descoberto o caminho para este livro. No próximo capítulo, você aprenderá mais sobre como pode ter ficado preso no TEPT e sobre como se desprender utilizando as ferramentas contidas aqui.

2

Como o TEPT mantém você preso

A palavra *trauma* pode significar diferentes coisas para diferentes pessoas. Neste livro, quando utilizamos a palavra *trauma*, estamos nos referindo a um tipo específico de evento.

O QUE É UM EVENTO TRAUMÁTICO?

Ao diagnosticar o TEPT, um evento traumático é definido como aquele que envolve "morte real ou ameaçada, lesão grave ou violência sexual" que uma pessoa experimenta, testemunha diretamente ou é exposta de maneira direta por meio de um membro próximo da família ou da experiência de um ente querido (p. ex., saber que um membro próximo da família ou um amigo morreu de maneira violenta ou acidental). Alguns exemplos de eventos potencialmente traumáticos são

- Estupro, abuso sexual ou qualquer outra experiência sexual indesejada.
- Agressão física, como abuso físico, violência doméstica ou *bullying*.
- Assassinato, *overdose* de drogas ou suicídio de um ente querido.
- Exposição a violência urbana severa, como tiroteios, brigas de trânsito, experimentar ou testemunhar ferimentos ou morte.
- Acidentes graves, como de automóvel ou de trabalho.
- Eventos aos quais policiais, bombeiros ou outros socorristas estão expostos, envolvendo o testemunho de ferimentos graves ou morte.
- Desastres naturais, como incêndios, enchentes ou desabamentos.
- Tiroteios em escolas ou outros eventos de violência em massa.
- Trauma relacionados à discriminação ou violência de gênero e/ou raça.
- Experiências de guerra, violência ou perseguição que levam à necessidade de fugir do seu país ou deixar a família por questões de segurança (refugiado de guerra).

Outros eventos, como divórcio, perda de um familiar idoso por causas naturais, perda de um emprego ou o fim de um relacionamento importante, podem ser estressantes ao extremo e emocionalmente difíceis. Você pode ficar distraído, preocupado e muito triste ou irritado com essas coisas. No entanto, o que distingue esses eventos estressantes do trauma é se eles envolveram uma ameaça imediata à vida, ou uma lesão ou violação física. Algumas das ferramentas e exercícios deste livro podem ser úteis para essas outras experiências estressantes, mas a TPC foi projetada e testada para TEPT, então sabemos menos sobre como ela funciona para outros estressores.

FICANDO BLOQUEADO

Se um evento traumático for grave o suficiente, é comum que quase todas as pessoas afetadas experienciem sintomas de TEPT pelo menos por um tempo. Seu cérebro precisa processar a experiência, e os eventos traumáticos são particularmente desafiadores de se resolver, sobretudo quando entram em conflito com crenças e expectativas anteriores sobre como se espera que o mundo funcione (veja mais sobre isso adiante neste livro). Para muitas pessoas, os sintomas do TEPT começam durante ou quase imediatamente após o término do evento. Para outros, os sintomas podem aparecer mais tarde, quando estão em uma situação mais segura, ou quando acontece algo mais estressante, que traz de volta as memórias do passado.

Alguns dos sintomas do TEPT incluem imagens ou pensamentos intrusivos e indesejados sobre o evento, que podem surgir em sua mente de forma repentina e involuntária, especialmente quando você é lembrado do que ocorreu, está cansado ou se sente vulnerável. É diferente de pensar nisso de propósito. As memórias ou as imagens podem ocorrer quando você está acordado, como *flashes* (cenas) do evento, ou quando você está dormindo, sob a forma de pesadelos. Elas costumam ser acompanhadas de fortes reações emocionais, que podem incluir medo, culpa, vergonha, raiva, tristeza ou horror. Também são comuns respostas de sobressalto (sustos) fortes; olhar constantemente em volta para evitar o perigo (hipervigilância); dificuldades para dormir ou para se concentrar; ou comportamentos reativos (impulsivos), como ficar irritado de forma excessiva, agir de forma imprudente, ou até se automutilar.

Para tentar lidar com essas imagens, emoções e reações físicas angustiantes, as pessoas muitas vezes tentam evitá-las. Em geral, há dois tipos de evitação: 1) tentar escapar ou evitar experiências internas, como pensamentos ou emoções; 2) e tentar escapar ou evitar lembranças externas de eventos traumáticos, como pessoas, lugares ou situações que o lembrem do trauma ou pareçam ser mais perigosos desde o momento do trauma. Há infinitas maneiras pelas quais as pessoas evitam. Algumas evitam certos locais ou tipos de indivíduos. Outras tentam tirar todas as lembranças dos eventos de sua cabeça, permanecendo o mais ocupadas possível ou dormindo o máximo possível. Outras, ainda, evitam comendo demais (ou não o suficiente, ou vomitando), ou bebendo ou usando drogas. As pessoas tentarão quase tudo para evitar as memórias e as emoções do evento traumático. Faz sentido que alguém queira evitar memórias ou lembranças do trauma, mas, como se vê, evitá-lo é parte do que mantém as pessoas presas ao TEPT.

Cynthia vinha sendo abusada desde a infância, e a evitação havia se tornado seu principal estilo de enfrentamento. Como uma criança crescendo em um ambiente doméstico inseguro, ela não tinha a opção de processar seus eventos traumáticos enquanto eles estavam ocorrendo. À medida que foi crescendo, foi encaixotando as memórias e tentando não pensar no passado. Durante a adolescência, sua evitação também tomou a forma de automutilação — arranhar os braços — quando as memórias surgiam, sobretudo após ser estuprada. Ela sentia que podia se distrair das lembranças e das emoções causando dor a si mesma. Quando começou a lidar com o trauma, evitava fazer as atividades inicialmente porque tinha medo de que, se permitisse que suas memórias e suas emoções aflorassem, elas nunca parariam e a sobrecarregariam. Felizmente, ela tinha uma amiga que a incentivou a persistir e compartilhou sua própria experiência da recuperação de traumas. Com o incentivo de uma amiga e consultando-a com frequência, Cynthia conseguiu continuar processando seu trauma e começou a sentir menos medo de suas memórias após olhar para elas utilizando as planilhas deste livro.

Você já deve ter notado que a tendência natural de tentar evitar memórias traumáticas com frequência tem o efeito não intencional de fazer com que as memórias apareçam mais. Memórias e pesadelos de traumas intrusivos podem ser uma indicação de que sua mente continua tentando entender o que aconteceu. É improvável que você processe seu trauma de forma adequada se estiver trabalhando duro para evitar as lembranças; então, com o tempo, os sintomas continuam.

É claro que as pessoas não evitam porque querem ficar presas aos sintomas do TEPT. Muitas delas não tiveram o apoio ou os recursos após o trauma que lhes permitiriam pensar e processar sua experiência, ou elas podem ter tido apenas que sobreviver e enfrentar esse período, e não era realista parar e tentar entender o trauma na época, ou sentir suas emoções. Com o tempo, não pensar no trauma pode se tornar um hábito, e é possível que o evento continue sem ser processado, levando a sintomas contínuos. As pessoas podem até ter sugerido que você tentasse tirar isso de sua mente, como "apenas esqueça; deixe isso para trás; pense em outra coisa". Embora essa lógica possa funcionar para eventos menos significativos, apenas não pensar em algo não funciona tão bem para eventos traumáticos (que se tornam algo como um elefante na sala — ou seja, refere-se a uma questão problemática, grande ou óbvia de que todos estão cientes, mas que ninguém quer discutir ou enfrentar).

A boa notícia é que nunca é tarde para lidar com seu trauma e voltar ao caminho da recuperação. O fato de você estar lendo isto sugere que está pronto para dar esse passo.

MEDINDO SEUS SINTOMAS DE TEPT

O primeiro passo para avaliar seus sintomas de TEPT é determinar se você teve um evento traumático. Você experimentou um evento com risco de vida, lesão grave ou violação sexual? Pode ter sido algo que você experimentou diretamente, testemunhou ou descobriu que aconteceu com alguém próximo. A seguir, estão alguns exemplos de experiências traumáticas. Marque qualquer um que tenha acontecido com você e utilize a caixa "Outro trauma" se você sofreu um que não aparece na lista. (Por favor, não tenha medo de escrever neste livro, mesmo que você possa ser tentado a apenas ler o livro e não preencher os formulários — escrever fará uma grande diferença na utilidade dos exercícios)

- ☐ Agressão física (inclusive por um membro da família).
- ☐ Agressão sexual (ou qualquer experiência sexual indesejada).
- ☐ Sentir que sua vida estava em perigo ou que você seria gravemente ferido (incluindo trauma com base em discriminação ou violência racial e perseguição).
- ☐ Exposição a violência urbana severa (tiroteios, brigas de trânsito, experimentar ou testemunhar ferimentos ou morte).
- ☐ Abuso físico ou sexual na infância.
- ☐ Acidente.
- ☐ Desastre natural (enchentes).
- ☐ Morte acidental ou violenta de um ente querido.
- ☐ Testemunhar ou sofrer violência em sua comunidade ou em seu país de origem.
- ☐ Testemunhar ou experimentar as consequências de um trauma no seu trabalho (p. ex., um socorrista ou policial sendo exposto a cenas de crime).
- ☐ Outro trauma: _____.

Diversas pessoas já vivenciaram mais de um evento traumático em suas vidas. Contudo, ao trabalhar os sintomas do TEPT, é importante identificar um ponto a partir do qual começar, mesmo que você eventualmente trabalhe com mais de um evento. Pode ser útil fazer uma linha do tempo do que aconteceu com você antes de começar a trabalhar em seus sintomas de TEPT. Veja, a seguir, um exemplo de uma linha do tempo de Isabel, que é como muitas pessoas com quem trabalhamos, pois ela passou por mais de um evento traumático e teve dificuldade em decidir por onde começar ao trabalhar em seu TEPT. Os itens com colchetes tracejados representam traumas contínuos e repetidos, e as linhas simples tracejadas representam eventos únicos.

Utilize a linha na figura abaixo para fazer a sua linha do tempo dos eventos traumáticos que você vivenciou. Pelo exemplo de Isabel, observe que não é preciso entrar em detalhes, apenas algumas palavras para identificar o tipo de experiência que indicará. Você pode pular esta etapa se houver uma experiência traumática que sabe que foi muito mais difícil ou mais grave do que as outras. Esse evento será seu ponto de partida.

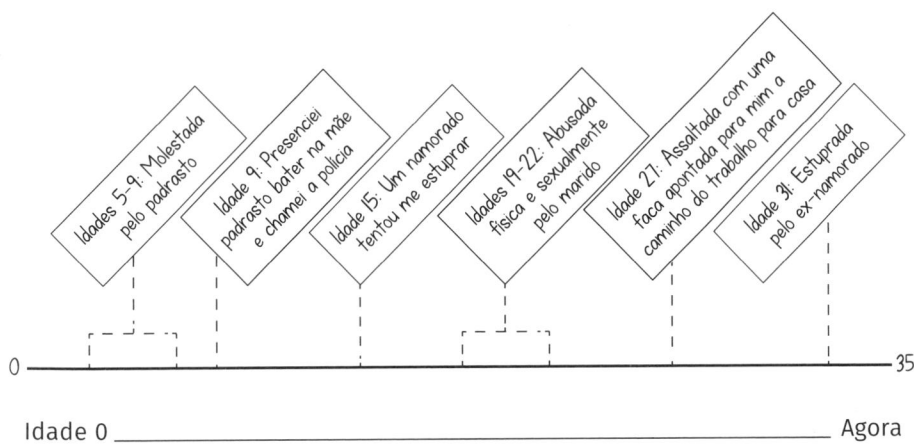

Linha do tempo de eventos traumáticos de Isabel

Idades 5-9: Molestada pelo padrasto
Idade 9: Presenciei padrasto bater na mãe e chamei a polícia
Idade 15: Um namorado tentou me estuprar
Idades 19-22: Abusada física e sexualmente pelo marido
Idade 27: Assaltada com uma faca apontada para mim a caminho do trabalho para casa
Idade 31: Estuprada pelo ex-namorado

Idade 0 ——————————————— Agora

Ao começar a trabalhar neste livro, você escolherá um evento traumático *como ponto de partida* — ao que chamamos de *evento central (ou evento* índice*)* —, mas, com o tempo, você pode aplicar o que está aprendendo a outros traumas que tiver enfrentado. O trauma escolhido inicialmente deve ser o que mais o assombra. Até que você lide com isso, não verá muita mudança em seus sintomas de TEPT, pois é o que está mantendo você mais preso. Se não for fácil identificar um trauma "pior", porque todos os traumas são terríveis por natureza e podem ter impactado você profundamente, escolha o primeiro que você se lembra de ter vivenciado ou aquele cujas memórias são mais difíceis de acessar. Com frequência, o ponto de partida mais importante é o trauma que você mais quer evitar pensar. Escolha o que você acha que pode ter mais sintomas de TEPT. Aqui estão algumas perguntas a serem consideradas:

- Como você reagiu ao fazer sua linha do tempo? Teve um trauma que foi mais difícil de pensar do que outros? O pior evento costuma ser o que é mais difícil de pensar ou falar?
- Houve algo que aconteceu com você pessoalmente? Muitas vezes, quanto mais perto de você um trauma ocorreu (acontecendo pessoalmente *versus* testemunhando ou descobrindo sobre um trauma que aconteceu com outra pessoa), mais provável é de que seja seu evento central.
- Houve algum evento que aconteceu com você na infância e que você tentou enterrar em sua mente? Seu evento central pode não ser o mais recente. Pode

haver um sobre o qual você se sinta mais confortável para falar, mas qual é o evento que você realmente afasta e com o qual tenta não lidar?
- Tudo o mais sendo igual, existe um evento sobre o qual você sinta mais culpa, vergonha ou autocrítica (autocensura)?

Se o trauma que você experimentou foi contínuo, ou se foi uma série de eventos, também é útil escolher a pior parte dele para se concentrar, como um caso específico. Se você não tem certeza de qual é o pior caso, considere as seguintes perguntas:

- Sobre qual evento da série você tem os sintomas mais intrusivos (que invadem sua cabeça sem você querer), como pesadelos ou memórias indesejadas que aparecem repentinamente?
- Existe algum caso que desencadeia as emoções mais fortes, como culpa, vergonha ou medo?
- Há algum caso em que você evita pensar mais?
- Sobre qual desses casos você quer pensar ou falar menos?

Às vezes, o pior evento é aquele que foi o mais perigoso ou grave — como o pior caso de abuso físico que você vivenciou ou o tiroteio que ocorreu mais próximo de você, no qual você ficou ferido ou em que pessoas morreram. Outras vezes, um caso pode assombrar mais devido às circunstâncias ou ao significado. Por exemplo, trabalhamos com pessoas que sofreram anos de abuso físico regular por um parceiro, mas que escolheram um incidente específico, como quando foram severamente agredidas durante a gravidez. Também trabalhamos com pessoas abusadas sexualmente por anos, mas que escolheram o pior evento como o momento em que por fim contaram o que estava acontecendo a alguém, ou um momento em que, por algum motivo, se culparam mais por isso do que o agressor, como quando elas eram mais velhas e acharam que "deveriam ter agido melhor". Pode haver um dia ou um único evento que se destaque acima de todos os outros. Pode ser um momento em que você pensou que ia morrer, ou que dizer "não" não mudaria a situação, ou ainda quando outras pessoas estavam em perigo e você se sentiu incapaz de ajudá-las.

No caso de Isabel, ela percebeu que a primeira série de eventos traumáticos era a que mais a assombrava e que mais influenciava a maneira como ela reagia aos eventos posteriores. Ela sentia vergonha e culpa por ter sido vítima de assédio. Decidiu começar com uma lembrança vívida do abuso sexual por parte do seu padrasto, quando tinha cerca de 5 ou 6 anos, o que a fez sentir muito medo e vergonha. Durante a TPC, começou a trabalhar também em outras memórias e eventos, mas somente após lidar com aquela primeira memória vívida e mais difícil. Ela descobriu que, por ter trabalhado nessa memória primeiro, foi capaz de aplicar o que havia aprendido e lidar de maneira mais fácil com os outros eventos e memórias.

Tente não ficar paralisado na etapa de escolher um evento traumático. Se todos os seus eventos parecerem igualmente intensos, escolha aquele que você acredita que será mais útil para se concentrar e focar. Caso todos parecerem similares, escolha o primeiro evento traumático que causou os sintomas de TEPT. Em seguida, usando o "trauma-alvo" que você identificou, preencha a Lista de Verificação do TEPT da Linha de Base, nas próximas páginas, para avaliar seus sintomas atuais de TEPT (ou baixe-a na página do livro em loja.grupoa.com.br). Essa lista representa o nível de sintomas de TEPT que você está vivenciando antes de começar a utilizar as habilidades deste livro — será sua linha de base. Responda a cada pergunta tendo em mente esse evento específico. A Lista de Verificação do TEPT é uma medida comumente utilizada para avaliar a gravidade dos sintomas desse transtorno. Esse instrumento questiona sobre os sintomas que você tem tido relacionados a uma "experiência estressante", no seu caso, o evento central, que é a pior experiência traumática para você, e serve como seu ponto de partida neste processo. Se tiver dúvida entre dois valores (números) da escala, como 1 ou 2, escolha o maior. Ao final, some os pontos de todos os itens para calcular o seu total.

Se você vivenciou um evento traumático e sua pontuação total é 36 ou superior, você está experimentando sintomas significativos de TEPT. Felizmente, as habilidades deste livro foram desenvolvidas para pessoas como você. Mesmo pacientes com pontuações muito altas na Lista de Verificação do TEPT da Linha de Base conseguiram se recuperar utilizando a TPC. Se sua pontuação for inferior a 36, ainda é possível que você apresente alguns sintomas de TEPT, conforme indicado por suas respostas, e as atividades deste livro ainda podem ser úteis. À medida que você avança neste livro, terá oportunidades de preencher a Lista de Verificação do TEPT várias vezes, permitindo que acompanhe a evolução dos seus sintomas e certifique-se de que está melhorando. A TPC foi desenvolvida para tratar justamente desses sintomas, então continue a leitura no próximo capítulo para descobrir mais sobre como você pode avançar em direção à recuperação do trauma.

Lista de Verificação do TEPT da Linha de Base

Instruções: Este questionário pergunta sobre problemas que você possa ter tido após uma experiência muito estressante envolvendo morte real ou ameaça de morte, ferimentos graves ou violência sexual. Estas experiências podem ser algo que aconteceu diretamente com você, algo que você testemunhou, ou algo que você ficou sabendo ter acontecido com um familiar próximo ou amigo próximo. Alguns exemplos são *um grave acidente, incêndio, catástrofes como um furacão, tornado ou tremor/deslizamento de terra; agressão ou abuso físico ou sexual; guerra; homicídio; ou suicídio.*

Em primeiro lugar, por favor, responda a algumas perguntas sobre o seu pior evento, o qual, para este questionário, significa o evento que mais incomoda você neste momento. Este evento pode ser um dos exemplos acima ou alguma outra experiência muito estressante. Também pode ser um evento único (por exemplo, um acidente de carro) ou vários eventos semelhantes (por exemplo, vários eventos estressantes em uma zona de guerra ou abuso sexual repetido).

Resumidamente identifique o pior evento (se você se sentir confortável para fazer isto):

_____

_____

Há quanto tempo isso aconteceu? _____
(por favor, faça uma estimativa se você não tem certeza)

Envolveu morte real ou ameaça de morte, ferimentos graves ou violência sexual?
☐ Sim
☐ Não

Como você vivenciou este evento?
☐ Aconteceu comigo diretamente.
☐ Eu testemunhei este evento.
☐ Eu fiquei sabendo que o evento aconteceu com um membro próximo da família ou amigo próximo
☐ Eu fui exposto repetidamente a detalhes deste evento como parte do meu trabalho (por exemplo, paramédico, policial civil, militar ou outro socorrista).
☐ Outros, por favor, descreva

Se o evento envolveu a morte de um membro próximo da família ou amigo próximo, foi devido a algum tipo de acidente ou violência, ou foi devido a causas naturais?
☐ Acidente ou violência
☐ Causas naturais
☐ Não se aplica (o evento não envolveu a morte de um membro próximo da família ou amigo próximo)

(Continua)

Extraído de PTSD Checklist for DSM-5 (PCL-5), de Weathers, Litz, Keane, Palmieri, Marx e Schnurr (2013). Disponível no National Center for PTSD, em www.ptsd.va.gov; em domínio público. Adaptação no Brasil: Lima Osório, F., Da Silva, T. D. A., Santos, R. G., Chagas, M. H. N., Chagas, N. M. S., Sanches, R. F., & De Souza Crippa, J. A. (2017). Posttraumatic stress disorder checklist for DSM-5 (PCL-5): Transcultural adaptation of the Brazilian version. *Revista de Psiquiatria Clínica*, 44(1), 10–19. https://doi.org/10.1590/0101-60830000000107. Reproduzido em *Vencendo o transtorno de estresse pós-traumático com a terapia de processamento cognitivo*. Os compradores deste livro podem baixar cópias adicionais desta planilha na página do livro em loja.grupoa.com.br.

Lista de Verificação do TEPT da Linha de Base *(página 2 de 2)*

Instruções: Em segundo lugar, veja abaixo uma lista de problemas que as pessoas às vezes apresentam em resposta a uma experiência muito estressante. Pensando em seu pior evento, por favor, leia cuidadosamente cada problema e então circule um dos números à direita para indicar o quanto você tem sido incomodado por este problema *no último mês*.

No último mês, quanto você foi incomodado por:	De modo nenhum	Um pouco	Moderadamente	Muito	Extremamente
1. Lembranças indesejáveis, perturbadoras e repetitivas da experiência estressante?	0	1	2	3	4
2. Sonhos perturbadores e repetitivos com a experiência estressante?	0	1	2	3	4
3. De repente, sentindo ou agindo como se a experiência estressante estivesse, de fato, acontecendo de novo (como se *você estivesse revivendo-a, de verdade, lá no passado*)?	0	1	2	3	4
4. Sentir-se muito chateado quando algo lembra você da experiência estressante?	0	1	2	3	4
5. Ter reações físicas intensas quando algo lembra você da experiência estressante (*por exemplo, coração apertado, dificuldade para respirar, suor excessivo*)?	0	1	2	3	4
6. Evitar lembranças, pensamentos ou sentimentos relacionados à experiência estressante?	0	1	2	3	4
7. Evitar lembranças externas da experiência estressante (*por exemplo, pessoas, lugares, conversas, atividades, objetos ou situações*)?	0	1	2	3	4
8. Não conseguir se lembrar de partes importantes da experiência estressante?	0	1	2	3	4
9. Ter crenças negativas intensas sobre você, outras pessoas ou o mundo (*por exemplo, ter pensamentos tais como:* "Eu sou ruim", "existe algo seriamente errado comigo", "ninguém é confiável", "o mundo todo é perigoso")?	0	1	2	3	4
10. Culpar a si mesmo ou aos outros pela experiência estressante ou pelo que aconteceu depois dela?	0	1	2	3	4
11. Por ter sentimentos negativos intensos como medo, pavor, raiva, culpa ou vergonha?	0	1	2	3	4

(Continua)

(Continuação)

No último mês, quanto você foi incomodado por:	De modo nenhum	Um pouco	Moderadamente	Muito	Extremamente
12. Perder o interesse em atividades que você costumava apreciar?	0	1	2	3	4
13. Sentir-se distante ou isolado das outras pessoas?	0	1	2	3	4
14. Dificuldades para vivenciar sentimentos positivos (*por exemplo, ser incapaz de sentir felicidade ou sentimentos amorosos por pessoas próximas a você*)?	0	1	2	3	4
15. Comportamento irritado, explosões de raiva ou agir agressivamente?	0	1	2	3	4
16. Correr muitos riscos ou fazer coisas que podem lhe causar algum mal?	0	1	2	3	4
17. Ficar "super" alerta, vigilante ou de sobreaviso?	0	1	2	3	4
18. Sentir-se apreensivo ou assustado facilmente?	0	1	2	3	4
19. Ter dificuldades para se concentrar?	0	1	2	3	4
20. Problemas para adormecer ou continuar dormindo?	0	1	2	3	4

Calcule a soma e a escreva aqui: _____

(O intervalo possível de pontuações é 0–80.)

3
Um plano para desprender-se do TEPT

Agora que identificou que este livro pode ser útil para enfrentar os desafios que tem vivido, você pode estar se perguntando como será o processo. Este livro vai ajudá-lo a lidar com os pensamentos que o mantêm preso ao seu TEPT, incluindo aquilo que você diz a si mesmo sobre as razões do evento traumático ter acontecido com você e o que você acredita que o trauma significa para você, para os outros e para o mundo. É provável que a maioria dos seus pensamentos sobre o trauma sejam precisos e úteis. No entanto, pode haver algumas ideias que você tem dito a si mesmo que sejam menos úteis ou que você realmente não tenha considerado tanto a ponto de certificar-se de que sejam verdadeiras. Por exemplo, como muitas pessoas com TEPT, Isabel se culpava pelo abuso que sofreu quando criança e questionava se ela havia feito algo para causá-lo ou se não havia feito o suficiente para impedi-lo, embora, na realidade, não houvesse outras opções viáveis naquela época. Isabel achou que deveria ter tentado brigar com o padrasto, e que não deveria ter "desistido" e "permitido" que ele a molestasse. Ela também achou que deveria ter contado a alguém logo após ter acontecido a primeira vez. Assim como outras pessoas com TEPT, Isabel ficou presa, pensando de maneira negativa sobre si mesma e sobre os outros. Ela achava que estava "muito fragilizada" para ser amada, devido ao que havia acontecido com ela, e acreditava que nunca mais poderia confiar em alguém. Pensamentos como esses podem causar emoções negativas, como culpa, vergonha, medo ou raiva, interferindo significativamente na sua qualidade de vida e na realização dos seus objetivos pessoais.

Se há algum pensamento que você tem tido sobre o trauma que o mantém preso, você pode precisar de um tempo para olhar cuidadosamente para os fatos. Utilizando as habilidades deste livro, Isabel entendeu que era muito jovem quando foi abusada pelo padrasto, que ela tinha medo e que ele a ameaçava dizendo que iria bater nela caso contasse a alguém. Ao longo dos exercícios, ela conseguiu deixar de lado um pouco da vergonha que sentia, pois percebeu que, naquela época, ela era apenas uma criança, que não tinha controle sobre o que estava acontecendo. Ela percebeu que o responsável pelos abusos era seu padrasto, o adulto que deveria protegê-la, mas que escolheu abusar dela. Isabel percebeu que era injusto consigo mesma pensar em si como "prejudicada" por algo que estava fora do seu controle. Refletindo sobre todas as maneiras como foi resiliente, ela percebeu que sua identidade vai muito além dos eventos traumáticos pelos quais havia passado. Ao reavaliar o contexto mais amplo, como Isabel fez, você pode começar a pensar sobre seu papel no evento traumático de uma forma diferente, e concluir sobre o que isso agora realmente significa sobre você e sobre sua vida como um todo. Se parte do seu pensamento sobre o trauma mudar, suas emoções também podem mudar, e você pode notar um sentimento de alívio ou uma diminuição na intensidade de suas reações às memórias traumáticas. As atividades e as planilhas deste livro vão guiá-lo a examinar seus pensamentos para ajudá-lo a entender melhor o evento que aconteceu na sua vida.

As habilidades e os conceitos deste livro podem auxiliá-lo a se desprender e avançar em direção à recuperação, oferecendo suporte para que você consiga:

- Entender o TEPT e como a evitação pode alimentar os sintomas desse transtorno.
- Identificar a interação dos seus pensamentos e dos seus sentimentos.
- Experimentar e processar suas emoções relacionadas aos eventos traumáticos.
- Identificar os pensamentos que o mantêm preso no TEPT.
- Examinar esses pensamentos com base nos fatos reais da situação, incluindo aqueles que você pode ter negligenciado ou esquecido.
- Compreender como os eventos traumáticos impactaram sua sensação de segurança, confiança, poder/controle, estima e intimidade.
- Desenvolver maneiras mais equilibradas e adaptativas de pensar sobre seus traumas, sobre o motivo pelo qual eles aconteceram e sobre o impacto em sua vida e no seu futuro.

O objetivo final é que você desenvolva novas habilidades de pensamento especializadas, que não foram ensinadas na escola ou transmitida pelos seus pais, e que possam ser aplicas não apenas a eventos passados, mas também a quaisquer situações desafiadoras no futuro. Ao aprender a série de habilidades apresentadas neste livro, você terá a oportunidade de assumir o controle sobre seu trauma, em vez de ser dominado por ele. Essas habilidades podem ser utilizadas durante seu trabalho neste livro e permanecerão úteis por muito tempo depois. As pessoas que completaram a TPC notaram diminuições de *flashbacks* e pesadelos, de reações de sobressalto e da tendência de evitar as lembranças traumáticas, bem como destacaram que têm melhores relacionamentos com os outros e apontaram a melhora da autoestima. Aproximadamente metade das pessoas com TEPT também sofre de depressão, e foi comprovado que o tratamento eficaz dos sintomas do TEPT contribui para a melhora desse outro transtorno.

COMO USAR ESTE LIVRO

Este livro oferece as ferramentas necessárias que você precisará para processar suas experiências traumáticas. Cada seção contém novas informações e habilidades, bem como atividades práticas. Se você tem acesso à internet por meio de um computador, *tablet* ou celular, também recomendamos vídeos que podem auxiliar ainda mais no entendimento das habilidades e dos conceitos, como o preenchimento de uma planilha específica. Consulte o quadro a seguir para obter dicas específicas sobre como utilizar este livro.

> **DICAS PARA USAR ESTE LIVRO**
>
> - Tente dedicar-se a ele todos os dias ou, pelo menos, quatro ou cinco dias por semana.
> - Escolha um momento tranquilo, em que você possa estar livre de distrações, e dedique pelo menos 15 minutos.
> - Você pode avançar no seu próprio ritmo, mas sugerimos trabalhar em aproximadamente um capítulo por semana.
> - Escreva suas respostas diretamente neste livro, em vez de apenas pensar nelas. Desse modo, você pode voltar e ver seu trabalho e relembrar algumas habilidades e ideias, além de visualizar o quanto evoluiu.
> - Você não precisa praticar cada exercício até que ele fique perfeito! Cada capítulo se baseia no último, e você poderá continuar praticando à medida que avança. O que importa é utilizar os exercícios para desacelerar e pensar nas perguntas que lhe são feitas a cada seção.
> - Lembre-se: desenvolver uma nova habilidade requer prática! No início, pode parecer estranho, mas, como em qualquer aprendizado, com a prática, fica mais fácil, e eventualmente essas novas habilidades podem até se transformar em novos hábitos.
> - Cuidado com a evitação! Pode ser que você não queira pensar sobre o trauma, ou pode ser que você encontre outras coisas que ache que precisa fazer antes de iniciar a sua prática diária. Lembre-se: você assumiu um compromisso consigo mesmo para trabalhar em sua recuperação — embora às vezes possa ser difícil, vale a pena persistir nesse compromisso!

Acelerando seu trabalho

Uma grande vantagem deste livro é que você pode avançar no seu próprio ritmo, sem necessariamente precisar marcar hora com um profissional para trabalhar na sua recuperação, além disso, você também pode utilizá-lo em qualquer lugar. No entanto, é importante que você se mantenha focado, sendo recomendável dedicar-se a ele todos os dias.

À medida que avança, você pode decidir quando já praticou o suficiente as habilidades de cada capítulo para avançar para o próximo. Recomendamos passar, no máximo, uma semana em cada capítulo, caso esteja praticando todos os dias. É importante entender *que não é necessário ser capaz de utilizar cada habilidade com perfeição,* pois as habilidades do próximo capítulo se basearão nas anteriores, o que permitirá que você continue praticando. Na verdade, algumas pessoas podem não conseguir dominar completamente algumas das habilidades, mas ainda assim fazem o melhor que podem e conseguem se recuperar. Dito isso, é importante concluir as principais tarefas práticas, que são o núcleo da TPC, pois sabemos que elas é que são eficazes para a sua recuperação.

Algumas pessoas passam pelo processo rapidamente, em algumas semanas, enquanto outras podem trabalhar em um único capítulo por semanas e levar alguns meses para concluir o processo. Ambos os ritmos foram validados na TPC com um terapeuta e provaram ser eficazes. Assim, você pode escolher o ritmo ao qual melhor se adapta. Qual ritmo faria mais sentido para você e sua vida?

Definir metas de como trabalhará neste livro também pode ajudá-lo a fazer progressos constantes. No entanto, ainda que você pule um dia, basta retornar no dia seguinte.

A que horas do dia você fará a prática? _____

Como você vai garantir que haverá pouca ou nenhuma distração quando trabalhar nos exercícios, e como você vai se lembrar de praticar?

_____
_____
_____
_____

Às vezes, as pessoas colocam lembretes no celular ou na agenda. Outras adquirem o hábito de fazer o trabalho no mesmo horário todos os dias, como quando estão em uma pausa no trabalho ou após o jantar, antes de assistir à televisão. Como você vai se certificar de priorizar alguma prática todos os dias?

Utilize o calendário a seguir para mapear seu plano ou faça o *download* da página do livro em: loja.grupoa.com.br.

Siga estas instruções para utilizar o calendário:

- Primeiro, preencha os dias do calendário, começando com o mês atual.
- Em seguida, marque no calendário quanto tempo você planeja trabalhar nas habilidades deste livro todos os dias nas próximas semanas. Por exemplo, você pode planejar dedicar de 15 a 20 minutos por dia na maior parte dos dias, mas apenas de 5 a 10 minutos nos dias em que estará mais ocupado com o trabalho ou a escola. Supondo que você se dedique um pouco todos os dias e complete todos os capítulos, é possível completar um capítulo por semana e concluir o livro em 12 semanas. Encorajamos você a manter um ritmo constante, pois os dados indicam que não é eficaz praticar usar as habilidades menos de uma vez por semana.

- Com base no seu plano, defina uma data que você espera ter concluído o programa da TPC. Isso pode ajudá-lo mais tarde, pois permitirá que você verifique se está progredindo conforme o esperado em direção ao caminho certo para o seu objetivo.
- Agende ou planeje algumas recompensas para si mesmo após concluir cada capítulo. É importante reconhecer o trabalho duro que você está fazendo.

Reserve um tempo para escrever em sua agenda de modo a trabalhar regularmente neste livro. Você também pode achar útil reservar algum tempo ou definir lembretes em um calendário eletrônico, caso você utilize um.

Coloque uma nota adesiva na próxima página (ou mantenha em mãos sua cópia impressa) com seu calendário preenchido, ou utilize outro tipo de marcador para facilitar a consulta e acompanhar seu progresso. É claro que seu plano pode não funcionar exatamente como previsto, e está tudo bem. A ideia é ter um plano definido para quando você fará as atividades, para que possa continuar avançando em direção à recuperação. Se você se desviar do seu plano, não tem problema. Retome as atividades o mais rápido possível e ajuste seu planejamento conforme a sua necessidade do momento.

À medida que avança neste livro, você monitorará seus sintomas e determinará quando não precisará mais continuar. Considere o seguinte:

- A cada semana ou ao final de cada capítulo, você monitorará seu progresso usando a Lista de Verificação do TEPT. Se você começar a se sentir melhor e estiver satisfeito com seu progresso, revise novamente seus níveis de sintomas para verificar se as pontuações reduziram para um nível que não caracterize TEPT.
- Pontuações abaixo de 20 indicam um bom resultado. Uma redução de 10 pontos ou mais também é considerada uma quantidade significativa de mudança de sintomas. Contudo, a decisão final sobre o momento de considerar que obteve os benefícios necessários de que precisa para seguir em frente na sua vida é totalmente sua.
- Se decidir parar antes de completar todos os capítulos, você pode prosseguir para o último capítulo para encerrar seu trabalho. Isso lhe dará a oportunidade de refletir sobre seu progresso e garantir que realizou as mudanças desejadas, além de observar quaisquer outros aspectos que talvez queira continuar trabalhando no futuro.

Nota: *Se você estiver trabalhando com um terapeuta ou decidir que poderia se beneficiar dessa colaboração, vocês decidirão juntos a frequência dos encontros, como uma ou duas vezes por semana.* Você deve informar ao terapeuta que você está utilizando este livro e compartilhará seu progresso com ele. Se você trabalha com um terapeuta que já trabalha com a TPC, as planilhas e materiais fornecidos podem variar um pouco, mas os conceitos são os mesmos. Você pode utilizar as planilhas e as tarefas fornecidas por um terapeuta treinado em TPC ou compartilhar este livro com um terapeuta que não trabalha com a TPC.

Calendário de planejamento da TPC

Mês: _____

Domingo	Segunda	Terça	Quarta	Quinta	Sexta	Sábado

Mês: _____

Domingo	Segunda	Terça	Quarta	Quinta	Sexta	Sábado

Mês: _____

Domingo	Segunda	Terça	Quarta	Quinta	Sexta	Sábado

Mês: _____

Domingo	Segunda	Terça	Quarta	Quinta	Sexta	Sábado

De *Vencendo o transtorno de estresse pós-traumático com a terapia de processamento cognitivo*, de Resick, Stirman e LoSavio. Artmed, 2025. Os compradores deste livro podem baixar cópias adicionais desta planilha na página do livro em loja.grupoa.com.br.

A importância da prática

Pesquisas têm mostrado que as pessoas que realizam mais atividades práticas durante o tratamento do TEPT obtêm melhorias mais significativas em seus sintomas. Portanto, é muito importante que você complete as atividades deste livro para obter o máximo dos benefícios.

Por que é importante praticar? Para aprender qualquer nova habilidade, seja amarrar os sapatos, dirigir um carro, aprender a cozinhar, se destacar em um esporte ou aprender um novo idioma, a prática de maneira repetitiva é essencial até que se torne um hábito. Se você tem mantido um padrão de pensamento desde que seus eventos traumáticos começaram, será necessário praticar para aprender a examinar e, possivelmente, alterar o que você tem pensado de forma automática.

Quanto mais você se dedicar, maior será a probabilidade de se beneficiar e, quanto mais cedo você começar, mais rapidamente poderá sentir melhoras. Incentivamos você a fazer o seu melhor para superar os sintomas de evitação e a se comprometer com as atividades por tempo suficiente para que possa observar resultados.

PERGUNTAS COMUNS ANTES DE COMEÇAR

O que devo fazer se algo estressante acontecer na minha vida?

Eventos estressantes, sejam positivos ou negativos, fazem parte da vida e não devem ser um motivo para parar de trabalhar no seu TEPT. Mesmo que você experimente um evento estressante, ainda pode ser útil continuar trabalhando no seu trauma. Afinal, será muito mais fácil gerenciar o estresse do dia a dia após se recuperar do TEPT. No entanto, se a experiência estressante for muito grave (como a morte de um ente querido, a perda de um emprego ou de sua casa, ou um problema de saúde repentino), talvez seja necessário fazer uma pequena pausa para gerenciar a crise atual e processar suas emoções relacionadas a esse evento. Se possível, utilize algumas das habilidades que você está aprendendo neste livro para examinar seus pensamentos e sentimentos sobre o agente estressor. As habilidades adquiridas aqui podem ser aplicadas a outros eventos da sua vida e ajudá-lo a evitar recair em antigos padrões de pensamento que estão relacionadas ao TEPT. Assim que estiver pronto, volte às atividades propostas neste livro para continuar sua recuperação.

O que devo fazer se o meu TEPT começar a piorar?

Às vezes, quando as pessoas param de evitar seus traumas (o que, na verdade, é uma diminuição dos sintomas!), outros sintomas podem aumentar temporariamente, como sentir uma variedade maior de emoções ou ter pesadelos. Você está se permitindo se lembrar do trauma porque não está se afastando dele, e isso é uma coisa muito boa. Isso lhe dá a oportunidade de processar o que aconteceu e avançar em direção à recuperação. Lembre-se de que isso é apenas uma lembrança e que o evento traumático já acabou. A evitação manteve o TEPT ativo durante todo esse tempo, e agora, ao enfrentar essas memórias, esses pensamentos e essas emoções, você está dando passos importantes para a cura. Ao final do Capítulo 8, se você fizer as atividades com atenção e regularidade, poderá começar a sentir-se melhor. Mas não se preocupe se demorar um pouco mais. Algumas pessoas notam que leva mais tempo, e teremos sugestões para a solução de problemas ao longo do caminho.

Certifique-se de dar uma chance ao programa para que ele funcione, e não desista antes de ter a oportunidade de se beneficiar. Algumas pessoas levam mais tempo do que outras, até que, por fim, algo as desperte e elas comecem a ver melhora nos sintomas. Pode ser útil pedir apoio à família e aos amigos enquanto você realiza esse trabalho (veja a folha de exercícios "Apoiando seu ente querido durante a TPC", no Apêndice) e informe-os que você pode passar por altos e baixos emocionais. Se eles compreenderem isso, poderão encorajá-lo a permanecer no programa. Não será benéfico se eles lhe sugerirem que você pare de fazer o trabalho, a menos que percebam que você corre o risco de se machucar ou se envolver em outros comportamentos de enfrentamento não saudáveis, caso em que será importante e necessário buscar ajuda profissional). Em vez disso, eles podem encorajá-lo a cuidar de si mesmo e a fazer também atividades prazerosas das quais você goste.

Se você estiver experimentando pensamentos sobre suicídio, consulte o quadro na próxima página.

E se eu ficar preso?

Ao passar por esse processo, você aprenderá muitas novas habilidades. Não esperamos que "domine" todos os conceitos imediatamente. Mesmo que você ache algo desafiador ou difícil de entender, este livro vai guiá-lo para continuar a desenvolver suas habilidades à medida que avança no programa. É importante não pensar que você tem de fazer tudo "perfeitamente" para avançar. É muito mais significativo manter-se firme e continuar o processo.

Se você tiver dificuldade para entender um conceito ou uma planilha, poderá utilizar os vídeos sugeridos ao longo deste livro para facilitar a ampliação da sua compreensão. Há também guias de solução de problemas e planilhas de exemplo após cada capítulo, além de outras fontes de auxílio disponíveis na seção de Recursos, ao final deste livro. No entanto, se você estiver trabalhando por conta própria e sentir que ainda está preso, tente procurar um terapeuta para pedir orientação.

> **ALGUMAS PALAVRAS SOBRE PENSAMENTOS E SENTIMENTOS SUICIDAS**
>
> Muitas pessoas que sofrem de TEPT têm pensamentos sobre se machucar ou pensamentos suicidas em algum momento. Se você corre o risco de se machucar e sente que corre o risco de não poder garantir sua própria segurança, é importante procurar ajuda imediatamente. No Brasil, você pode entrar em contato com o Centro de Valorização da Vida (CVV)* ligando para 188, ou acessar o *site* www.cvv.org.br para conversar *on-line*. O CVV oferece suporte emocional e prevenção do suicídio, atendendo gratuitamente todas as pessoas que precisam conversar, com total sigilo e anonimato.
>
> A TPC é muito eficaz, mas é importante que você não se prejudique antes de dar uma chance para este método funcionar. As pesquisas têm mostrado que as pessoas que completam a TPC experimentam redução do pensamento suicida. Uma vez que você estiver se sentindo melhor, poderá descobrir que está ansioso pela sua vida enquanto prossegue com sua recuperação e seus impulsos suicidas diminuem. Nesse meio tempo, buscar apoio e desenvolver um plano de segurança de prevenção ao suicídio pode ser crucial. Recursos como os encontrados no *site* Setembro Amarelo (setembroamarelo.com) oferecem materiais de orientações e o suporte necessário para lidar com a prevenção enquanto você se envolve com a sua recuperação. Você pode encontrar também aplicativos como "Você Não Está Sozinho" como ferramenta de apoio para enfrentar seus desafios psicológicos.
>
> * No Brasil, o Centro de Valorização da Vida está disponível 24 horas pelo telefone 188, por *e-mail* (apoioemocional@cvv.org.br) e por *chat* (https://www.cvv.org.br/chat/), no seguinte horário: dom – das 17h à 1h, seg a qui – das 9h à 1h, sex – das 15h à 1h e sáb – das 14h à 1h. (N.T.)

DEFINIÇÃO DE METAS: PARA QUE VOCÊ ESTÁ TRABALHANDO?

Antes de prosseguir com o restante deste livro, pode ser útil dar um passo atrás e lembrar-se das razões que o levaram a decidir trabalhar na superação do seu TEPT. O que o motivou a dar esse passo? Algumas pessoas decidem enfrentar o TEPT porque ele interfere em aspectos importantes de suas vidas, como as relações familiares, o desempenho no seu trabalho ou a capacidade de desfrutar de atividades prazerosas sem serem assombradas por emoções intensas ou memórias perturbadoras.

Quais são alguns de seus objetivos e algumas de suas razões para trabalhar no seu TEPT?

_____
_____
_____
_____

Como você saberá se está começando a se sentir melhor — o que gostaria de mudar à medida que se recupera do TEPT?

_____
_____
_____
_____

AVALIANDO SEU PROGRESSO

Assim como você preencheu a Lista de Verificação do TEPT da Linha de Base para avaliar seus sintomas atuais desse transtorno, recomendamos que preencha uma nova Lista de Verificação do TEPT a cada semana enquanto estiver completando este livro, da mesma forma como sua pressão é aferida toda vez que você vai ao médico, para observar como seus sintomas mudaram. Desse modo, você pode acompanhar seu progresso e ter certeza de que está se movendo em direção à recuperação. Incluímos uma Lista de Verificação do TEPT ao final de cada capítulo, para você avaliar o progresso dos seus sintomas. Não é preciso preenchê-la mais de uma vez por semana, caso esteja avançando rapidamente pelo livro. Certifique-se de continuar classificando seus sintomas do TEPT em relação ao mesmo evento traumático, seu trauma-alvo, a cada semana. Você pode utilizar o gráfico a seguir para acompanhar suas pontuações semanais (ou imprimir o gráfico na página do livro em loja.grupoa.com.br) para acompanhar seu progresso. Coloque um marcador nesta página, cole uma nota adesiva nela ou mantenha uma cópia impressa à mão para que você possa consultá-la e acompanhar seu progresso a cada semana.

A cada semana, registre sua pontuação total no gráfico. Marque um ponto onde o número da semana corresponde à sua pontuação no lado esquerdo (eixo vertical). Você pode começar colocando sua primeira pontuação da Lista de Verificação do TEPT da Linha de Base, nas páginas 17 e 18, na direção da Semana 0. À medida que você adiciona novas pontuações nas próximas semanas, conecte cada ponto que você inclui ao anterior para visualizar se as suas pontuações estão diminuindo. Considere o seguinte:

- Pontuações de 31 ou mais (a linha sólida) indicam que você provavelmente tem TEPT. A TPC foi desenvolvida originalmente para pessoas com TEPT. No entanto, você pode se beneficiar mesmo que sua pontuação inicial seja menor.
- Acompanhe suas pontuações ao longo do processo. Lembre-se: se sua pontuação cair abaixo de 31, você começará a se parecer mais com alguém que não tem mais sintomas intensos de TEPT. Se sua pontuação cair abaixo de 20 (conforme indicado pela linha tracejada), é provável que você não apresente mais um nível clínico de TEPT, o que é considerado um bom resultado. Reduções de 10 ou mais pontos também são indicativas de uma melhora significativa.

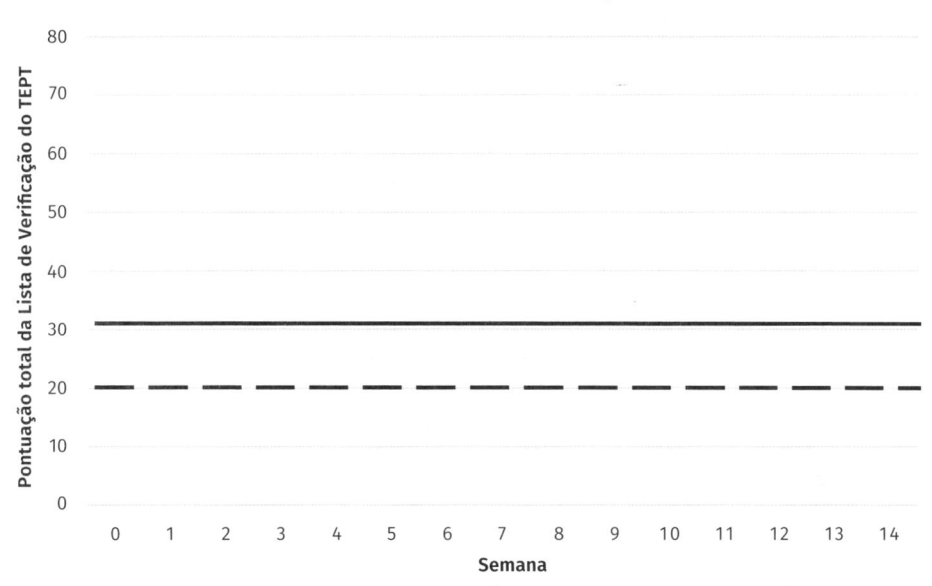

Gráfico para acompanhar suas pontuações semanais

De *Vencendo o transtorno de estresse pós-traumático com a terapia de processamento cognitivo*, de Resick, Stirman e LoSavio. Artmed, 2025. Os compradores deste livro podem baixar cópias adicionais deste gráfico na página do livro em loja.grupoa.com.br.

É apresentado a seguir um gráfico de exemplo, mostrando o progresso de Louis, que completou o programa em 11 semanas.

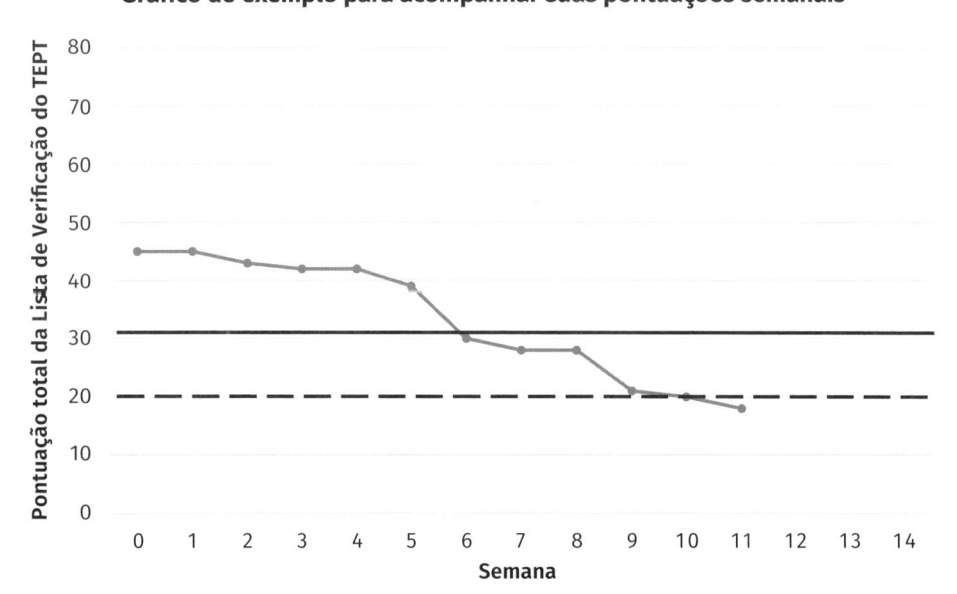

Gráfico de exemplo para acompanhar suas pontuações semanais

Como você pode ver, Louis começou com sintomas significativos de TEPT. Seus sintomas diminuíram constantemente à medida que ele prosseguia no programa. Ele terminou com uma pontuação de 18, o que representa uma redução substancial (mais de 10 pontos) em relação à sua pontuação inicial.

É ainda mais importante perceber como você está se sentindo em sua vida. Seus relacionamentos estão melhorando? Você está pensando em novos objetivos que deseja alcançar? Você é menos assombrado pelas memórias dos eventos traumáticos? O objetivo não é esquecer o que aconteceu com você, pois eles fazem parte da sua vida, mas sim aceitar que aconteceram sem que isso provoque emoções avassaladoras. Você pode começar a pensar: "eu me lembro de como costumava me sentir mal sempre que pensava no que havia acontecido, mas agora posso pensar no ocorrido sem o desejo de apagá-lo da memória".

COMO COMEÇAR

Você decidiu que este livro pode ser útil. O que você deve fazer agora? A melhor coisa que você pode fazer é iniciar imediatamente o próximo capítulo. Lembre-se de que a evitação é um sintoma do TEPT, então não procrastine nem evite enfrentar o problema — se puder, comece hoje mesmo. O Capítulo 4 contém mais conteúdo sobre TEPT e explica os conceitos que você precisará saber para prosseguir com a leitura. Utilizando as abordagens aqui descritas, você aprenderá mais sobre o TEPT, sobre porque as pessoas ficam presas a ele e sobre como pode vencê-lo. Você também terá a oportunidade de refletir sobre como os sintomas do TEPT afetaram sua vida.

Antecipando os obstáculos

Você está nervoso ou hesitante em começar? Há muitos obstáculos comuns pelos quais as pessoas passam quando começam a pensar em enfrentar seus traumas. É comum se sentir preso ou hesitante antes mesmo de começar. Esses sentimentos podem até ser formas de evitação. Aqui estão alguns obstáculos comuns que podem dificultar o início desse processo, ou impedir que ele seja tão bem-sucedido quanto possível, bem como alguns pontos a serem considerados para cada um.

Tenho medo de reviver meu trauma.

Pensar ou escrever sobre seu trauma não é a mesma coisa que "revivê-lo" ou "vivenciá-lo novamente". Para a maioria das pessoas que lida com o TEPT, o trauma está no passado e já acabou. Embora às vezes você possa sentir que as memórias são tão vívidas que parece que você está revivendo o evento, considerando que o trauma já passou, você está a salvo agora. Embora possa trazer emoções muito desagradáveis, *não é perigoso pensar em traumas passados.* As lembranças já estão em sua mente, então esse trabalho envolve *reconhecer o que já está lá,* mas *não cria nenhum novo trauma.*

Fazer esse trabalho também pode ajudá-lo a reconhecer a diferença entre experimentar o trauma e lembrar dele, e dar-lhe mais confiança em sua capacidade de administrar suas reações emocionais. Você também pode obter uma maior sensação de controle sobre suas memórias do trauma, diferentemente de sentir que são as memórias que controlam você. No passado, pensar no trauma pode ter feito você se sentir pior. No entanto, este livro vai ajudá-lo a abordar seu trauma de forma sistemática e terapêutica, para auxiliá-lo a vencer.

Não sei com qual trauma começar.

Anteriormente, falamos sobre identificar um evento central para começar, mas é comum que essa etapa não seja muito fácil. Talvez você tenha pulado essa parte, ou talvez você não saiba ao certo se realmente escolheu o melhor evento para começar. Às vezes, as pessoas ficam tão focadas em selecionar o evento "certo" que acabam evitando fazer o trabalho e não se beneficiam tanto. Uma dica: é melhor começar com o trauma que está mais no núcleo do seu TEPT, aquele que mais o assombra no momento. Se você não sabe qual é, retorne à Lista de Verificação do TEPT da Linha de Base, que você já completou (páginas 16–18) e que inclui os sintomas do TEPT, e pergunte-se qual evento causa a maior parte desses sintomas. Se todos eles parecem igualmente ruins, você pode escolher aquele pelo qual você sente mais culpa ou autocrítica, ou o que surgiu primeiro. Muitas vezes, o evento em que você quer pensar menos é o que seria mais benéfico trabalhar primeiro.

Além disso, às vezes as pessoas se sentem desconfortáveis por escolher um trauma em detrimento de outro. Por exemplo, você pode se sentir culpado por não escolher um trauma no qual alguém próximo foi morto. Nesse caso, pergunte-se o que essa pessoa desejaria para você. Ela gostaria que você se sentisse culpado, ou preferiria que você trabalhasse no trauma que está causando mais impacto no seu TEPT, para que você possa melhorar? Em geral, é importante não se prender demais em qual começar, mas sim iniciar com os passos que ajudarão você a se sentir melhor. Portanto, escolha o trauma que acredita ser mais útil para trabalhar agora, neste momento, e você poderá lidar com os outros traumas mais adiante no processo.

Estou pronto? Talvez eu devesse esperar até ter mais tempo para fazer isso direito.

Definitivamente, é importante garantir que você tenha tempo para praticar as habilidades deste livro. No entanto, evite esperar o tempo "perfeito". A vida é agitada! Em vez disso, veja se você pode encontrar até 15 minutos por dia para poder praticar. Por exemplo, você pode fazer isso enquanto espera o jantar ficar pronto, durante a pausa para o almoço, ou enquanto seus filhos fazem a lição de casa, ou logo após eles irem dormir. Fazendo um pouco a cada dia, você pode continuar progredindo com o seu TEPT. Da mesma forma, algumas pessoas sentem que, para obter benefícios, têm de fazer o trabalho "absolutamente certo" ou ler e entender cada palavra neste livro. Pensar dessa forma muitas vezes impede as pessoas de fazer *qualquer* trabalho, e isso definitivamente não é útil! Se você pretende fazer isso "perfeitamente" (o que quer que isso signifique), é provável que você não esteja de fato disposto, em sentir suas emoções ou se conectar com a sua experiência traumática. Tudo bem que esse processo seja confuso e desorganizado, pois é assim que as memórias traumáticas são no início. Basta fazer o seu melhor e dar a partida para que você possa começar a se sentir melhor e continuar nesse caminho!

Cabe a você decidir se este programa é ideal para você, mas também vale a pena considerar o que já está "pronto". Talvez nunca haja um momento perfeito para trabalhar com seus traumas. Talvez outra questão a considerar seja se você está *disposto* a fazer isso. Se isso realmente funcionar bem e você for capaz de obter alívio do seu TEPT, terá valido a pena trabalhar duro agora? Se a resposta for "sim" estamos ansiosos para guiá-lo enquanto você toma seu lugar nesse processo.

Talvez eu apenas leia este livro, mas não escreva nada. Escrever o que aconteceu, ou meus pensamentos sobre isso, o tornaria real.

Essa é uma ideia que já ouvimos antes muitas vezes. É importante pensar que o trauma já faz parte da realidade de quem o vive. Ele aconteceu, e você continua a ter lembranças sobre ele em alguns momentos mesmo a despeito de sua vontade ou intenção, e o pior é que você não é capaz de prever quando terá essas cenas na sua cabeça novamente. Escolher quando trabalhar nisso já tira um pouco de poder das memórias, pois, em vez das memórias, dos pensamentos e das emoções "correrem atrás de você" em momentos imprevisíveis, você correrá atrás das memórias em um momento que funciona para você, e com um plano bem elaborado de como lidar com elas quando invadirem sua mente. Ter sintomas de TEPT e experimentar fortes emoções e memórias também é real. O que pode ou não ser verdade, no entanto, é o que você tem dito a si sobre o que aconteceu, como, por exemplo, a culpa ter sido sua ou que você poderia tê-lo evitado de alguma forma. É isso que as atividades deste livro vão ajudá-lo a examinar. É importante que você participe de maneira plena para tirar o máximo proveito desse processo, e isso significa escrever neste livro. A simples leitura dele pode ou não o auxiliar com seu TEPT — contudo, sabemos que *a TPC pode funcionar quando as pessoas fazem as atividades e praticam as habilidades*. Se você está realmente tendo dificuldade para escrever as coisas, tente começar escrevendo a lápis, o que pode parecer menos permanente. Muitas pessoas também se preocupam em escrever porque têm receio do que os outros possam pensar ou fazer ao verem suas anotações. Por isso, é importante guardar este livro em um lugar privado e seguro. Algumas pessoas com as quais trabalhamos optam por guardar o livro em locais seguros e discretos, como no porta-malas do carro, dentro de uma mochila que permanece sempre com você, ou em um local escondido em casa. Algumas opções em casa incluem uma caixa que ninguém mexe, embaixo do colchão, no fundo do guarda-roupa, sob as roupas que não estão usando no momento. Se preferir, você pode baixar as planilhas, listas e folhas de exercícios na página do livro em loja.grupoa.com.br e trabalhar nelas fora deste livro.

É ótimo que você tenha prosseguido neste livro, e você deve estar orgulhoso por dar esse passo. Lidar com o trauma não é fácil, mas utilizando as habilidades que você aprenderá aqui, a recuperação é possível. Então, vamos começar: passe para o Capítulo 4 e comece sua jornada para vencer o TEPT.

PARTE 2

Identificando onde você está preso

O primeiro passo nesse processo é descobrir onde você está preso, para poder trabalhar para se desprender. Nos próximos capítulos, você aprenderá mais sobre o que é o TEPT e refletirá sobre como ele se apresenta em sua vida. Em seguida, você completará uma atividade para ajudá-lo a identificar os pensamentos específicos que podem estar atrapalhando sua recuperação do trauma. Depois disso, aprenderá um conjunto de habilidades para perceber a conexão entre situações, pensamentos e emoções. Com esses exercícios, você provavelmente começará a se tornar mais consciente do que tem dito a si mesmo sobre seu trauma e sobre sua vida desde então, além disso, passará a entender como certos pensamentos podem estar alimentando algumas das emoções que experiencia no dia a dia. Após concluir esta parte do livro, você terá um roteiro para o percurso que vem pela frente e poderá dar início ao processamento da sua experiência traumática.

4

Introdução ao TEPT e recuperação do trauma

Uma etapa básica da recuperação do TEPT é entender o que é e por que será que pode ser que você o tenha. Neste capítulo, você aprenderá mais sobre o que é esse transtorno, sobre por que as pessoas ficam presas nele e sobre como se desprender dele utilizando este livro. Você também terá a chance de refletir sobre como o TEPT se encontra na sua vida. Antes ou depois desta leitura, você pode achar útil assistir ao vídeo de quadro branco "*What is PTSD?*" (O que é TEPT) do National Center for *PTSD* (*https://bit.ly/3zsRvTL*).

SINTOMAS DO TEPT

Os sintomas do TEPT são organizados em agrupamentos (categorias) ou grupos específicos de sintomas. O primeiro agrupamento envolve a memória do evento **que invade** sua vida atual de alguma forma (**sintomas intrusivos**). Em outras palavras, você não está tentando pensar nisso — a memória apenas chega até você e pode ser uma imagem ou, possivelmente, sons ou cheiros do(s) evento(s) traumático(s). É diferente de pensar em algo de propósito. Você pode experimentar memórias intrusivas que de repente surgem em sua mente. Essas memórias intrusivas podem ocorrer quando algo lhe faz lembrar do evento. Por exemplo, para algumas pessoas, aniversários do evento (ou estação, clima ou dia da semana) trazem memórias mais intrusivas. Você pode notar que, quando está em certos lugares, ou quando você ouve, vê, sente ou cheira certas coisas, as memórias surgem com mais facilidade. Você também pode experimentar memórias intrusivas mesmo quando não há nenhum gatilho específico para lembrá-lo do trauma. Momentos comuns para ter essas memórias são quando você está adormecendo, relaxando, não se sentindo bem ou entediado. Tais lembretes e intrusões também podem levá-lo a sentir emoções negativas ou experienciar mudanças físicas em seu corpo. Você também pode ter pesadelos com o evento ou outros sonhos assustadores, ou pode ter *flashbacks* quando age ou sente como se o incidente estivesse acontecendo mais uma vez agora, no momento presente. Embora muitas pessoas tenham a preocupação de que essas experiências signifiquem que estão "enlouquecendo", é comum ter sintomas intrusivos após um evento traumático. É a maneira da sua mente de tentar processar algo muito extremo e fora do comum que aconteceu com você. À medida que você trabalha com as habilidades deste livro e começa a se recuperar, provavelmente notará que tem menos dessas experiências e que, mesmo quando percebe as lembranças, sente e começa a reagir a elas de forma diferente.

Você consegue anotar alguns exemplos desses sintomas intrusivos que está experimentando atualmente?

_____
_____
_____
_____

Outro conjunto de sintomas envolve **excitação ou reatividade**. A excitação refere-se ao nível de ativação do seu corpo e da sua mente. Pessoas com TEPT costumam ser mais focadas e no limite. Quando você é lembrado de um evento traumático ou experimenta memórias, pesadelos ou *flashbacks*, eles podem desencadear o grupo de sintomas de excitação. É possível notar problemas para adormecer ou dormir demais, sentir-se irritável ou ter explosões de raiva sem grandes motivos, ter dificuldade de concentração ou apresentar reações de sobressalto (sustos), como pular ao ouvir ruídos ou quando alguém anda atrás de você. Você pode se sentir sempre em alerta ou na defensiva, mesmo quando não há razão para isso. Além disso, algumas pessoas também se envolvem em comportamentos imprudentes ou autodestrutivos, como dirigir em alta velocidade ou se expor a outros tipos de riscos.

Quais desses sintomas de excitação e reatividade você experimenta?

_____
_____
_____
_____

Um terceiro conjunto de sintomas envolve **mudanças em seu humor e na maneira como você pensa sobre as coisas** como resultado do trauma. Você pode achar que seu humor é principalmente negativo e que muitas vezes você sente culpa, vergonha, raiva, medo e/ou tristeza. Às vezes, as pessoas perdem o interesse em fazer coisas das quais costumavam gostar. Você pode achar difícil experimentar emoções positivas, bem como se sentir entorpecido e isolado do mundo ao seu redor. Algumas pessoas descrevem uma sensação como olhar através de uma janela para todos os outros vivendo suas vidas e se divertindo, mas não sendo capazes de realmente se conectar a elas. Você já teve perda de interesse ou dificuldades de sentir emoções positivas?

_____

Quando você experimenta emoções, quais são elas?

_____
_____
_____
_____

Se você sente raiva, a quem ela se dirige: a si mesmo ou aos outros?

_____

Às vezes, as pessoas também têm dificuldade em lembrar todo ou parte do evento. Isso pode ser porque elas evitaram pensar sobre ele por muito tempo. A maneira como você pensa sobre as coisas também pode ter mudado desde o trauma. Você pode achar que pensa sobre si mesmo, sobre os outros e sobre o mundo de formas diferentes, talvez de modo muito mais negativo. Como seu pensamento mudou em decorrência do(s) trauma(s)?

_____
_____
_____
_____

Após vivenciar eventos traumáticos, muitas pessoas culpam a si mesmas ou a outras pessoas por não serem capazes de parar o evento traumático ou impedi-lo de acontecer, mesmo que isso não fosse possível na época. Você acha que se culpa pelo trauma? De que maneira você pode estar assumindo culpa demais?

_____
_____
_____
_____

Outras pessoas, embora saibam que não causaram o evento traumático, ainda assim sentem raiva e culpam outras pessoas envolvidas por algum aspecto do que aconteceu, mesmo que essas pessoas também não tivessem a intenção de que o trauma acontecesse. Isso acontece com você? A quem você culpa ou de quem sente raiva?

_____
_____
_____

O quarto conjunto de sintomas envolve **evitar** lembranças do evento. Quando você sente emoções tão intensas e dolorosas em reação a lembranças, é natural querer afastá-las ou evitar qualquer coisa que o lembre do que aconteceu. Afinal, quem gostaria de andar por aí sentindo raiva, medo, culpa ou tristeza o tempo todo? Desse modo, você pode se encontrar evitando lugares ou pessoas que o lembrem de sua experiência traumática. Alguns indivíduos evitam assistir a certos programas de televisão ou desligam a TV quando aparece algo que os lembra de seus traumas. Outros evitam ler o jornal ou assistir ao noticiário. Pode haver certas visões, sons ou cheiros que você se percebe evitando ou escapando porque eles o fazem lembrar do evento. É comum evitar pensamentos ou sentimentos associados ao evento traumático. Muitas pessoas adotam estratégias para não pensar no trauma, como se manter excessivamente ocupadas ou consumir bebidas alcoólicas, evitando assim enfrentar as emoções relacionadas ao evento. Não praticar as habilidades deste livro ou decidir não trabalhar no evento traumático mais difícil também seriam exemplos de evitação (veja o quadro a seguir para saber mais sobre as diferentes faces da evitação).

De que maneiras você evita?

_____
_____
_____
_____

ALERTA DE EVITAÇÃO!

A evitação tem muitas faces e pode ser difícil de identificá-la, pois se trata de um hábito. A evitação não é tão perceptível quanto *flashbacks* ou ataques de pânico. Você pode dizer: "eu não gosto de ir a festas ou comer em restaurantes". Você gostava disso antes do evento traumático? Se sim, isso pode ser evitação. Há tantos tipos de evitação quanto há pessoas, e você precisa estar atento a eles. Ser irritado ou agressivo pode ser uma forma eficaz de evitação, pois afasta as pessoas, mas qual é o custo disso? Usar álcool para dormir mais rápido ou não ter pesadelos, há ganhos em curto prazo, mas pode acabar em dependência ou ainda piorar o sono. Comer em excesso ou evitar comer pode estar associado à evitação de emoções. Algumas formas de evitação são muito sutis, como pensar "não tenho tempo para fazer isso porque estou muito ocupado". Você encheu sua vida com tantas atividades que não tem espaço para pensar? Colocar este livro em uma gaveta, onde não o verá, também é evitar. Até contar piadas como forma de desviar a atenção pode ser evitação. Muitos modos de evitação podem ter se desenvolvido fora de sua consciência, mas eles têm função semelhante. Um exemplo são as dores de cabeça ou outras dores físicas. Uma dor de cabeça pode distraí-lo quando você é lembrado de sua memória de trauma. Você pode ter receio de que pensar no seu trauma lhe dê dor de cabeça. A outra maneira de olhar para isso é que, se você está tendo dores de cabeça de qualquer maneira, por que não fazer o trabalho e ver se elas melhoram? Então, por que tudo isso é importante? Porque a evitação é o motor para a continuação do TEPT. Se você evitar suas memórias do trauma, não terá a

> oportunidade de processar a experiência, de pensar sobre ele de forma diferente e de deixar suas emoções seguirem seu curso. Seu cérebro continua trazendo o assunto à tona. Em vez de lutar contra sua mente, você precisa resistir e enfrentar suas memórias, o que significa que precisa trabalhar duro para perceber e parar de evitar.

COMO O TEPT SE DESENVOLVE

Os três primeiros agrupamentos de sintomas já descritos são comuns por um mês ou mais após um evento traumático. Depois de um evento traumático, as pessoas experimentam sintomas intrusivos, de excitação e reatividade, além de pensamentos e emoções negativas. Essas reações desencadeiam umas às outras — então, se você tem uma memória intrusiva, isso pode levar seus pensamentos e seus sentimentos a uma espiral, e pode notar que também tem reações físicas. Para algumas pessoas, tais sintomas e reações diminuem com o tempo e experimentam a recuperação do trauma. Sabemos, por décadas de pesquisa em recuperação de traumas, que os indivíduos que experimentam a recuperação são aqueles que tiveram a oportunidade de pensar sobre o trauma e sentir suas emoções sem evitá-las. Quando as pessoas têm a oportunidade de processar seus pensamentos, seus sentimentos e suas reações, as emoções fortes e as respostas físicas diminuem com o tempo e, por fim, se desconectam umas das outras. Cedo ou tarde, a memória do trauma não provocará reações tão fortes. Este livro foi projetado para auxiliá-lo a fazer isso.

Nem todas as pessoas que desenvolvem TEPT se recuperam da mesma maneira. Às vezes, algo interfere no processo de recuperação, resultando na persistência dos sintomas em longo prazo. Isso geralmente ocorre quando não há oportunidade de processar a experiência, o que pode acontecer devido à evitação. No início, a evitação pode ser não intencional ou estar fora de seu controle. Você pode não ter tido a oportunidade de conversar com outras pessoas sobre sua experiência ou de vivenciar suas emoções. Talvez você tenha apenas precisado seguir em frente e passar por esse período, e então pode ter sido forçado a reprimir memórias e emoções. Isso pode acontecer se as pessoas à sua volta não forem solidárias ou se você precisar simplesmente sobreviver ou continuar a vida após o trauma e não tiver tempo para de fato processar o que estava acontecendo. Por exemplo, as pessoas em combate podem não ter tempo para processar a perda de um colega de serviço porque talvez tivessem que passar para a próxima missão. Ou, se você cresceu em um ambiente abusivo, pode ter sido necessário manter a cabeça baixa e tentar se manter seguro até conseguir se distanciar dos indivíduos abusivos. No entanto, ao longo do tempo, a evitação pode se tornar predominante e estabelecer-se como um padrão, o que impede que os outros sintomas mudem. Após um trauma, quando você finalmente tem tempo ou apoio para lidar com ele, é possível que simplesmente queira tentar seguir em frente e não olhar para trás. No entanto, a evitação interrompe o processo de ajuste. O problema é que, até que você realmente processe o trauma, ele não vai embora (veja o diagrama a seguir).

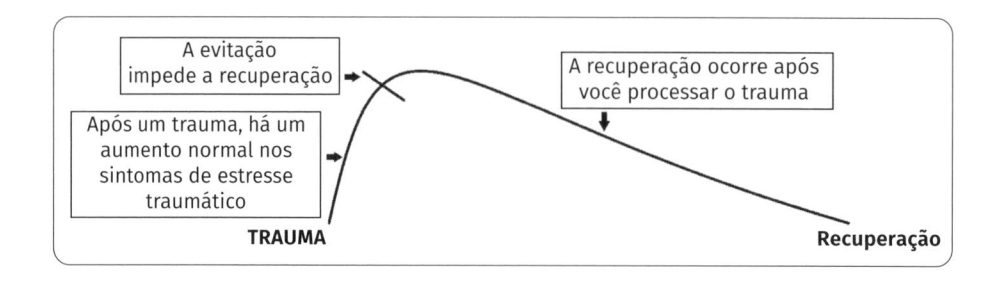

```
┌─────────────────────────────────────────────────────────────────┐
│  ┌──────────────┐                  ┌──────────────────────┐    │
│  │ A evitação   │ ⟶ ╱╲              │ A recuperação ocorre após│
│  │ impede a     │  ╱  ╲             │ você processar o trauma  │
│  │ recuperação  │ ╱    ╲            └──────────────────────┘    │
│  └──────────────┘╱      ╲                    ↓                  │
│  ┌──────────────┐        ╲                                      │
│  │ Após um trauma│        ╲___                                   │
│  │ há um aumento │⟶           ╲___                              │
│  │ normal nos    │                ╲_____                         │
│  │ sintomas de   │                       ╲_____               │
│  │ estresse      │                                               │
│  │ traumático    │                                               │
│  └──────────────┘                                                │
│         TRAUMA                                    Recuperação   │
└─────────────────────────────────────────────────────────────────┘
```

Além disso, a evitação funciona no curto prazo — você pode sentir alívio quando se afasta de uma lembrança ou pensa em algo mais positivo —, por isso é tentador evitar quando as emoções são fortes e os pensamentos são perturbadores. O problema é que a evitação não funciona bem no longo prazo, pois não corrige os sintomas do TEPT. As estratégias que as pessoas utilizam para evitar também podem ocasionar outros problemas graves, como problemas de uso de substâncias e outros comportamentos viciantes, agressividade, depressão e assim por diante. Também pode levar a problemas em seus relacionamentos, pois você pode estar passando menos tempo com as pessoas em sua vida.

Que desvantagens ou consequências da evitação você notou em sua própria vida?

_____
_____
_____
_____

O objetivo da TPC é interromper os comportamentos de evitação e ajudá-lo a começar a processar seus pensamentos e seus sentimentos de um modo que você não foi capaz até agora. Cedo ou tarde, à medida que você realiza esse trabalho, a memória traumática perderá o poder de desencadear uma espiral tão intensa e ruim. Você chegará a um ponto em que se lembrará de como o evento foi horrível e como se sentiu — mas, na verdade, não experimentará os mesmos sentimentos que teve no momento. O evento traumático e a memória nunca serão apagados — eles fazem parte da sua história —, mas você pode chegar a um ponto em que eles não dominem sua vida, suas decisões e seus relacionamentos.

ENTENDENDO AS REAÇÕES A EVENTOS TRAUMÁTICOS

Esta parte explica as reações a eventos traumáticos com mais detalhes e algumas das maneiras pelas quais as pessoas se recuperam ou ficam presas.

Recuperação de traumas e a reação de luta–fuga–congelamento

Com base no que acabamos de descrever, é útil pensar no TEPT como *um problema de recuperação*. Não é surpreendente que você tenha desenvolvido alguns dos sintomas que teve, mas algo atrapalhou o processo natural de recuperação desses sintomas. Seu trabalho agora é determinar o que atrapalhou e mudar isso para que possa voltar ao caminho da recuperação, trabalhando para se "destravar".

Talvez você esteja com problemas para se recuperar por diversos motivos. Primeiro, pode haver fatores que remetem à época do evento em si. Quando as pessoas enfrentam eventos graves, possivelmente fatais, com frequência experimentam uma resposta física muito forte, chamada reação de **luta–fuga–congelamento**. Muitos indivíduos já ouviram falar em "lutar ou fugir", mas há também uma terceira possibilidade: a resposta do congelamento. Na reação de luta–fuga–congelamento, seu corpo sofre uma série de mudanças físicas em resposta ao perigo para reduzir o risco de danos graves e aumentar as chances de sobrevivência. Por exemplo, seu corpo pode trabalhar para levar sangue e oxigênio rapidamente para suas mãos, seus pés e grandes grupos musculares, como as coxas e os antebraços, para que você possa correr ou lutar, se for preciso. Isso exige a redução de função em outras partes do corpo, que não são essenciais naquele momento. Afinal, você não precisa estar pensando em sua filosofia de vida ou digerindo o jantar se estiver em uma situação de risco de vida. Como resultado dessas mudanças físicas, você pode sentir que levou um chute no estômago ou que vai desmaiar.

A mesma coisa acontece com a resposta de congelamento, mas, nesse caso, seu corpo está tentando reduzir a dor física e emocional. Durante o trauma, você pode ter parado de sentir dor ou ter a sensação de que o evento estava acontecendo com outra pessoa, como se estivesse assistindo a um filme. Você pode ter sido totalmente desligado emocionalmente ou até tido mudanças na percepção, como se estivesse fora do seu corpo ou o tempo tivesse diminuído. Isso se chama dissociação. Assim como lutar e fugir, o congelamento é uma resposta automática ao perigo, adaptável à sua sobrevivência.

Há outro tipo de resposta de congelamento que ocorre logo no início de um evento traumático. Com frequência, quando o evento começa, o que está acontecendo não está claro. Os eventos traumáticos são, na maioria das vezes, repentinos e inesperados, e pode levar algum tempo para perceber que você está em perigo ou que algo está acontecendo que está fora de seu controle. Isso se chama de *resposta orientadora*. Muitas pessoas se sentem envergonhadas ou frustradas consigo mesmas por terem essa reação de congelamento. No entanto, é importante lembrar que a reação de congelamento está conectada ao cérebro e é automática, então não é sua culpa se você não agiu imediatamente. Essa foi uma reação completamente normal em circunstâncias extremas.

Diferentes partes do cérebro estão envolvidas durante um evento traumático — e também posteriormente — como parte do TEPT. Diferentes áreas cerebrais estão envolvidas nas emoções, nos pensamentos, nas lembranças e na contextualização dos acontecimentos. Às vezes, elas formam um ciclo de retroalimentação (ou *feedback*). Por exemplo, na reação de luta–fuga–congelamento, quando a ameaça é detectada, uma parte do cérebro, chamada *amígdala*, faz com que você experimente emoções fortes, como medo ou raiva, e um sinal é enviado de lá para o tronco cerebral, para enviar mensagens (através de neurotransmissores) que alteram o pensamento. Como resultado, a região frontal do cérebro, responsável pelo pensamento racional e pelas tomadas de decisões, pode ter sua função reduzida. O medo pode até afetar um dos centros da fala no cérebro. Quando as pessoas descrevem estar sem palavras, pelo horror, elas não estão exagerando. Se a área de *Broca*, um dos centros da fala, for afetada, pode ser difícil até falar, algo que você já pode ter experimentado.

Agora que o trauma acabou e você está trabalhando na recuperação, é importante utilizar o córtex frontal do seu cérebro, pois ele faz parte desse ciclo de retroalimentação. Quando seus pensamentos estão engajados e você está usando palavras, a mensagem volta para a amígdala e pode reduzir a força com que você sente as emoções. Preencher uma planilha, como você aprenderá à fazer neste livro, ajuda a manter as partes pensantes do seu cérebro ativadas, e isso facilita a redução das emoções intensas. Logo, mesmo que você chegue a um ponto em que possa utilizar as habilidades que aprendeu com este livro em sua cabeça, pode haver momentos em que escrever as coisas na planilha ainda pode ser útil para administrar emoções fortes e pensar com mais clareza.

Algumas pessoas não têm a reação de emergência de luta–fuga–congelamento porque não estavam em perigo iminente durante o evento traumático ou não sabiam que estavam em perigo até um momento posterior ao acontecido. Por exemplo, se você descobre que alguém que você ama teve uma experiência terrível, ou testemunhou uma cena de violência, mas não foi diretamente ameaçado, uma parte diferente do seu cérebro pode reagir e você pode não ter a mesma reação. No entanto, ainda é possível ficar preso no TEPT devido ao seu pensamento e aos seus sentimentos sobre os eventos traumáticos.

Independentemente de você ter ou não uma reação de luta–fuga–congelamento, após os eventos traumáticos, as pessoas geralmente começam a reavaliar e pensar em todas as coisas que "deveriam" ou "poderiam" ter feito no momento de tal evento. Elas se culpam por congelar ou por não revidar ou fazer algo para parar, impedir ou salvar pessoas durante o evento. Porém, é importante considerar qual foi o seu estado de espírito durante o ocorrido. Foi pego de surpresa? Se você está pensando em coisas que gostaria de ter feito de modo diferente, você tinha todas as opções possíveis à sua disposição? É justo esperar que você tome uma decisão perfeita sobre o que fazer quando seu cérebro estava lidando com um trauma das maneiras já descritas? Se o trauma ocorreu quando você era muito mais jovem, você pode ter começado a se culpar por não ter reagido da mesma forma que imagina que você (ou alguém que você conhece), como adulto, teria reagido. Mas será que, na época, você sabia o que sabe agora? Você tem hoje habilidades que não tinha naquela época?

Outra coisa que pode acontecer quando as pessoas desenvolvem o TEPT é que a reação de luta–fuga–congelamento ou de medo experimentado durante o evento traumático pode ser equiparada a outras coisas que estavam no ambiente na época, como certas visões, sons ou cheiros. Então, essas dicas, que não tinham nenhum significado específico antes, tornam-se associadas ao trauma ou ao perigo de forma mais geral e se tornam gatilhos que levam você a sentir emoções fortes ou pensar que está em perigo de novo sempre que se deparar com elas. Por exemplo, se você se envolver em um acidente de carro em uma ponte na rodovia, pode começar a associar todas as pontes, ou pelo menos aquelas em que você estava, a perigo. Então, mais tarde, quando você encontrar esses gatilhos, é provável que tenha outra reação de luta–fuga–congelamento. Seu sistema nervoso sente o gatilho, que pode ser a visão da ponte, o som de carros passando por você, ou mesmo a hora do dia (como o anoitecer, se foi quando o acidente ocorreu), e então seu corpo reage como se você estivesse em perigo novamente. Se você começou a associar pontes com perigo, então pode começar a notar que se sente ansioso sempre que está se aproximando de uma ponte na rodovia. Essas reações desaparecerão com o tempo, se você não evitar esses gatilhos. Se dirigir todos os dias pelo mesmo trajeto e atravessar a ponte, e não evitar outras pontes rodoviárias, logo não as associará mais a perigo, pois quando você as atravessa, na maioria das vezes, está realmente seguro.

No entanto, se você evitar gatilhos e dicas de lembrança, seu corpo e seu cérebro não aprenderão que esses não são, de fato, bons indícios de perigo. Eles não dizem com precisão se está realmente em perigo, e assim você pode ter **alarmes falsos** disparados com frequência. Você sentirá a reação de luta–fuga–congelamento disparando mesmo quando estiver seguro. Após um tempo, você não confiará nos seus próprios sentidos ou no seu julgamento sobre o que é e o que não é perigoso, e muitas situações parecerão perigosas quando na verdade não são. Isso pode alimentar ainda mais sua evitação, para que você possa ser pego em um ciclo vicioso de evitar situações realmente seguras, nunca tendo a oportunidade de experimentá-las como sendo seguras e, portanto, continuar evitando.

Você já percebeu ter uma reação de luta–fuga–congelamento em resposta a gatilhos de trauma, ou seja, situações que não são realmente perigosas, mas lembram o perigo por causa de seu trauma passado? Que situações ou gatilhos causaram um alarme falso da reação de luta–fuga–congelamento para você?

_____
_____
_____
_____

Dois amigos de 16 anos, James e Mark, sofreram um grave acidente de carro no qual ambos ficaram feridos. O motorista, James, se culpou porque estava dirigindo muito rápido e não viu o carro que os atingiu passar pelo cruzamento. O acidente não foi culpa dele, mas James achou que deveria ter conseguido desviar do caminho. Seu amigo, Mark, o passageiro, também se culpou, achando que ele estava distraindo seu amigo com suas risadas e suas brincadeiras. Ambos desenvolveram sintomas de TEPT. Depois de se recuperar dos ferimentos, James se recusou a dirigir porque acreditava que dirigir era perigoso, e seus pais voltaram a levá-lo para todos os lugares, dizendo-lhe que o acidente provou que ele não era cuidadoso ou maduro o suficiente para dirigir ainda. Mark foi cuidadoso após o acidente e, nos primeiros meses, só dirigia sozinho ou com os pais no carro. Embora Mark inicialmente tivesse alarmes falsos da reação de luta–fuga–congelamento, quando ele voltou para o carro, por não ter evitado, teve a chance de aprender que, na maioria das vezes, ele estava seguro enquanto dirigia. Os pais de Mark o incentivaram a dirigir com cuidado, é claro, mas eles o incentivaram e, após esses primeiros meses, seus sintomas de TEPT diminuíram. James, por sua vez, continuou a ter pesadelos, e seus pais estavam felizes em levá-lo para onde ele precisasse ir, embora ele tenha ido a menos lugares depois disso. James continuou a ter TEPT, já Mark se recuperou em poucos meses.

Esse é também um bom exemplo de como o pensamento desempenha um papel importante no TEPT e na recuperação. Por causa de seu trauma, você pode começar a ter pensamentos sobre a periculosidade do mundo em geral ou dos lugares ou situações específicos, os quais são feitos com base em sintomas de TEPT, em vez de no perigo real dessas situações (como você sente medo, imagina que está em perigo e age de acordo). Além dos pensamentos sobre periculosidade, muitos tipos diferentes de crenças sobre nós mesmos e sobre o mundo podem ser afetados por eventos traumáticos.

> ▶▶ Ao longo deste livro, indicamos vídeos de "quadro branco" para explicar os conceitos ou demonstrar como completar as várias planilhas de cálculo. Algumas pessoas gostam de aprender por meio da leitura, já outras preferem ter uma explicação falada e visual. Os vídeos dão essa opção. Esses vídeos do quadro de comunicações estão localizados no *site* da TPC, na seção *Resources* (recursos). Para assistir a um vídeo (em inglês) e rever o que você acabou de ler aqui sobre a reação de luta–fuga–congelamento e como a evitação pode interferir na recuperação e mantê-lo "preso" ao TEPT, acesse a CPT Whiteboard Video Library (*http://cptforptsd.com/cpt-resources*) e assista ao vídeo chamado *Recovery and fight or flight* (Recuperação e luta ou fuga). Você pode marcar o *site* da biblioteca de vídeos em seu computador para poder retornar a ele facilmente e assistir a outros vídeos sugeridos ao longo deste livro.

Como o pensamento afeta a recuperação

Enquanto crescia, você aprendeu sobre o mundo e sobre como ele funciona. À medida que isso acontecia, você começava a organizar as informações que estavam ao seu redor em categorias ou crenças. Por exemplo, quando era pequeno, aprendeu que uma coisa com encosto, assento e quatro pés é uma cadeira. No início, você pode ter chamado um sofá de cadeira ou um banco de parque de cadeira, pois todos eles tinham um encosto, um assento e quatro pés. Mais tarde, à medida que foi crescendo, por intermédio das experiências, aprendeu a colocar as coisas em categorias mais complexas. Você aprendeu que há cadeiras de sala de jantar, cadeiras de balanço, poltronas reclináveis, cadeiras de praia e assim por diante. Isso acontece com ideias e crenças sobre os outros, sobre o mundo e sobre nós mesmos também. Começamos a colocar as coisas em categorias como divertido ou chato, certo ou errado, bom ou ruim, seguro ou inseguro, e justo ou injusto. Com o tempo, percebemos que algumas coisas não se encaixam perfeitamente em categorias simples. Isso também ocorre com a forma como pensamos sobre os eventos traumáticos em nossas vidas.

Uma categoria ou um modo de pensar simples, que muitas pessoas aprendem enquanto crescem, é que "coisas boas acontecem com pessoas boas, e coisas ruins acontecem com pessoas ruins". Isso é chamado de **crença do mundo justo**. Sugere que o mundo é "justo", ou razoável. Você pode ter aprendido essa crença por meio de sua religião, de seus pais ou de seus professores, ou pode tê-la escolhido como uma forma de fazer o mundo parecer mais seguro e previsível. A crença do mundo justo faz sentido quando você é jovem. Por exemplo, quando os pais estão ensinando regras aos filhos, eles não dizem: "se você fizer algo que não deveria, você pode ou não ter problemas" ou "se você atravessar a rua sem segurar minha mão, você pode ou não estar seguro". Portanto, passamos a acreditar que há uma simples causa e efeito de nossas ações e das consequências que experimentamos. No entanto, à medida que crescemos, percebemos que o mundo é mais complexo do que isso, e eventos e circunstâncias nem sempre se encaixam em nossas ideias e nas crenças sobre como as coisas "deveriam" acontecer. No entanto, se você já se deu mal e pensou consigo mesmo "por que eu?", então experimentou a crença do mundo justo. Quando você se pergunta "por que eu?", está procurando o que você fez para merecer um evento, e isso pressupõe que os resultados são distribuídos de forma justa com base no que você fez ou deixou de fazer. Mas será que é sempre assim? Na verdade, coisas "ruins" acontecem com pessoas "boas", e as pessoas às vezes fazem coisas "erradas" sem nenhuma consequência. Acidentes podem acontecer mesmo quando as pessoas estão tentando estar seguras. Às vezes, estamos no lugar errado e na hora errada. Também é a crença do mundo justo se você já se perguntou "por que *eu* fui poupado?", caso você tenha passado por um evento traumático no qual outros foram feridos ou mortos, mas você sobreviveu.

Com frequência ouvimos falar de pessoas "culpando a vítima". Essa é uma forma como as pessoas utilizam a crença do mundo justo para interpretar os eventos de um modo que lhes dá sensação de controle. Por exemplo, alguém que ouve falar de uma mulher sendo abusada sexualmente em uma festa pode pensar: "o que aconteceu com ela nunca aconteceria comigo, porque eu seria mais cuidadosa do que ela". Ao supor que a mulher poderia ter evitado de alguma forma, eles culpam a vítima, e não a pessoa que realmente cometeu o crime. A crença do mundo justo os ajuda a acreditar que podem se manter seguros se fizerem tudo "certo". Todos gostaríamos de pensar que os maus acontecimentos são evitáveis, mas é claro que nem sempre o são. Diferentemente do modo de pensar da crença do mundo justo, mesmo quando somos cuidadosos e fazemos o que deve ser feito, eventos traumáticos podem ocorrer. Outras vezes, quando não somos tão cuidadosos quanto poderíamos ser, nada de ruim acontece.

Após um evento traumático, tentamos entender o que aconteceu, consciente ou inconscientemente. Quando ocorre um evento inesperado, que não se encaixa nas nossas crenças anteriores sobre o modo como o mundo funciona, há diferentes maneiras de tentar enquadrá-lo. Uma forma de as pessoas tentarem fazer com que o evento se encaixe em suas crenças anteriores é **mudando sua memória ou sua interpretação do evento**. Alguns exemplos são culpar-se por não ter prevenido o evento (ou não ter protegido os entes queridos), ter dificuldade em aceitar que o evento aconteceu (p. ex., pensar "se eu não tivesse feito isso e aquilo, isso não teria acontecido"), esquecer que aconteceu ou esquecer as partes mais horripilantes, ou questionar sua interpretação do que aconteceu (p. ex., pensar "talvez não tenha sido realmente um abuso"). Mudar sua interpretação do evento pode parecer mais fácil do que mudar todo o seu conjunto de crenças sobre como o mundo funciona, sobre como as pessoas se comportam ou sobre sua segurança. Você pode dizer coisas para si mesmo como "eu deveria saber que isso aconteceria" ou "se eu estivesse mais alerta, poderia ter evitado". Novamente, essas podem ser maneiras de manter a forma como você pensou que o mundo funciona, como tentar acreditar que eventos ruins são sempre evitáveis.

Em vez de mudar sua memória ou sua interpretação do evento, talvez seja necessário reexaminar como entendeu o que aconteceu. Você pode vir a compreender seu papel no que aconteceu de forma diferente quando desacelerar e olhar com atenção para os fatos do evento. Este é um dos objetivos da TPC — ajudá-lo a processar e aceitar o que aconteceu de uma forma que reflita toda a realidade e todo o contexto do que aconteceu e a reconhecer quando crenças antigas, que não são realistas ou que não servem bem a você, estão atrapalhando sua recuperação, para que possa mudá-las.

A outra maneira de as pessoas entenderem um evento traumático quando ele não se encaixa em como elas pensavam que o mundo funcionava é **exagerar e mudar demais suas crenças**. Se você costumava acreditar que poderia controlar o que acontece com você, mas depois experimentou um evento traumático no qual não tinha controle, pode ter começado a acreditar que não tem controle sobre nada do que acontece com você. Se você costumava acreditar que as pessoas podem ser confiáveis, após um evento traumático, talvez comece a acreditar que *ninguém* pode ser confiável. Se você costumava acreditar que estava seguro em sua casa ou sua vizinhança, mas então algo traumático ocorre lá, pode começar a acreditar que sua casa ou sua vizinhança é *completamente* perigosa. Em outras palavras, as pessoas passam a basear todas as suas expectativas sobre o futuro no trauma, não considerando todas as experiências não traumáticas que tiveram antes e depois dele. Essas mudanças extremas no pensamento podem resultar em relutância em se tornar íntimo ou desenvolver confiança, aumentando o medo. As pessoas geralmente têm esses dois tipos de mudanças de pensamento, tanto mudando sua interpretação do evento para se adequar às crenças anteriores quanto mudando as crenças para serem mais extremas.

Esses exemplos anteriores se concentraram no que acontece quando as pessoas têm crenças pré-trauma neutras ou positivas. No entanto, algumas pessoas tiveram experiências negativas anteriores em suas vidas e já tinham imagens negativas de si mesmas, dos outros e do mundo antes mesmo do trauma em questão. Para elas, eventos traumáticos posteriores podem parecer reforçar ou confirmar essas crenças negativas anteriores. Por exemplo, antes de ter experimentado um novo trauma, você pode ter acreditado que sempre falha, que os outros não podem ser confiáveis ou que o mundo geralmente não é seguro. Então surge o evento traumático e ele parece confirmar essas crenças. Ou talvez lhe tenham dito que tudo foi culpa sua ao crescer, logo, quando uma coisa ruim acontece, ela parece confirmar que, mais uma vez, você é o culpado. Nesse caso, pode ser necessário descobrir qual é o seu real grau de segurança, controle ou capacidade de confiar em si mesmo ou nos outros nas suas circunstâncias atuais.

> Larissa foi adotada ainda jovem porque seus pais tinham problemas com uso de drogas. Por ter tido essa experiência, já tinha pensamentos como "não sou importante" e "não tenho valor" ao pensar por que seus pais usavam drogas e não conseguiam cuidar dela. Quando Larissa estava no ensino médio, sua melhor amiga morreu por suicídio. Ao entender por que a amiga morreu por suicídio, Larissa se sentiu triste e culpada, pensando "eu deveria ter feito mais para ajudá-la", mas também sentiu raiva da amiga e teve pensamentos como "ela nem se importava como eu seria afetada" e "não valia a pena ficar viva por mim". De certa forma, a interpretação de Larissa sobre o trauma foi influenciada por seus pensamentos a respeito de suas experiências anteriores. Ela costumava assumir que as coisas ruins que aconteciam com ela ocorriam por causa de algo nela, como se ela não fosse "boa" o suficiente, importante o suficiente ou amável o suficiente. Essas maneiras de pensar sobre o trauma são todas baseadas na crença do mundo justo, pois assumem que há uma razão lógica ou justa pela qual as coisas acontecem ou que coisas ruins ocorrem em resposta a pessoas ruins ou indignas.
>
> Na realidade, o suicídio da amiga de Larissa não tinha relação com ela. Na verdade, sua amiga sofria de depressão há muito tempo e não conseguiu ou não procurou a ajuda de que precisava. E, é claro, os pais de Larissa não usavam drogas porque Larissa não era importante; eles tinham um vício. Devido às suas experiências, Larissa também desenvolveu crenças mais negativas sobre si mesma, sobre os outros e sobre o mundo em geral. Ela geralmente pensava sobre si mesma: "eu não sou digna de amor". Em relação aos outros, ela pensava: "as outras pessoas sempre vão deixar você". Esses pensamentos não foram concluídos com base em todas as suas experiências, mas em suas experiências mais negativas e

traumáticas. À medida que Larissa trabalhava com seus traumas, ela começou a examinar suas suposições sobre por que os eventos realmente ocorreram e o que eles de fato diziam dela e dos outros.

Em geral, um dos principais objetivos da TPC é auxiliar você a identificar e aceitar a realidade de sua experiência traumática, incluindo por que realmente isso aconteceu e o seu significado, com base nos fatos da situação. Isso envolve desenvolver crenças equilibradas e realistas sobre o evento, sobre si mesmo e sobre os outros. Um objetivo adicional é permitir-se sentir as emoções resultantes da realidade do evento para que você possa avançar em direção à recuperação. A próxima parte discute diferentes tipos de emoções e como você tratará delas nesse processo.

> ▶▶ Para assistir a um vídeo (em inglês) e revisar o que você acabou de ler aqui sobre como a forma como pensamos afeta a recuperação, acesse a CPT Whiteboard Video Library (*http://cptforptsd.com/cpt-resources*) e assista ao vídeo chamado *Cognitive Theory* (teoria cognitiva).

Tipos de emoções

Há dois tipos de emoções que se seguem a eventos traumáticos. O primeiro tipo inclui os sentimentos que decorrem naturalmente de um evento e seriam universais, sem necessidade serem acompanhados de pensamentos: medo quando em perigo real, raiva ao ser intencionalmente prejudicado, alegria ou felicidade com eventos positivos ou tristeza com perdas. Essas **emoções naturais** têm um curso natural, elas não continuarão na mesma intensidade para sempre. Após você se permitir experimentá-las, elas se dissipam. Para a sua recuperação, é importante sentir essas emoções que você pode não ter se permitido experimentar sobre o evento e deixá-las seguir seu curso.

O segundo tipo de emoções, que chamamos de **emoções fabricadas**, não resultam diretamente do evento, mas de suas interpretações dele. Elas *não são* chamadas de "fabricadas" porque você as está "inventando", mas porque a emoção é fabricada (ou criada) por um pensamento específico, como uma pequena fábrica na sua mente. Por exemplo, se o evento traumático foi que seu prédio de apartamentos estava pegando fogo, você pode ter experimentado terror quando percebeu que estava em perigo e tristeza quando se lembra do que ocorreu. Seriam emoções naturais. Mas se você agora tem pensamentos como "eu deveria ter resgatado outras pessoas" ou "eu devo ser um fracasso porque não consigo superar isso", você pode estar sentindo culpa ou raiva de si mesmo. Essas emoções podem não ser baseadas nos fatos do evento (que sua casa estava pegando fogo), mas em suas interpretações (que você não fez o suficiente para ajudar os outros ou que você já deveria ter superado isso). Quanto mais você continuar a pensar sobre o evento dessa maneira, mais sentimentos fabricados você terá. O lado bom é que, se suas crenças e suas interpretações mudam, seus sentimentos também mudarão.

Pense em suas emoções como um fogo em uma fogueira. O fogo tem energia e calor, assim como suas emoções, mas se apagará se não for alimentado de maneira contínua. Em outras palavras, se você se permitir sentir as emoções naturais (como tristeza por ter ocorrido ou raiva de um criminoso), essas emoções acabarão desaparecendo com o tempo. No entanto, a culpa ou os pensamentos de autocrítica são como gravetos que podem continuar a alimentar o fogo emocional por tempo indefinido. Tire o combustível dos seus pensamentos e o fogo se apagará rapidamente. Para que você se recupere de seu(s) evento(s) traumático(s), é importante se permitir sentir suas emoções naturais e examinar seus pensamentos subjacentes aos sentimentos fabricados. Isso pode ser feito obtendo a imagem completa do que aconteceu e examinando de perto o que você está dizendo a si mesmo agora sobre o evento e seu papel durante o ocorrido, e o que isso diz de você, dos outros e do seu futuro.

Matt foi assaltado a mão arma. Ele foi surpreendido e temia por sua vida. Os criminosos começaram a agredi-lo quando ele não pegou sua carteira com rapidez suficiente. Mais tarde, ele teve pensamentos como "se eu tivesse entregado minha carteira mais rápido, eles não teriam me machucado" e "eu deveria ter revidado; agi como um covarde". Sentia-se envergonhado sempre que se lembrava do evento traumático. A vergonha é um exemplo de emoção fabricada. Quando Matt começou a trabalhar com esses pensamentos, ele percebeu algumas coisas importantes sobre o evento. Primeiro, quando o assalto ocorreu, ele teve uma resposta de congelamento automático, e assim não conseguiu pegar sua carteira imediatamente. Em segundo lugar, ao revidar, ele poderia ter levado um tiro, ou ter um ferimento pior, pois havia vários criminosos e pelo menos uma arma. Os pensamentos de Matt tiveram como base menos a realidade completa do que aconteceu e mais sua crença de que, se algo ruim aconteceu com ele, ele deve ter feito algo errado para merecê-lo. Seus novos pensamentos, com base no contexto completo do evento, foram "fiz o melhor que pude em uma situação perigosa na qual fiquei surpreso e apavorado" e "faz sentido que eu não tenha revidado, pois estava em menor número". Quando começou a pensar assim, notou que não sentia mais vergonha (a emoção fabricada) quando se lembrava do que havia ocorrido.

> ▶▶ Para assistir a um vídeo (em inglês) que revise o que você acabou de ler aqui sobre emoções, acesse a CPT Whiteboard Video Library (*http://cptforptsd.com/cpt-resources*) e assista ao vídeo chamado *Types of emotions* (Tipos de emoções).

Como funciona a terapia de processamento cognitivo: examinando os pontos de bloqueio

Pensamentos como os que Matt teve pela primeira vez são parte do que pode mantê-lo "preso" ao TEPT, alimentando aquelas emoções fabricadas, como culpa e vergonha.

Por isso, chamamos de **pontos de bloqueio**, isto é, pensamentos ou crenças, não fatos, que travam você e o levam a fortes emoções negativas e mantêm você preso ao TEPT.

Um objetivo da TPC é ajudá-lo a reconhecer e modificar seus pontos de bloqueio, aquelas coisas que você está dizendo a si mesmo sobre o(s) evento(s) traumático(s) e que o impedem de seguir em frente. A maioria dos seus pensamentos provavelmente é útil para você. No entanto, pode haver algumas formas de pensar sobre o trauma que foram menos úteis para você ou que não são realistas. Esses são os tipos de pensamentos que você examinará neste livro. Seus pensamentos e suas interpretações sobre o evento podem ter se tornado tão automáticos que você nem está ciente de que os tem. Mesmo que você não esteja ciente do que está dizendo a si mesmo, suas crenças e suas autodeclarações afetam seu humor e seu comportamento.

Por exemplo, quando você começou a ler este livro, provavelmente teve dúvidas ou pensamentos sobre se ele funcionaria para você. Que pensamentos você teve sobre este tratamento e que emoções sentiu?

_____
_____
_____
_____

Você pode ter anotado alguns pensamentos como "isso nunca vai funcionar", "estou muito confuso para isso ajudar", "escrever meus pensamentos sobre o evento vai torná-lo real" ou "eu nunca vou pegar o jeito". Esses são exemplos de pontos de bloqueio que não estão diretamente relacionados ao evento traumático, mas que acontecem no aqui e agora e podem interferir na sua recuperação. Se você agir conforme esses pensamentos, pode acabar não dando o devido valor a este livro ou a outro tratamento. Isso pode mantê-lo travado. Você também pode notar pensamentos como "eu não consigo lidar com as memórias do trauma". Pontos de bloqueio como esse podem levá-lo a evitar o real benefício deste livro. Não podemos enfatizar o quanto é importante que você não o evite. Este será o seu maior obstáculo (e provavelmente o mais assustador). Você não pode sentir seus sentimentos ou examinar seus pensamentos se você evitar praticar as habilidades que está aprendendo.

No próximo capítulo, você identificará quais são seus pontos de bloqueio específicos e como eles influenciam o que você sente. Você aprenderá maneiras de examinar e mudar o que está dizendo a si mesmo e o que acredita sobre si mesmo e sobre o evento. Algumas de suas crenças sobre o evento serão mais equilibradas ou realistas do que outras. Você se concentrará nos pontos de bloqueio — as crenças que estão interferindo em sua recuperação ou mantendo você preso ao seu TEPT. Você identificará e anotará seus pontos de bloqueio em um registro neste livro para que, quando trabalhar na exploração de suas crenças em capítulos posteriores, tenha essa lista para se basear.

Mantenha o foco no seu evento central

No Capítulo 2, você identificou seu evento central — o evento traumático que considera o pior, ou o que mais o assombra, causando a maioria dos seus sintomas de TEPT, ou que está mais na raiz de seus sintomas de TEPT. Você utilizou esse evento central para preencher a Planilha de Verificação do TEPT da Linha de Base, nas páginas 16–18, e esse evento será o que você usará para concluir as atividades ao longo deste livro, pelo menos para começar.

Por que focar no pior evento traumático? Se você trabalha em seu evento traumático mais angustiante, é provável que obtenha o maior benefício desse processo. Se você começar com um evento menos traumático, no final do seu trabalho, você pode se sentir melhor com esse evento secundário, mas provavelmente ainda terá que voltar a trabalhar naquele que causa mais sintomas de TEPT. Muitas pessoas com TEPT tiveram mais de um evento traumático, e certamente você pode abordar mais de um nesse processo. No entanto, você deve começar com o pior evento, pois se lidar com ele, pode começar a aplicar o que você aprendeu para os outros eventos traumáticos, sobre os quais pode ter pensamentos e emoções semelhantes. Com frequência, quando você começa a trabalhar no pior evento traumático primeiro, verá benefícios no modo como pensa sobre os outros também.

Como observamos no Capítulo 2, algumas pessoas sabem imediatamente qual evento está incomodando mais. Se esse não foi o seu caso, fornecemos uma linha do tempo para narrar todas as suas experiências traumáticas, bem como algumas perguntas para ajudá-lo a decidir em qual delas se concentrar. É provável que você tenha convivido com o evento, tendo *flashbacks* ou pesadelos e fortes emoções ao lembrar dele, tentando afastá-lo ou evitá-lo sempre que possível. Na verdade, você tem lidado com isso, mas não da maneira que o ajudaria a se recuperar. Se você ainda não identificou um evento central, volte à página 12 agora para selecionar um evento antes de passar ao próximo exercício. Contudo, mais uma vez, não demore a começar o trabalho por indecisão sobre qual evento iniciar. Escolha aquele que você acha que será mais beneficiado por este tratamento e, em seguida, continue com a próxima etapa deste livro.

Logicamente, só pensar nas coisas tristes e assustadoras que ocorreram com você pode por si só trazer muitas emoções, mas não se desvie. Agora não é hora de voltar atrás, antes de ter tido a chance de obter os benefícios dos seus esforços até então. Um dos principais propósitos da TPC é ajudá-lo a conviver com o evento e aceitar que ele aconteceu, mas reduzindo as emoções intensas que atrapalham você a viver sua vida.

✎ Tarefa prática

A primeira tarefa vai ajudá-lo a começar a identificar como você pensa sobre seu pior evento traumático. A tarefa (que você encontrará nas páginas 53 e 54 e *on-line* na página do livro em loja.grupoa.com.br) é chamada de Declaração de Impacto, pois você identificará como o evento impactou seu pensamento. Você não precisará escrever os detalhes do que aconteceu. Em vez disso, você se concentrará em seus pensamentos atuais sobre o evento, para mantê-los como foco durante o restante desse processo. Isso não é como uma tarefa escolar, então não se preocupe com coisas como ortografia ou gramática. O importante é apenas fazê-lo. Também se descobriu que escrever sua Declaração de Impacto à mão é melhor do que digitá-la. Escrevê-la à mão fará você dar uma parada, ajudando-o a pensar sobre isso com mais profundidade. Digitar em um computador gera distância (o que pode funcionar como evitação), e você pode ficar preso à ortografia correta.

Para essa tarefa ser mais útil, sugerimos que você comece o mais rápido possível, para não ser tentado a adiá-la ou evitá-la. Você pode iniciá-la agora? Em caso afirmativo, faça-o. A maioria dos clientes com quem trabalhamos sente ansiedade para executá-la. Assim, quase certamente haverá um desejo de evitar, mas agora é um momento importante para superar esse desejo, com o propósito de melhorar. Evitar agora seria como ficar em cima do muro, em algum lugar entre evitar totalmente e fazer o trabalho completo. Em cima do muro não é um lugar confortável para se estar! Você chegou até aqui, então vá com tudo, como pular em uma piscina ou arrancar um esparadrapo.

Você não precisa escrever sua Declaração de Impacto de uma só vez. Você pode continuar trabalhando nela durante vários dias, enquanto pensa sobre isso, mas não gaste muito tempo tentando "aperfeiçoar" sua declaração. A parte importante é colocar seus pensamentos no papel para tentar entender por que o evento aconteceu e quais foram os resultados em seu pensamento e em sua vida. Quanto mais cedo você começar, maior a probabilidade de você não evitar e conseguir avançar em direção à recuperação. Então, vá até a Declaração de Impacto e inicie a tarefa o mais rápido possível — agora, se puder. Após obter suas respostas, você pode passar para o Capítulo 5.

🔧 Solução de problemas

E se eu não puder escolher um pior evento? Eram todos parecidos.

Mesmo que pareçam semelhantes ou igualmente angustiantes, tente escolher um único evento para se concentrar primeiro. Se você tentar se concentrar em todo um grupo de eventos traumáticos, seus pensamentos serão mais vagos. Se você focar em um único evento, será capaz de identificar os pensamentos específicos que tem sobre por que aquele evento exato ocorreu e assim identificar pontos específicos nos quais deve trabalhar. Em uma série de eventos, como vários casos de violência doméstica perpetrados por um parceiro romântico ou por um familiar abusivo, o evento mais chocante e traumático, que leva ao TEPT, pode ter sido o primeiro que aconteceu ou o mais violento. No entanto, se o agressor se desculpou e prometeu que isso nunca mais aconteceria, e se não houve repetição por um longo período, esse evento pode não ser

Declaração de Impacto

Por favor, escreva pelo menos uma página sobre *por que* você acha que seu pior evento traumático aconteceu. Você *não* precisa escrever detalhes sobre ele. Escreva a respeito do que você imagina ser a *causa* do pior evento.

Aqui estão algumas perguntas que podem ser úteis ao escrever sobre a causa do evento:

- Quem você imagina que seja o culpado por esse evento?
- Você tem pensado em coisas que deveria ter feito de forma diferente? Se sim, o quê?
- Você tem pensado em coisas que outras pessoas deveriam ter feito diferente? Se sim, o quê?
- Você tem pensado que o evento poderia ter sido evitado? Se sim, como?
- Por que você acha que esse evento aconteceu com você (em vez de com outra pessoa)?
- Para você, qual é o significado desse evento?
- Se o evento aconteceu com outra pessoa, por que você acha que aconteceu com ela (e não com outra pessoa)?

Além disso, considere os *efeitos* que esse evento traumático teve em suas crenças sobre **si** mesmo, os **outros** e o **mundo** nas seguintes áreas: segurança, confiança, poder/controle, estima e intimidade. No espaço a seguir, você pode escrever suas respostas para as perguntas sobre por que o evento aconteceu e sobre os efeitos do trauma.

_____
_____
_____
_____
_____
_____
_____
_____
_____
_____
_____
_____
_____
_____
_____
_____
_____

(Continua)

De *Vencendo o transtorno de estresse pós-traumático com a terapia de processamento cognitivo*, de Resick, Stirman e LoSavio. Artmed, 2025. Os compradores deste livro podem baixar cópias adicionais desta folha de exercícios na página do livro em loja.grupoa.com.br.

Declaração de Impacto *(continuação)*

considerado o pior. Aquele evento que causa mais sintomas de TEPT pode ser o que se destaca, pois o agressor quebrou essa promessa, houve contato sexual forçado, você foi gravemente ferido e/ou pensou que ia morrer, ou o agressor começou a abusar das crianças também.

Pense e observe se um evento aparece em sua mente primeiro e pergunte-se por quê. Esse pode ser o ponto-chave. Além disso, se houve um evento do qual você tem mais dificuldade para se afastar, ou se há um que você sente mais culpa ou vergonha, esse pode ser o evento central, o lugar por onde você deve começar. Se alguns eventos realmente forem muito parecidos entre todos que aconteceram para você, então pode começar com o mais antigo. Mas lembre-se, se você começar com um "mais fácil", isso não o ajudará a se recuperar do pior evento, já se você começar com o pior, o trabalho que você faz nesse evento provavelmente se estenderá também aos "mais fáceis". Tenha em mente que, se houver diferentes pontos de bloqueio de outros eventos traumáticos, você pode trabalhar com eles mais tarde no processo. É provável que seus pontos de bloqueio sejam semelhantes aos eventos traumáticos posteriores. Como mencionamos anteriormente, você terá a oportunidade de trabalhar em vários eventos.

E se eu não quiser parar de evitar?

É compreensível querer evitar. Ninguém gosta de pensar nas piores coisas que lhes ocorreram ou sentir emoções como medo, tristeza e raiva. No entanto, você pode querer lembrar-se de que, embora a evitação possa funcionar no curto prazo, no longo prazo, ela mantém o TEPT. Infelizmente, pesquisas sugerem que as pessoas não se recuperam de maneira espontânea do TEPT após tê-lo, e temos visto pessoas na terapia que tiveram TEPT desde a Segunda Guerra Mundial. Se você não pensar sobre isso de maneira intencional, é provável que continue tendo memórias de trauma que surgem e interferem em sua vida. Talvez seja hora de trabalhar no trauma para que você possa ter controle sobre as memórias, em vez de elas terem controle sobre você. Retorne aos seus objetivos na seção anterior e lembre-se por que você queria dar uma chance a isso. E se não evitar por algumas semanas ou meses significasse que você poderia reduzir substancialmente seus sintomas de TEPT e entrar no caminho certo em direção aos seus objetivos? Valeria a pena?

Estou tendo problemas para iniciar minha Declaração de Impacto. Como escrevê-la sem abordar o evento traumático?

Lembre-se de que você precisa escrever *sobre o que tem dito a si mesmo* a respeito das causas e das consequências do evento traumático, não sobre os detalhes do que ocorreu. Naturalmente, você pensará sobre o evento enquanto pensa nas causas dele, e não há perigo em pensar sobre o evento, no entanto, o objetivo da Declaração de Impacto é identificar seus pensamentos sobre ele, para que você possa dedicar apenas um curto período para isso (p. ex., *o tiroteio, ser espancado, a enchente, o estupro, o acidente de carro, meu amigo sendo morto na minha frente*). Não use um termo vago como *o evento* ou *aquele dia*, pois nomeá-lo de modo específico ajudará você a aceitá-lo melhor. Lembre-se de que não há respostas erradas. Essa é uma atividade projetada para ajudá-lo a começar a identificar seus pensamentos.

E se eu não souber o que dizer sobre por que isso aconteceu?

É provável que você tenha dito algo para si mesmo sobre por que isso aconteceu, mesmo que tenha ocorrido quando você era muito jovem ou que você não saiba o real motivo pelo qual aconteceu. As atividades deste livro vão ajudá-lo a resolver se seu pensamento faz sentido, mas, por enquanto, basta escrever por que você acha que isso aconteceu quando você pensa a esse respeito. Isso pode incluir o que você tem dito a si mesmo sobre por que o evento aconteceu, ou o que as outras pessoas lhes disseram sobre por que ele ocorreu com você e que você acreditou, como, por exemplo: "fui abusado porque fui mau" ou "aconteceu porque não ouvi", ou "eu não deveria ter confiado nele". Se você não tem se permitido pensar sobre o trauma, esta é uma oportunidade para refletir sobre o que você pensa a respeito da causa dele. Mesmo que você esteja dizendo para si mesmo "não sei o que fiz para merecer o abuso", isso sugere que pode ter uma crença do tipo "devo ter feito algo para merecer o abuso". Utilize as perguntas adicionais na parte superior da tarefa Declaração de Impacto, na página 53, como ajuda para começar. No próximo capítulo, faremos algumas perguntas adicionais que podem ajudá-lo a descobrir seus pensamentos sobre por que isso aconteceu.

E se eu não souber o que aconteceu? Posso usar este livro se não me lembrar totalmente?

Sim, é possível utilizar as habilidades apresentadas neste livro e recuperar-se do TEPT sem lembrar de todos ou mesmo de nenhum dos detalhes do evento. Se você tiver sido drogado, deixado inconsciente ou bêbado, por exemplo, pode nunca recuperar a memória, porque ela não foi armazenada na memória de longo prazo. Se você não se lembra porque se dissocia (ou se desconecta) quando pensa a respeito disso, pode começar a lembrar mais à medida que evitar menos o assunto. De qualquer forma, a parte importante é que você saiba que o evento ocorreu e que há pensamentos e emoções a respeito dele. É nisso que você vai se concentrar nesse momento.

E se eu não tiver nenhum ponto de bloqueio?

É muito raro alguém com TEPT não ter pontos de bloqueio. No entanto, se você não tem se permitido sentir suas emoções naturais ou tem evitado suas lembranças dos eventos traumáticos, pode não estar ciente de quais são seus pensamentos. Também é possível que você esteja considerando seus pontos de bloqueio como fatos neste momento. Se você sente culpa, vergonha ou raiva de si mesmo ou de alguém que não causou diretamente o evento, provavelmente tem pontos de bloqueio. Escrever a Declaração de Impacto pode ajudá-lo a identificar esses pontos. O próximo capítulo também orienta você sobre como identificar pontos de bloqueio.

Importante! *Comece o mais rápido possível, agora mesmo, se puder.* Começar é normalmente a parte mais difícil, mas a ansiedade que antecipa a atividade pode ser pior do que realmente fazê-la. Uma vez começado, você poderá se surpreender por ser capaz de fazê-lo. Dar esse passo permitirá que você avance em direção à recuperação. Se precisar, relembre as metas que você estabeleceu para se recordar porque está fazendo isso. Não desista agora! Se você continuar, poderá estar se sentindo melhor em algumas semanas.

* * *

Por que preencher a Lista de Verificação do TEPT toda semana? Rastrear seus sintomas permite que você veja como eles estão melhorando à medida que você progride neste livro. Se seus sintomas não estiverem melhorando até o Capítulo 8, poderá avaliar se a evitação ou qualquer outra coisa atrapalhou. Isso também vai ajudá-lo a decidir quando você se beneficiou o suficiente e está pronto para seguir em frente. Lembre-se de registrar seu progresso no Gráfico para acompanhar suas pontuações semanais, encontrado na página 29.

Lista de Verificação do TEPT

Preencha a Lista de Verificação do TEPT para acompanhar seus sintomas enquanto lê este livro. Não se esqueça de preencher esta medição com base no mesmo evento central todas as vezes. Quando as instruções e as perguntas se referirem a uma "experiência estressante", lembre-se de que esse é o seu evento central — o pior evento, no qual você está trabalhando primeiro.

Escreva aqui o trauma que você está trabalhando primeiro: _____

Preencha esta Lista de Verificação do TEPT com referência a esse evento.

Instruções: A seguir está uma lista de problemas que as pessoas às vezes têm em resposta a uma experiência muito estressante. Por favor, leia cada problema com atenção e, em seguida, circule um dos números à direita para indicar o quanto você foi incomodado por esse problema ***no último mês***.

No último mês, quanto você foi incomodado por:	De modo nenhum	Um pouco	Moderadamente	Muito	Extremamente
1. Lembranças indesejáveis, perturbadoras e repetitivas da experiência estressante?	0	1	2	3	4
2. Sonhos perturbadores e repetitivos com a experiência estressante?	0	1	2	3	4
3. De repente, sentindo ou agindo como se a experiência estressante estivesse, de fato, acontecendo de novo (como se *você estivesse revivendo-a, de verdade, lá no passado*)?	0	1	2	3	4
4. Sentir-se muito chateado quando algo lembra você da experiência estressante?	0	1	2	3	4
5. Ter reações físicas intensas quando algo lembra você da experiência estressante (*por exemplo, coração apertado, dificuldade para respirar, suor excessivo*)?	0	1	2	3	4
6. Evitar lembranças, pensamentos, ou sentimentos relacionados à experiência estressante?	0	1	2	3	4
7. Evitar lembranças externas da experiência estressante (*por exemplo, pessoas, lugares, conversas, atividades, objetos ou situações*)?	0	1	2	3	4
8. Não conseguir se lembrar de partes importantes da experiência estressante?	0	1	2	3	4
9. Ter crenças negativas intensas sobre você, outras pessoas ou o mundo (*por exemplo, ter pensamentos tais como:* "Eu sou ruim", "existe algo seriamente errado comigo", "ninguém é confiável", "o mundo todo é perigoso")?	0	1	2	3	4

(Continua)

(Continuação)

No último mês, quanto você foi incomodado por:	De modo nenhum	Um pouco	Moderadamente	Muito	Extremamente
10. Culpar a si mesmo ou aos outros pela experiência estressante ou pelo que aconteceu depois dela?	0	1	2	3	4
11. Ter sentimentos negativos intensos como medo, pavor, raiva, culpa ou vergonha?	0	1	2	3	4
12. Perder o interesse em atividades que você costumava apreciar?	0	1	2	3	4
13. Sentir-se distante ou isolado das outras pessoas?	0	1	2	3	4
14. Dificuldades para vivenciar sentimentos positivos (*por exemplo, ser incapaz de sentir felicidade ou sentimentos amorosos por pessoas próximas a você*)?	0	1	2	3	4
15. Comportamento irritado, explosões de raiva ou agir agressivamente?	0	1	2	3	4
16. Correr muitos riscos ou fazer coisas que podem lhe causar algum mal?	0	1	2	3	4
17. Ficar "super" alerta, vigilante ou de sobreaviso?	0	1	2	3	4
18. Sentir-se apreensivo ou assustado facilmente?	0	1	2	3	4
19. Ter dificuldades para se concentrar?	0	1	2	3	4
20. Problemas para adormecer ou continuar dormindo?	0	1	2	3	4

Calcule a soma e a escreva aqui: _____

Extraído de *PTSD Checklist for DSM-5 (PCL-5)*, de Weathers, Litz, Keane, Palmieri, Marx e Schnurr (2013). Disponível no National Center for PTSD, em *www.ptsd.va.gov*; em domínio público. Adaptação no Brasil: Lima Osório, F., Da Silva, T. D. A., Santos, R. G., Chagas, M. H. N., Chagas, N. M. S., Sanches, R. F., & De Souza Crippa, J. A. (2017). Posttraumatic stress disorder checklist for DSM-5 (PCL-5): Transcultural adaptation of the Brazilian version. *Revista de Psiquiatria Clínica*, 44(1), 10–19. https://doi.org/10.1590/0101-60830000000107. Reproduzido em *Vencendo o transtorno de estresse pós-traumático com a terapia de processamento cognitivo*. Os compradores deste livro podem baixar cópias adicionais desta planilha na página do livro em loja.grupoa.com.br.

5

Processando o significado do seu trauma e construindo um Registro de Pontos de Bloqueio

Parabéns por ter escrito sua Declaração de Impacto! Como foi para você concluir essa atividade? Você tem um crédito a mais por concluir a tarefa; fazer isso significa que não evitou enfrentar as memórias e as emoções difíceis que apareceram. Por ter feito a tarefa de explorar seus pensamentos relacionados ao trauma, você deu um grande passo para identificar onde pode ter ficado preso em sua recuperação. O próximo passo é criar uma lista dos seus pontos de bloqueio (obstáculos) — seu Registro dos Pontos de Bloqueio — que guiará o restante do seu trabalho. Após identificar esses pontos, você pode utilizar as habilidades nos capítulos seguintes para abordá-los um a um e finalmente processar o trauma.

Se você ainda não concluiu sua Declaração de Impacto (páginas 53 e 54), volte e faça isso agora, antes de passar para este capítulo. A Declaração de Impacto e o Registro de Pontos de Bloqueio são essenciais para a TPC; portanto, lembre-se de manter o foco e completar ambos para que você possa continuar no caminho para a recuperação.

Lina sentiu-se oprimida ao olhar para o pedido da Declaração de Impacto. Ela evitava pensar em seu trauma há décadas e não sabia por onde começar ao pensar no "porquê" ele aconteceu. Lina tornou-se refugiada quando foi forçada a fugir de seu país natal, mas sua irmã e seu cunhado não conseguiram sair e acabaram sendo mortos no conflito. No início, ela guardou este livro e imaginou que voltaria a ele no dia seguinte. No entanto, no dia seguinte, ela sentiu uma vontade ainda maior de não pensar no trauma e, em vez disso, arrumou seu apartamento. Alguns dias depois, Lina teve um ataque de pânico no supermercado e decidiu que precisava lidar com seu trauma para não se sentir tão oprimida em sua vida diária. Ela não sabia o que escrever, mas seguiu as sugestões do livro para não se preocupar em elaborar uma resposta "perfeita" e apenas colocar seus pensamentos no papel. Ela utilizou as perguntas no início da Declaração de Impacto para ajudá-la a pensar se ela sentia culpa ou se tinha algum pensamento do tipo "deveria ter feito diferente".

Ela percebeu que, embora normalmente evitasse pensar sobre isso, tinha pensamentos como "eu não deveria tê-los deixado para trás" e "se eu tivesse ficado para trás para ajudá-los, eles ainda estariam vivos". Concluída a Declaração de Impacto, Lina estava bem encaminhada para identificar os pontos que precisava examinar para tratar do seu TEPT.

Lembre-se de que um ponto de bloqueio é um pensamento ou uma crença que pode não ser bem um fato, mas que leva a emoções negativas e atrapalha a recuperação. Neste capítulo, você utilizará sua Declaração de Impacto e alguns dos guias e perguntas fornecidos para descobrir o que você tem dito a si mesmo sobre o trauma que pode ser um ponto de bloqueio. Em seguida, você os anotará em seu Registro de Pontos de Bloqueio (um formulário em branco é fornecido na página 64, ou você pode baixar e imprimir o Registro de Pontos de Bloqueio da página do livro em loja.grupoa.com.br). É muito provável que alguns de seus pensamentos sobre o trauma sejam precisos e úteis e, portanto, não sejam pontos de bloqueio. O que você quer identificar agora são os pensamentos menos úteis, que estão atrapalhando sua recuperação — esses são seus pontos de bloqueio. Se estiver em dúvida se algo é um ponto de bloqueio, anote mesmo assim. Você poderá explorá-lo mais tarde. Se você não tem certeza sobre seus pontos de bloqueio, tudo bem. É só continuar, o livro vai orientá-lo. O importante é manter o foco e não desistir.

Há dois tipos principais de pontos de bloqueio para se procurar. O primeiro são os pensamentos que podem estar relacionados à primeira parte da sua Declaração de Impacto: pensamentos sobre *porque o trauma aconteceu, qual foi a causa do trauma, quem é o culpado* e *se ele poderia ter sido evitado*.

O outro tipo de ponto de bloqueio pode estar relacionado à segunda parte da sua Declaração de Impacto: *como você tem pensado sobre si mesmo, os outros e o mundo como resultado de sua experiência traumática*. Geralmente, são pensamentos extremos sobre o presente e o futuro.

PONTOS DE BLOQUEIO SOBRE O EVENTO TRAUMÁTICO

A primeira categoria de pontos de bloqueio normalmente se refere ao passado, como por que o trauma aconteceu, se poderia ter sido evitado e assim por diante. Estes podem incluir:

- **Deveria-poderia-faria**
  - Por exemplo, "eu deveria saber que minha filha estava usando drogas novamente" ou "eu poderia ter evitado".
- **Se**
  - Por exemplo, "se eu tivesse visto os sinais de alerta, nunca teria sido agredido" ou "se eu estivesse lá, poderia ter impedido a morte do meu amigo".

- **Autocrítica** ou culpar-se, por algo que você realmente não queria que acontecesse
  - Por exemplo, "a culpa é minha por meu amigo ter morrido" ou "eu sou o culpado pelo suicídio do meu marido".
- **Culpar pessoas ou fatores** que não foram a causa principal
  - Por exemplo, "a culpa é do meu pai por minha mãe ter nos maltratado, pois ele a abandonou" ou "meu chefe é o culpado pois me pediu para ir entregar o documento na hora de maior trânsito.
- **Crenças do mundo justo** (ver Capítulo 4) que pressupõem que há justiça em quem experimenta um trauma
  - Por exemplo, "devo ter feito algo para merecer isso" ou "isso não deveria ter acontecido com ele, pois ele tinha família".

Olhando para a sua Declaração de Impacto ou pensando no seu trauma-alvo (central) agora, quais pontos de bloqueio como esses citados você pode ter? Onde você tem colocado a culpa pelo evento? Quais pontos do tipo *deveria–poderia–faria-se* têm passado pela sua cabeça?

Os pontos de bloqueio devem ser frases completas, não perguntas, palavras ou frases isoladas. Certifique-se de que cada um seja um pensamento único, não várias ideias contidas em uma única frase. Além disso, por definição, os pontos de trava não são fatos. Então, embora possa ser um fato que você sente emoções ou se envolve em certos comportamentos, tente se concentrar em qual pensamento está por trás de seus pensamentos e suas emoções. Consulte o quadro a seguir para obter algumas sugestões e exemplos sobre como expressar seus pontos de bloqueio. Na sequência, adicione seus pensamentos ao seu Registro de Pontos de Bloqueio (veja a página 64).

PONTOS DE BLOQUEIO RESULTANTES DO TRAUMA

O outro tipo de ponto de bloqueio tem mais a ver com suas crenças gerais, que podem ter se tornado mais negativas desde o trauma. Você pode ter escrito sobre isso na segunda parte de sua Declaração de Impacto, quando abordou os efeitos do trauma em suas crenças sobre segurança, confiança, poder/controle, estima e intimidade. Estes podem incluir os seguintes:

- **Previsões sobre o futuro**, assumindo o que "vai" acontecer
  - Por exemplo, "se eu confiar em alguém, vou me ferir" ou "se eu sair à noite, serei agredido".
- **Generalizações** com palavras como *sempre, todos, qualquer um, nunca, ninguém* e afins
  - Por exemplo, "ninguém pode ser confiável", "o mundo é completamente perigoso" ou "eu sempre falho".

DICAS PARA ESCREVER SEUS PONTOS DE BLOQUEIO

Dica	Texto menos útil	Texto mais útil
Escreva seu ponto de bloqueio em uma sentença completa.	*Confiança*	*Eu não deveria ter confiado nele.*
Transforme perguntas em declarações. Às vezes, é útil responder à sua pergunta.	*Por que eu fui à casa dele?*	*Eu não deveria ter ido à casa dele.*
Tente colocar apenas uma ideia principal em cada ponto de bloqueio. Divida seu pensamento em vários pontos de bloqueio, se for preciso.	*Isso aconteceu porque eu fui estúpido, fraco e estava bêbado.*	*Isso aconteceu porque eu fui estúpido.* *Isso aconteceu porque eu fui fraco.* *Isso aconteceu porque eu estava bêbado.*
Observe se você está dizendo algo vago, como o que "poderia" acontecer, se o que você *realmente* pensa é mais definido.	*Se eu confiar em alguém, **posso** me ferir de novo.* (Possivelmente verdadeiro — algo "pode" acontecer)	*Se eu confiar em alguém, vou me ferir novamente.*
Procure os pensamentos por trás de seus comportamentos e suas emoções.	*Eu raramente saio de casa.* *Quando eu saio, sinto medo.* (Pode ser verdade que você se envolva nesse comportamento ou nessa emoção, mas o que você está dizendo para si mesmo que leva a essa emoção ou a esse comportamento?)	*Se eu sair, eu serei agredido.*

Olhando para a sua Declaração de Impacto ou pensando nela agora, quais pontos fixos como esses você tem? Que suposições você tem feito sobre o futuro? Que generalizações você fez sobre si mesmo, sobre os outros e sobre o mundo?

Na página 65, há um exemplo de Pablo, que escreveu sua Declaração de Impacto e depois a utilizou para construir seu Registro de Pontos de Bloqueio.

Registro de Ponto de Bloqueio

Após ter verificado sua Declaração de Impacto e identificado seus pontos de bloqueio, você também pode consultar a Lista de Verificação nas páginas 66 e 67, para ver se há outros pontos que possa ter. Se algum desses pontos de bloqueio comuns parecer verdadeiro para você, adicione-o também ao seu Registro de Pontos de Bloqueio. Consulte também os Recursos, ao final deste livro, para ver os pontos comuns que pessoas com diferentes tipos de experiências traumáticas costumam ter.

Exemplo de Declaração de Impacto

O abuso físico que sofri da minha avó aconteceu porque minha mãe me deixou com ela. Minha mãe deveria saber que minha avó me maltrataria, mas ela me deixou lá mesmo assim. Talvez ela não se importasse comigo. A pior vez que minha avó me agrediu aconteceu porque eu não fui da escola direto para casa, como ela me disse para fazer. Ela disse que precisava me ensinar a me comportar. Eu deveria ter ido direto para casa. Se tivesse ido, talvez isso não teria acontecido. Devido à forma como cresci, nunca me senti bom o suficiente. Sinto-me antipático e incompetente. Além disso, se sua própria família pode abusar de você ou abandoná-lo, então como posso pensar que alguém realmente se importará comigo? Toda vez que penso em me abrir com alguém, fico com medo e acho que eles também vão me ferir.

Exemplo de Registro de Pontos de Bloqueio

A culpa é da minha mãe por eu ter sido agredido.
Minha mãe deveria saber que eu seria agredido.
Não valia a pena cuidarem de mim.
Eu deveria ter voltado da escola para casa.
Eu merecia ser agredido.
Se eu tivesse me comportado, não teria sido agredido.
Não sou bom o suficiente.
Não sou simpático.
Sou incompetente.
Ninguém nunca vai se importar comigo de verdade.
Se eu me abrir para alguém, vão me machucar.

Pontos comuns sobre o evento traumático

☐ O evento aconteceu por minha culpa.
☐ O evento aconteceu devido a algo sobre mim.
☐ Devo ter feito algo para merecer o evento.
☐ Aconteceu porque eu fiz/não fiz _____.
☐ O evento aconteceu como castigo (de Deus, carma, etc.).
☐ Coisas ruins acontecem porque você fez algo errado.
☐ As coisas devem ser justas.
☐ Coisas assim não deveriam acontecer com _____
(pessoas boas/inocentes, crianças, etc.).
☐ Eu poderia tê-lo evitado.
☐ Eu deveria/poderia tê-lo impedido.

Quanto mais específico você puder ser no ponto de bloqueio, melhor. Então, se você pensa "o evento aconteceu por causa de algo sobre mim", você tem ideia especificamente do que é esse algo sobre você? Em caso afirmativo, anote isso em seu Registro de Pontos de Bloqueio. Por exemplo, algumas pessoas pensam "aconteceu porque fui fraco", "aconteceu porque tive um julgamento ruim", "aconteceu porque não valia a pena me proteger" ou "aconteceu porque atraio eventos/pessoas ruins".

É importante lembrar que estamos escrevendo esses pensamentos porque eles não são necessariamente verdadeiros. No entanto, esses são os pensamentos que podem girar em torno de sua cabeça e mantê-lo preso ao TEPT. Ao anotá-los em seu Registro de Pontos de Bloqueio, você está dando um grande passo em direção à recuperação. Você terá a chance de considerar cada um deles com mais cuidado ao prosseguir pelo restante do livro. Então mantenha o bom trabalho e siga em frente!

Pontos de bloqueio comuns resultantes do trauma

Segurança

☐ O mundo é completamente perigoso.
☐ Se eu não estiver sempre atento, algo terrível vai acontecer.
☐ Não consigo me manter protegido.
☐ As multidões são perigosas.

Confiança

☐ Ninguém é confiável.
☐ Se eu confiar em alguém, eles vão me machucar.
☐ Não posso confiar no meu julgamento.

Poder/controle

- ☐ Se eu não estiver no controle o tempo todo, algo terrível vai acontecer.
- ☐ Sou impotente para evitar que coisas ruins aconteçam comigo.
- ☐ Se eu deixar, outras pessoas vão tentar me controlar.

Estima

- ☐ Estou acabado.
- ☐ Estou quebrado.
- ☐ Eu já deveria ter acabado com isso.
- ☐ Nunca vou melhorar.
- ☐ Eu sou impossível de ser amado.
- ☐ Ninguém se importa comigo.
- ☐ Ninguém consegue me entender.
- ☐ Outras pessoas são basicamente egoístas e insensíveis.
- ☐ Se alguém é simpático, tem sempre segundas intenções.

Intimidade

- ☐ Se eu baixar a guarda com alguém, eles vão me machucar.
- ☐ Se eu me permitir sentir minhas emoções, perderei o controle.
- ☐ Eu não consigo ficar sem _____ (álcool, drogas, comer demais, etc.).
- ☐ Sexo é perigoso.

Novamente, se alguns desses fatores forem verdadeiros para você, adicione-os ao seu Registro de Pontos de Bloqueio. Se você concluiu essa etapa, agora tem uma lista de pensamentos que você pode abordar para avançar em direção à recuperação do trauma. Ótimo trabalho! Agora você está pronto para começar a dar uma olhada mais de perto nesses pensamentos e como eles afetam o modo como você se sente. Marque a página do seu Registro de Pontos de Bloqueio, pois você continuará a consultá-lo a cada capítulo e poderá acrescentar algo mais tarde.

> ▶▶ Para assistir a um vídeo (em inglês) que revisa o que você acabou de ler aqui sobre pontos de bloqueio, acesse a CPT Whiteboard Video Library (*http://cptforptsd.com/cpt-resources*) e assista aos vídeos chamados *What are stuck points* (O que são pontos de bloqueio) e *How do I identify stuck points* (Como eu identifico pontos de bloqueio).

🔧 Solução de problemas

Eu não sei o que colocar no Registro de Pontos de Bloqueio.

Você acabou de aprender o que são pontos de bloqueio, então não se preocupe se o conceito ainda não tiver sido totalmente compreendido. Se você se sentir confuso, sempre poderá reler o capítulo ou assistir aos vídeos. No entanto, você continuará a aprender mais sobre pontos de bloqueio e o que fazer com eles nos próximos capítulos. Assim, se tiver alguns pontos de bloqueio em seu registro, você poderá prosseguir para o próximo capítulo. Se você não tiver certeza do que colocar em seu registro, releia a lista de pontos de bloqueio comuns nas páginas anteriores e consulte também os Recursos, em que há exemplos de pontos de bloqueio para diferentes tipos de eventos traumáticos. Você pode começar verificando qualquer uma das declarações em que você acredita e adicionando-as ao seu Registro de Ponto de Bloqueio. Em seguida, volte e veja sua Declaração de Impacto. O que você disse que foi a causa do evento? Há outros pensamentos que podem valer a pena incluir em seu registro, para que você possa examiná-los mais tarde?

Quantos pontos de bloqueio devo ter? Tenho muitos? Tenho poucos?

Não há um número certo ou errado de pontos de bloqueio para ter em seu registro. Quando você está construindo seu Registro de Pontos de Bloqueio, um número razoável seria de 10 a 20 declarações. No entanto, algumas pessoas têm apenas alguns pontos de bloqueio, e algumas pessoas têm muitos mais (75 a 80). No entanto, certifique-se de não deixar de identificar seus pontos a respeito do motivo para o trauma ter acontecido. Tente chegar a pelo menos alguns pontos fixos sobre seu motivo, e alguns referentes ao que isso significa sobre você, os outros, o mundo ou seu futuro. À medida que você avança na leitura deste livro, pode identificar mais pontos de bloqueio e sempre pode voltar e acrescentá-los ao seu registro. Mesmo que eles pareçam ser semelhantes a outro que você anotou, escreva todos os pontos de bloqueio que vierem à sua mente. Às vezes, uma pequena mudança no texto (p. ex., escrever "a culpa é minha porque eu saí naquela noite" e "eu deveria ter ficado em casa naquela noite") pode ajudá-lo posteriormente, quando você estiver examinando o pensamento.

Estou começando a me sentir deprimido ao olhar para minha lista de pontos de bloqueio.

É comum se sentir oprimido ao olhar para sua lista de pontos de bloqueio. No entanto, considere desta forma: agora você tem uma lista dos pensamentos que atrapalharam sua recuperação. Em vez de apenas mantê-los em sua cabeça, agora os pensamentos estão no papel, onde você pode vê-los e assumir o controle sobre eles. Agora você tem um roteiro para onde precisa ir para se desprender do seu TEPT. Você concluiu a primeira etapa de identificar seus pontos de bloqueio. O restante deste livro vai ajudá-lo a trabalhar com cada um deles.

Não acredito que meus pensamentos estejam errados. Eles são verdadeiros.

Nesse ponto do processo, você não está avaliando se seus pensamentos são verdadeiros. Basta anotar quaisquer crenças ou pensamentos que você tenha sobre o evento traumático mais angustiante (seu evento índice). Você terá a chance de avaliá-los depois. É possível que alguns sejam verdadeiros. Você avaliará as evidências e decidirá por si mesmo mais adiante no processo. Se forem, você receberá ajuda para descobrir o que fazer para seguir em frente.

* * *

Lembre-se de que acompanhar seus sintomas a cada semana é uma forma útil de monitorar seu progresso. Continue acompanhando suas pontuações utilizando o gráfico para acompanhamento de suas pontuações semanais, na página 29. Você pode ainda não estar se sentindo melhor porque acabou de começar, mas pode ser capaz de perceber se está pelo menos diminuindo suas evitações (itens 6 e 7 da Lista de Verificação do TEPT). Se tiver um aumento em seus sintomas intrusivos, provavelmente será porque você está reduzindo sua evitação. Isso é um progresso!

Lista de Verificação do TEPT

Preencha a Lista de Verificação do TEPT para acompanhar seus sintomas enquanto lê este livro. Não se esqueça de preencher esta medição com base no mesmo evento central todas as vezes. Quando as instruções e as perguntas se referirem a uma "experiência estressante", lembre-se de que esse é o seu evento central — o pior evento, no qual você está trabalhando primeiro.

Escreva aqui o trauma em que você está trabalhando primeiro – evento central: _____

Preencha esta Lista de Verificação do TEPT com referência a esse evento.

Instruções: A seguir está uma lista de problemas que as pessoas às vezes têm em resposta a uma experiência muito estressante. Por favor, leia cada problema com atenção e, em seguida, circule um dos números à direita para indicar o quanto você foi incomodado por esse problema **no último mês**.

No último mês, quanto você foi incomodado por:	De modo nenhum	Um pouco	Moderadamente	Muito	Extremamente
1. Lembranças indesejáveis, perturbadoras e repetitivas da experiência estressante?	0	1	2	3	4
2. Sonhos perturbadores e repetitivos com a experiência estressante?	0	1	2	3	4
3. De repente, sentindo ou agindo como se a experiência estressante estivesse, de fato, acontecendo de novo (como se *você estivesse revivendo-a, de verdade, lá no passado*)?	0	1	2	3	4
4. Sentir-se muito chateado quando algo lembra você da experiência estressante?	0	1	2	3	4
5. Ter reações físicas intensas quando algo lembra você da experiência estressante (*por exemplo, coração apertado, dificuldade para respirar, suor excessivo*)?	0	1	2	3	4
6. Evitar lembranças, pensamentos, ou sentimentos relacionados à experiência estressante?	0	1	2	3	4
7. Evitar lembranças externas da experiência estressante (*por exemplo, pessoas, lugares, conversas, atividades, objetos ou situações*)?	0	1	2	3	4
8. Não conseguir se lembrar de partes importantes da experiência estressante?	0	1	2	3	4
9. Ter crenças negativas intensas sobre você, outras pessoas ou o mundo (*por exemplo, ter pensamentos tais como:* "Eu sou ruim", "existe algo seriamente errado comigo", "ninguém é confiável", "o mundo todo é perigoso")?	0	1	2	3	4

(Continua)

(Continuação)

No último mês, quanto você foi incomodado por:	De modo nenhum	Um pouco	Moderadamente	Muito	Extremamente
10. Culpar a si mesmo ou aos outros pela experiência estressante ou pelo que aconteceu depois dela?	0	1	2	3	4
11. Ter sentimentos negativos intensos como medo, pavor, raiva, culpa ou vergonha?	0	1	2	3	4
12. Perder o interesse em atividades que você costumava apreciar?	0	1	2	3	4
13. Sentir-se distante ou isolado das outras pessoas?	0	1	2	3	4
14. Dificuldades para vivenciar sentimentos positivos (*por exemplo, ser incapaz de sentir felicidade ou sentimentos amorosos por pessoas próximas a você*)?	0	1	2	3	4
15. Comportamento irritado, explosões de raiva ou agir agressivamente?	0	1	2	3	4
16. Correr muitos riscos ou fazer coisas que podem lhe causar algum mal?	0	1	2	3	4
17. Ficar "super" alerta, vigilante ou de sobreaviso?	0	1	2	3	4
18. Sentir-se apreensivo ou assustado facilmente?	0	1	2	3	4
19. Ter dificuldades para se concentrar?	0	1	2	3	4
20. Problemas para adormecer ou continuar dormindo?	0	1	2	3	4

Calcule a soma e a escreva aqui: _____

Extraído de PTSD Checklist for DSM-5 (PCL-5), de Weathers, Litz, Keane, Palmieri, Marx e Schnurr (2013). Disponível no National Center for PTSD, em www.ptsd.va.gov; em domínio público. Adaptação no Brasil: Lima Osório, F., Da Silva, T. D. A., Santos, R. G., Chagas, M. H. N., Chagas, N. M. S., Sanches, R. F., & De Souza Crippa, J. A. (2017). Posttraumatic stress disorder checklist for DSM-5 (PCL-5): Transcultural adaptation of the Brazilian version. *Revista de Psiquiatria Clínica*, 44(1), 10–19. https://doi.org/10.1590/0101-60830000000107. Reproduzido em *Vencendo o transtorno de estresse pós-traumático com a terapia de processamento cognitivo*. Os compradores deste livro podem baixar cópias adicionais desta planilha na página do livro em loja.grupoa.com.br.

6

Identificando pensamentos e sentimentos

No Capítulo 5, você processou sua Declaração de Impacto e criou seu Registro de Pontos de Bloqueio. Esse é um grande progresso! Você já identificou os pensamentos a serem trabalhados para se recuperar do TEPT. A seguir, você começará a observar como seus pontos de bloqueio e outros pensamentos que passam por sua mente podem levá-lo a sentir fortes emoções negativas, como culpa, vergonha, raiva e medo.

Se você ainda não construiu seu Registro de Pontos de Bloqueio, volte ao Capítulo 5 e faça isso antes de passar para este capítulo. O Registro de Pontos de Bloqueio é muito importante para o restante do seu trabalho.

IDENTIFICANDO EMOÇÕES

Há muitos tipos de emoções que podem ser experimentadas em diferentes graus. Temos diversas palavras para descrever que tipos de sentimentos estamos experimentando e o quanto os sentimos. Algumas pessoas são muito boas em identificar e dar nomes às suas emoções, enquanto outras não conseguem ser muito claras sobre as emoções que estão sentindo. Como acontece com outras habilidades, pode ser necessário praticar para ser capaz de reconhecer e dar nomes às suas emoções e, em seguida, perceber como elas podem estar ligadas a eventos e pensamentos. Isso pode ser especialmente verdadeiro se você tiver evitado sentir as emoções.

Embora muitas pessoas com TEPT evitem as emoções, sentir-se embotado (anestesiado) pode não ser a melhor abordagem, pois assim você não consegue experimentar emoções positivas. Não podemos bloquear emoções negativas sem também restringir nossas emoções mais positivas, e isso significa não sentir tanta felicidade, alegria e contentamento na intensidade que você poderia estar sentindo. Isso pode contribuir para você se sentir desapegado dos outros. O objetivo é identificar de onde suas emoções estão vindo e, em seguida, decidir o que fazer com elas para vencer o TEPT. Se você está sentindo uma emoção natural — uma resposta universal à situação, como a tristeza, quando há uma perda — então o objetivo é sentir essas emoções até que elas diminuam. Se suas emoções são baseadas em seus pensamentos, como sentir-se culpado quando você pensa "o evento foi culpa minha", então o objetivo será conferir mais de perto o pensamento por trás da emoção — esses pensamentos serão o foco das planilhas apresentadas ao longo do restante deste livro. O primeiro passo, no entanto, é ser capaz de reconhecer suas emoções e de onde elas estão vindo.

O diagrama Identificando as Emoções mostra algumas emoções diferentes, cada uma variando em intensidade, desde nenhuma a uma emoção extrema. Há muitas palavras que poderiam ser acrescidas ao longo das setas de cada emoção no diagrama a seguir. Com o tempo, você notará que as emoções não estão apenas ligadas ou desligadas, e tampouco estão nos extremos. Elas vêm em intensidades variadas, dependendo da circunstância ou do que você está dizendo para si mesmo sobre a situação.

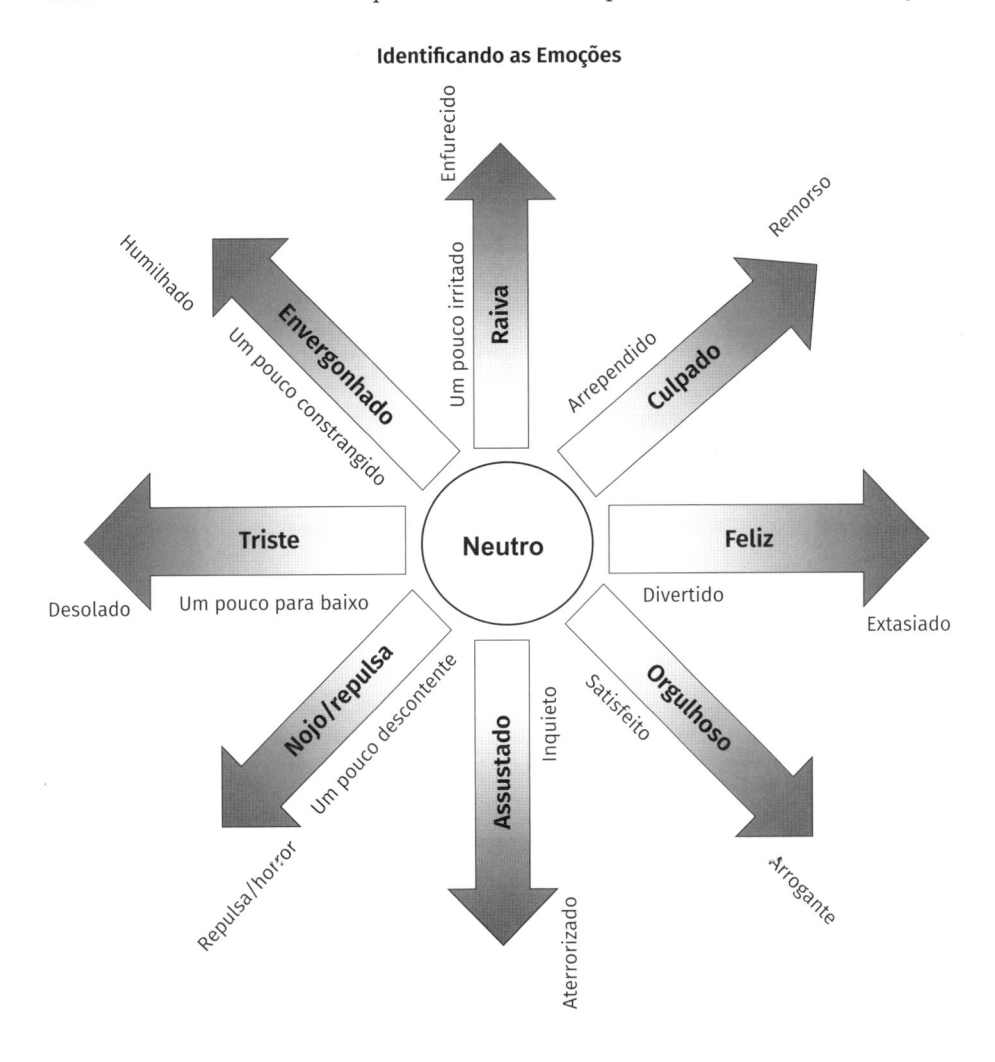

Identificando as Emoções

Raiva: Um pouco irritado → Enfurecido
Culpado: Arrependido → Remorso
Feliz: Divertido → Extasiado
Orgulhoso: Satisfeito → Arrogante
Assustado: Inquieto → Aterrorizado
Nojo/repulsa: Um pouco descontente → Repulsa/horror
Triste: Um pouco para baixo → Desolado
Envergonhado: Um pouco constrangido → Humilhado
Neutro

Se você tem dificuldade para identificar suas emoções, observe as respostas físicas (reações fisiológicas) em seu corpo. Quando você está com raiva, seu coração pode acelerar e seus músculos podem se contrair. Está fechando o punho? Está sentindo seu rosto quente? Se você está com medo, sente vontade de recuar ou de fugir? Você sente que o sangue está saindo do seu rosto? Se está sentindo vergonha ou culpa, você quer baixar a cabeça e não olhar para as outras pessoas? Se está se sentindo triste, você sente vontade de se enrolar em forma de bola ou dormir demais? Que outras coisas você sente em seu corpo? Outras pessoas reagem à sua expressão facial e perguntam por que você está com raiva ou o que está errado? Às vezes, outras pessoas podem ler suas emoções melhor do que você mesmo.

Examine sua Declaração de Impacto (páginas 53 e 54) e o Registro de Pontos de Bloqueio (página 64) e observe como você se sente quando diz cada declaração. Veja o diagrama Identificando as Emoções, na página 73, para ajudá-lo a identificar o nome da emoção que está sentindo. Às vezes, as pessoas tentam evitar emoções por tanto tempo que pode ficar difícil identificar o que sentem. Se você pensa consigo mesmo que não tem nenhuma emoção ligada a um ponto de bloqueio, pergunte-se: "o que eu estaria sentindo se me permitisse sentir algo?". Se você está se censurando, por exemplo, pode ser que esteja se sentindo culpado ou envergonhado. Se você está culpando os outros, você pode estar se sentindo zangado ou triste.

Agora que você já praticou a identificação de suas emoções, o próximo passo é praticar a identificação de onde elas estão vindo. É importante saber a diferença entre um evento (um fato, como "fui agredido"), um pensamento sobre esse fato (p. ex., "deve ter sido minha culpa") e as emoções que vêm desse pensamento (p. ex., culpa ou vergonha). Só porque você diz algo de maneira repetida não faz disso um fato. Um fato, como a ocorrência do trauma, é algo que aconteceu, não o seu julgamento sobre isso. Seu pensamento é sua opinião acerca do que causou o evento ou o que ele significa. Outras pessoas podem ter opiniões diferentes, já os fatos não mudam, a menos que surjam novas evidências ou novas informações (p. ex., o incêndio não foi um acidente, alguém admitiu tê-lo ateado. No entanto, o fato de haver um incêndio não mudou.)

A próxima habilidade, a Planilha ABC, ajuda você a perceber a conexão entre eventos, pensamentos e emoções, primeiro no seu dia a dia e depois com os eventos traumáticos que levaram ao seu TEPT. As três habilidades que praticará com a Planilha ABC são as seguintes:

1. Reconhecer a diferença entre um fato (um evento) e um pensamento (um ponto de bloqueio, uma opinião ou uma suposição).
2. Identificar quais pensamentos estão conectados aos eventos que você vivenciou, incluindo seu evento traumático.
3. Entender quais emoções surgem quando você tem esses pensamentos.

Identificar seus pensamentos permite que você desacelere e os considere cuidadosamente, de uma forma que talvez você não tenha feito antes de utilizar este livro. Embora alguns pensamentos sejam precisos e realistas, apoiados nos fatos, é importante lembrar que muitos não o são. Todos temos pensamentos que não são completamente precisos (p. ex., "eu nunca vou terminar esse trabalho" ou "essa fila do caixa está demorando uma eternidade"). No entanto, é importante lembrar que pensar algo não significa que isso seja verdade.

COMO PREENCHER A PLANILHA ABC

A Planilha ABC é uma ferramenta para perceber a conexão entre eventos, pensamentos e emoções. Você também pode baixar a Planilha ABC na página do livro em loja.grupoa.com.br e fazer cópias, para preencher digitalmente ou em papel.

Na primeira coluna, A, você escreverá um evento. Um evento é algo que aconteceu, quer alguém o tenha testemunhado ou não. É um fato. Exemplos de fatos são "eu presenciei um assassinato", "eu estava no meio de um tiroteio" ou "eu acordei no hospital". Já um pensamento, uma suposição ou uma opinião está dentro de sua mente e não pode ser testemunhado por mais ninguém. Isso iria na coluna B. Coloque na coluna A a situação que o leva a esse pensamento.

A coluna B é onde você escreverá seu pensamento. Um pensamento não é o mesmo que um fato ou um evento. Um pensamento é o que você diz a si mesmo sobre o evento, como uma suposição sobre porque ele aconteceu. Certifique-se de que o que você escreve na coluna B é uma declaração, não uma pergunta. Se o seu pensamento está em forma de pergunta, escreva qual é atualmente a sua resposta para ela. Por exemplo, se você tem pensado "por que isso aconteceu comigo?", pode escrever sua resposta para essa pergunta, como "aconteceu comigo porque sou estúpido". Mais

Planilha ABC

A Evento ativador "Algo acontece"	B Crença/ponto de bloqueio "Eu digo algo a mim mesmo"	C Consequência "Eu sinto algo"

De *Vencendo o transtorno de estresse pós-traumático com a terapia de processamento cognitivo*, de Resick, Stirman e LoSavio. Artmed, 2025. Os compradores deste livro podem baixar cópias adicionais desta planilha na página do livro em loja.grupoa.com.br.

tarde, você aprenderá estratégias para avaliar se as coisas que você diz para si mesmo são precisas e baseadas em fatos.

Em seguida, quando você tem esse pensamento, como se sente? Coloque essa emoção na Coluna C. Você pode olhar para o diagrama Identificando as Emoções, na página 73, para ajudá-lo a identificar a emoção que acompanha o pensamento que você listou na Coluna B. Não utilize palavras de emoção muito vagas, como *mal*, *chateado* ou *incomodado*. Qual é a emoção específica? Emoções geralmente são uma palavra, como *triste* ou *zangado*.

Se for um sentimento natural, que veio diretamente do evento, como medo em uma situação na qual você foi ferido ou raiva de um assaltante, essas emoções não durarão para sempre, mas diminuirão com o tempo, e senti-las ajudará você a se mover em direção à recuperação. Portanto, tente não evitar sentir as emoções que surgirem naturalmente.

No entanto, se sua emoção é baseada em um pensamento, isso pode ou não ser útil. Por exemplo, você pode estar se sentindo culpado se estiver pensando "o evento traumático foi culpa minha". Essa pode ser uma das razões pelas quais você não se recuperou do seu evento traumático. Primeiro, você está aprendendo a identificar seus pensamentos e seus sentimentos, e depois fará a si mesmo uma série de perguntas para determinar se seu pensamento é baseado em todos os fatos do acontecimento. Por fim, você pode decidir que o que tem dito para si mesmo não é preciso, dados o contexto e as circunstâncias do evento traumático, mas tornou-se um hábito pensar assim porque você ouviu ou repetiu isso muitas vezes para si mesmo. Você pode mudar o que está dizendo a si para ser mais equilibrado. Se fizer isso, você descobrirá que suas emoções negativas diminuem ou mudam completamente.

Se quiser colocar mais de um evento, pensamento e sentimento em uma única planilha, certifique-se de desenhar uma linha no papel, para que fique claro qual evento, pensamento e sentimento estão juntos.

Uma nota final: às vezes, as pessoas dizem "eu sinto" e depois fazem uma declaração sobre como pensam. Um exemplo seria "sinto que deveria ter feito algo diferente". Utilizar a palavra *sinto* em uma frase não a torna uma emoção. Se você encontrar uma frase desse tipo, mova-a para a coluna B ("eu deveria ter feito algo diferente") e, em seguida, olhe para o diagrama Identificando as Emoções, na página 73, para decidir como você se sente em relação a essa declaração.

O objetivo deste capítulo é que você aprenda que suas emoções muitas vezes seguem o que você diz para si. Faz sentido termos uma certa emoção quando vemos o que estamos pensando sobre uma situação. Quando você for trabalhar com a Planilha ABC, pode ser que você tenha que começar com a coluna C, pois percebe sua emoção primeiro e, em seguida, percebe qual evento desencadeou a emoção e coloca isso na coluna A. Por fim, você pode focar no que disse a si mesmo que tenha feito você sentir essa emoção e colocar isso na coluna B.

Por exemplo, Gabriela estava caminhando até a loja quando alguém começou a andar perto dela, e então ela começou a sentir medo. Notou que seu coração estava acelerado, seus músculos estavam tensos e que começava a suar. Gabriela pode escrever algo como o seguinte, em sua Planilha ABC, na coluna A, evento ativador:

Eu estava caminhando até a loja, e alguém me seguiu.

Gabriela sabia que estava se sentindo assustada, então escreveu isso na coluna C, consequência:

Assustada

Em seguida, Gabriela precisou descobrir o que estava dizendo a si mesma naquela situação que a deixou assustada. Ela se perguntou: "o que eu estava pensando, então?", "o que me fez sentir medo?". Ela escreveu o seguinte na coluna B, crença/ponto de bloqueio:

Estou em perigo.
Algo ruim está prestes a acontecer.
Vão me machucar.

Então, sua planilha final ficou assim:

A Evento ativador "Algo acontece"	B Crença/ponto de bloqueio "Eu digo algo a mim mesmo"	C Consequência "Eu sinto algo"
Eu estava caminhando até a loja, e alguém me seguiu.	Estou em perigo. Algo ruim está prestes a acontecer. Vão me machucar.	Assustada

Gabriela preencheu essa planilha de maneira correta, pois ela tem um fato na coluna A, seus pensamentos sobre o evento na coluna B e sua emoção resultante na coluna C. Faz sentido que Gabriela tenha se sentido assustada ao pensar no significado da situação, de que estava em perigo. Nem todos sentiriam medo se alguém o seguisse, mas isso poderia acontecer se tivessem os mesmos pensamentos que Gabriela.

Agora você tentará praticar. Você consegue pensar em um momento na última semana em que sentiu uma emoção forte, como raiva, culpa ou medo? O que estava acontecendo? Quais foram os fatos da situação? Coloque essa informação na coluna A.

A Evento ativador "Algo acontece"	B Crença/ponto de bloqueio "Eu digo algo a mim mesmo"	C Consequência "Eu sinto algo"

Se você sabe o que estava pensando, pode colocar isso na coluna B agora. Ou, se você não tem certeza do que estava pensando, pode pular para a coluna C. Que emoção você estava sentindo na situação? Certifique-se de utilizar uma palavra de emoção, como as do diagrama Identificando as Emoções — por exemplo, *assustado*, *zangado* ou *envergonhado*.

Em seguida, pergunte-se por que você estava sentindo aquela emoção naquela situação. O que estava pensando que o fez se sentir assim? Coloque essa informação na coluna B. Tente obter todos os pensamentos que você estava pensando e que levaram à emoção que anotou na coluna C.

Agora confira: a emoção na coluna C coincide com o(s) pensamento(s) na coluna B? Faz sentido que você tenha sentido essa emoção diante desse pensamento? Se não, descubra o que mais você estava dizendo a si mesmo que o fez sentir essa emoção. Ou há outra emoção que os pensamentos na coluna B alimentaram? Em caso afirmativo, inclua-a na coluna C.

Por exemplo, Lucy inicialmente preencheu a seguinte Planilha ABC:

A Evento ativador "Algo acontece"	B Crença/ponto de bloqueio "Eu digo algo a mim mesmo"	C Consequência "Eu sinto algo"
Minha filha participou de um evento esportivo, e eu não consegui assistir.	Ela queria que eu estivesse lá.	Culpada

Lucy pensou um pouco mais sobre porque se sentiu tão culpada por não poder comparecer ao evento de sua filha quando esta queria que ela estivesse lá. Lucy percebeu que havia mais pensamentos por trás daquele primeiro, que levava à culpa, e os acrescentou em sua Planilha ABC:

A Evento ativador "Algo acontece"	B Crença/ponto de bloqueio "Eu digo algo a mim mesmo"	C Consequência "Eu sinto algo"
Minha filha participou de um evento esportivo, e eu não consegui assistir.	Ela queria que eu estivesse lá. Eu deveria estar lá. Eu sou uma mãe ruim.	Culpada

Faz sentido que Lucy estivesse se sentindo tão culpada — não comparecer ao evento esportivo de sua filha significava para Lucy que ela era uma mãe ruim. Pelo menos era o que ela dizia a si mesma.

> ▶▶ Para assistir a um vídeo (em inglês) que revise o que você acabou de ler aqui sobre como preencher uma Planilha ABC, acesse a CPT Whiteboard Video Library (*http://cptforptsd.com/cpt-resources*) e assista ao vídeo chamado *How to fill out an ABC Worksheet* (Como preencher uma Planilha ABC). Você também pode assistir a um vídeo chamado *ABC Worksheet example* (Exemplo de Planilha ABC).

Você sente alguma emoção ao fazer as atividades deste livro? Você se sente ansioso ou nervoso? Se sim, essa pode ser uma ótima situação para fazer uma Planilha ABC. O que você acha disso? Por exemplo, você pode pensar algo como "eu nunca vou melhorar" ou "eu não consigo lidar com isso". Nesse caso, faz sentido que esteja se sentindo ansioso. No próximo capítulo, você terá a oportunidade de examinar seus pensamentos mais de perto.

À medida que você praticar essa habilidade, ficará cada vez melhor em identificar quais pensamentos você está tendo que podem estar por trás de suas emoções. A maioria de nós não está muito ciente de nossos pensamentos, então essa é realmente uma habilidade especial. Desacelerar e identificá-los também será essencial para a próxima habilidade — examinar o que você está dizendo a si mesmo — que será abordada no capítulo seguinte.

✎ Tarefa prática

A próxima tarefa é praticar o preenchimento de Planilhas ABC. Nas páginas 81 e 82, você encontrará várias dessas planilhas em branco, que você pode preencher no próprio livro, mas também poderá baixá-las na página do livro em loja.grupoa.com.br e fazer cópias para preencher eletronicamente ou em papel. Continue a preencher as Planilhas ABC para se conscientizar das conexões entre os eventos, seus pensamentos e seus sentimentos. Complete pelo menos uma planilha por dia, até sentir que pegou o jeito, ou durante uma semana. Por enquanto, suas planilhas podem ser sobre eventos do dia a dia. Por exemplo, você pode fazer uma planilha sobre o que estava pensando e sentindo quando foi cortado no trânsito ou quando seu amigo não ligou depois de dizer que ligaria em breve. Tente preencher o formulário o mais rápido possível após um evento. Dessa forma, você se lembrará claramente do que estava pensando e sentindo. Utilize o diagrama Identificando as Emoções para ajudá-lo a determinar quais emoções você está sentindo.

🔧 Solução de problemas

Não tenho sentimentos. Eu só me sinto embotado/anestesiado.

Muitas pessoas com TEPT sentem-se emocionalmente anestesiadas devido à evitação ao longo de muitos anos. E quando você tem sintomas intrusivos? O que você sente? Se você acorda de um pesadelo, o que está sentindo? Veja novamente o diagrama Identificando as Emoções. Se você se permitisse sentir suas emoções, quais seriam? Você está fazendo algo para parar de sentir emoções, como beber, ferir-se, usar drogas, comer demais para se acalmar ou fumar? Se você parasse com esses comportamentos, o que sentiria?

Não tenho certeza do que estou pensando.

Identificar o que você está pensando é, quase sempre, a parte mais complicada. Você pode ter de começar com a emoção e se perguntar por que está se sentindo assim naquela situação. Qual é a sua melhor resposta? Por exemplo, tente dizer a si mesmo: "Eu sinto raiva porque _____ _____." O que você preencher no espaço em branco pode ir para a coluna B. Pratique, pratique, pratique, e, com o tempo, você vai pegar o jeito!

REVISÃO DA PLANILHA ABC E COMO APLICÁ-LA AO SEU TRAUMA

Neste capítulo, você aprendeu a utilizar a Planilha ABC. Olhe para suas Planilhas ABC preenchidas e pergunte a si mesmo se conseguiu obter um evento factual na coluna A (apenas algumas palavras), o pensamento sobre esse evento na coluna B

Planilhas ABC

A Evento ativador "Algo acontece"	B Crença/ponto de bloqueio "Eu digo algo a mim mesmo"	C Consequência "Eu sinto algo"

A Evento ativador "Algo acontece"	B Crença/ponto de bloqueio "Eu digo algo a mim mesmo"	C Consequência "Eu sinto algo"

A Evento ativador "Algo acontece"	B Crença/ponto de bloqueio "Eu digo algo a mim mesmo"	C Consequência "Eu sinto algo"

(Continua)

De *Vencendo o transtorno de estresse pós-traumático com a terapia de processamento cognitivo*, de Resick, Stirman e LoSavio. Artmed, 2025. Os compradores deste livro podem baixar cópias adicionais desta planilha na página do livro em loja.grupoa.com.br.

Planilhas ABC

A Evento ativador "Algo acontece"	B Crença/ponto de bloqueio "Eu digo algo a mim mesmo"	C Consequência "Eu sinto algo"

A Evento ativador "Algo acontece"	B Crença/ponto de bloqueio "Eu digo algo a mim mesmo"	C Consequência "Eu sinto algo"

A Evento ativador "Algo acontece"	B Crença/ponto de bloqueio "Eu digo algo a mim mesmo"	C Consequência "Eu sinto algo"

A Evento ativador "Algo acontece"	B Crença/ponto de bloqueio "Eu digo algo a mim mesmo"	C Consequência "Eu sinto algo"

(como os pontos de bloqueio em seu Registro de Pontos) e uma única palavra na coluna C, para descrever sua emoção quando você pensa nisso. Reflita também se as emoções combinam com os pensamentos da coluna B. Você descobriu o que estava pensando que o fez sentir essas emoções? Se o fez, pode dar um tapinha em suas costas. Muito bem feito!

Por favor, observe se você teve emoções variadas enquanto preenchia as Planilhas ABC ou se houve padrões nos tipos de pensamentos e emoções que você experimentou. Você costuma ficar com raiva de si mesmo ou dos outros? Nesse caso, é possível que você tenha um ponto subjacente que você pode ter tido grande parte de sua vida, como "eu não consigo fazer nada certo" ou "não posso confiar em ninguém". Chamamos isso de **crença central**, um modo de pensar que você tem há tanto tempo, talvez desde a infância, que nem precisa mais pensar nisso. Você simplesmente aceita isso como fato e passa a ter raiva de si mesmo ou dos outros (ou fica deprimido). Fique atento aos pontos que surgem repetidas vezes em diferentes situações, direcionados a si mesmo ou aos outros. Se você notou algum pensamento como esses e que ainda não estão no seu Registro de Pontos de Bloqueio (página 64), acrescente-os agora.

Você fez um excelente trabalho aplicando essa nova habilidade às suas situações cotidianas. Você está construindo uma habilidade especial para identificar os pensamentos que impulsionam suas emoções. Em seguida, você aplicará essa habilidade ao seu trauma-alvo (central).

APLICAÇÃO DA PLANILHA ABC AO EVENTO TRAUMÁTICO

Agora você pode aplicar a mesma habilidade ABC à sua experiência traumática e seus pensamentos sobre por que ele ocorreu. Assim como você fez para os eventos cotidianos, identifique seus pensamentos e as emoções que estão conectadas a esses pensamentos.

Comece colocando seu trauma-alvo na Coluna A. Apenas algumas palavras servirão, como "abuso sexual por parte do meu primo quando eu tinha 9 anos", "testemunhei meu amigo sendo baleado" ou "fui atropelado por um carro".

A Evento ativador "Algo acontece"	B Crença/ponto de bloqueio "Eu digo algo a mim mesmo"	C Consequência "Eu sinto algo"

Em seguida, escreva um pensamento que você tem sobre o evento traumático. Você pode consultar seu Registro de Pontos de Bloqueio (página 64) para isso. Em especial, você tem algum ponto de bloqueio em seu registro sobre por que o trauma aconteceu, quem foi o culpado por ele ou maneiras pelas quais ele poderia ter sido evitado? Por exemplo, "eu deveria ter _____" ou "se eu tivesse _____, o evento não teria acontecido". Se sim, comece colocando um desses pensamentos na coluna B.

Por fim, considere a emoção que você sente quando tem esse pensamento. Escreva isso na coluna C. Com frequência, as pessoas sentem culpa, vergonha, arrependimento ou raiva de si mesmas quando pensam no que "deveriam" ter feito.

Aqui está um exemplo de Joseph, cujo irmão morreu por *overdose* de drogas:

A Evento ativador "Algo acontece"	B Crença/ponto de bloqueio "Eu digo algo a mim mesmo"	C Consequência "Eu sinto algo"
A *overdose* do meu irmão	Eu deveria ter feito mais para ajudá-lo.	Culpado

Essa atividade vai ajudá-lo a ver de onde podem estar vindo algumas de suas fortes emoções negativas sobre o trauma. Faz sentido que Joseph esteja se sentindo culpado, já que ele tem assumido parte da culpa pela *overdose* de seu irmão, pensando que ele deveria ter feito mais para evitá-la. No próximo capítulo, você poderá dar uma olhada mais de perto no que você tem dito a si mesmo para ver se isso é útil e realista.

Ao anotar suas emoções em sua Planilha ABC, lembre-se de que existem dois tipos de sentimentos: os que surgem do evento em si e os que surgem do que você conta a si mesmo sobre o evento. Se for uma emoção natural, que veio diretamente do evento, como medo na situação em que você foi prejudicado, tristeza pelas perdas ou raiva de um agressor, sentir essas emoções ajudará você a se recuperar. Elas não durarão para sempre e se tornarão menos intensas com o tempo. As emoções básicas (ou primárias, pois são universais e instintivas) são como as bolhas em uma garrafa de refrigerante. O conteúdo está sob pressão quando a garrafa está fechada e, embora possam sair com força quando você a abre pela primeira vez, o conteúdo logo se acomoda. As emoções básicas também são assim. Se você permitir que suas emoções se manifestem pela primeira vez, elas podem ser intensas, mas, após vivenciá-las, você notará que começam a diminuir e você começará a se sentir diferente. Esse é o processo de recuperação. Você reconhece o peso do que aconteceu e se permite senti-lo. A memória permanecerá, mas os sentimentos que a acompanham não serão tão intensos depois de processá-los. Por isso, tente não evitar sentir emoções básicas. Elas não serão tão intensas para sempre. Em algum momento, você pode senti-las de passagem quando encontrar uma lembrança, mas estas não terão o mesmo poder de desencadear emoções realmente fortes.

Outras emoções são baseadas em pensamentos ou interpretações de eventos. Por exemplo, você poderia estar se sentindo culpado se estivesse pensando "o evento traumático foi culpa minha". Ou, então, você pode estar com raiva de si mesmo se estiver pensando "eu nunca deveria ter saído de casa naquela noite; deveria ter seguido meu instinto". Esses pensamentos podem ser uma das razões pelas quais você não se recuperou do seu evento traumático. A culpa de Joseph é um exemplo de emoção fabricada, pois vem de seu pensamento sobre o que ele "deveria" ter feito de diferente. No final das contas, se você decidir que o que você tem dito a si não é preciso, ou seja, não é o que condiz realmente com os fatos do que aconteceu, dado o contexto e as circunstâncias do evento traumático, pode mudar o que está dizendo a si mesmo para ser mais equilibrado e, muito provavelmente, descobrirá que suas emoções fabricadas diminuem ou mudam por completo.

Antes de seguir adiante, você preencheu uma Planilha ABC sobre seu pior evento traumático? Ou você o evitou, ou pulou? Se você ainda não o fez, volte e faça-o agora. Isso é essencial para a próxima etapa do programa.

Mark não fez uma Planilha ABC sobre seu evento central e optou por fazer uma planilha sobre um evento diferente e menos angustiante em sua vida. Ele percebeu que estava evitando sentir a vergonha que estava associada ao evento central; logo, ele voltou e fez outra Planilha ABC sobre o pior evento. Quando ele releu a Planilha ABC sobre aquele evento e a viu na página, ele começou a perceber que a vergonha não era para ser dele, mas sim de seu agressor.

Se você ainda está tendo dificuldade em fazer uma planilha sobre o evento traumático mais angustiante, observe se você tem um ponto de bloqueio (uma trava) a respeito de preencher uma Planilha ABC e, em caso afirmativo, faça uma planilha sobre esse ponto de bloqueio (p. ex., A = fazer uma Planilha ABC sobre meu pior trauma; B = "se eu anotar, isso se tornará o trauma real"; C = assustado). Não demore. Você chegou até aqui, então não volte atrás agora! Muitas vezes, as pessoas começam a se sentir melhor após o próximo capítulo. Então, faça uma Planilha ABC sobre o seu trauma central e, assim que o fizer, continue para o próximo capítulo.

* * *

Continue acompanhando seus sintomas a cada semana utilizando o Gráfico para acompanhar suas pontuações semanais, da página 29. Após o capítulo a seguir, você pode começar a observar uma mudança em seus sintomas, se isso ainda não tiver ocorrido.

Lista de Verificação do TEPT

Preencha a Lista de Verificação do TEPT para acompanhar seus sintomas enquanto lê este livro. Não se esqueça de preencher esta medição com base no mesmo evento central todas as vezes. Quando as instruções e as perguntas se referirem a uma "experiência estressante", lembre-se de que esse é o seu evento central — o pior evento, no qual você está trabalhando primeiro.

Escreva aqui o trauma em que você está trabalhando primeiro: _____

Preencha esta Lista de Verificação do TEPT com referência a esse evento.

Instruções: A seguir está uma lista de problemas que as pessoas às vezes têm em resposta a uma experiência muito estressante. Por favor, leia cada problema com atenção e, em seguida, circule um dos números à direita para indicar o quanto você foi incomodado por esse problema **no último mês**.

No último mês, quanto você foi incomodado por:	De modo nenhum	Um pouco	Moderadamente	Muito	Extremamente
1. Lembranças indesejáveis, perturbadoras e repetitivas da experiência estressante?	0	1	2	3	4
2. Sonhos perturbadores e repetitivos com a experiência estressante?	0	1	2	3	4
3. De repente, sentindo ou agindo como se a experiência estressante estivesse, de fato, acontecendo de novo (como se *você estivesse revivendo-a, de verdade, lá no passado*)?	0	1	2	3	4
4. Sentir-se muito chateado quando algo lembra você da experiência estressante?	0	1	2	3	4
5. Ter reações físicas intensas quando algo lembra você da experiência estressante (*por exemplo, coração apertado, dificuldade para respirar, suor excessivo*)?	0	1	2	3	4
6. Evitar lembranças, pensamentos, ou sentimentos relacionados à experiência estressante?	0	1	2	3	4
7. Evitar lembranças externas da experiência estressante (*por exemplo, pessoas, lugares, conversas, atividades, objetos ou situações*)?	0	1	2	3	4
8. Não conseguir se lembrar de partes importantes da experiência estressante?	0	1	2	3	4
9. Ter crenças negativas intensas sobre você, outras pessoas ou o mundo (*por exemplo, ter pensamentos tais como:* "Eu sou ruim", "existe algo seriamente errado comigo", "ninguém é confiável", "o mundo todo é perigoso")?	0	1	2	3	4

(Continua)

(Continuação)

No último mês, quanto você foi incomodado por:	De modo nenhum	Um pouco	Moderadamente	Muito	Extremamente
10. Culpar a si mesmo ou aos outros pela experiência estressante ou pelo que aconteceu depois dela?	0	1	2	3	4
11. Ter sentimentos negativos intensos como medo, pavor, raiva, culpa ou vergonha?	0	1	2	3	4
12. Perder o interesse em atividades que você costumava apreciar?	0	1	2	3	4
13. Sentir-se distante ou isolado das outras pessoas?	0	1	2	3	4
14. Dificuldades para vivenciar sentimentos positivos (*por exemplo, ser incapaz de sentir felicidade ou sentimentos amorosos por pessoas próximas a você*)?	0	1	2	3	4
15. Comportamento irritado, explosões de raiva ou agir agressivamente?	0	1	2	3	4
16. Correr muitos riscos ou fazer coisas que podem lhe causar algum mal?	0	1	2	3	4
17. Ficar "super" alerta, vigilante ou de sobreaviso?	0	1	2	3	4
18. Sentir-se apreensivo ou assustado facilmente?	0	1	2	3	4
19. Ter dificuldades para se concentrar?	0	1	2	3	4
20. Problemas para adormecer ou continuar dormindo?	0	1	2	3	4

Calcule a soma e a escreva aqui: _____

Extraído de PTSD Checklist for DSM-5 (PCL-5), de Weathers, Litz, Keane, Palmieri, Marx e Schnurr (2013). Disponível no National Center for PTSD, em www.ptsd.va.gov; em domínio público. Adaptação no Brasil: Lima Osório, F., Da Silva, T. D. A., Santos, R. G., Chagas, M. H. N., Chagas, N. M. S., Sanches, R. F., & De Souza Crippa, J. A. (2017). Posttraumatic stress disorder checklist for DSM-5 (PCL-5): Transcultural adaptation of the Brazilian version. *Revista de Psiquiatria Clínica*, 44(1), 10–19. https://doi.org/10.1590/0101-60830000000107. Reproduzido em *Vencendo o transtorno de estresse pós-traumático com a terapia de processamento cognitivo*. Os compradores deste livro podem baixar cópias adicionais desta planilha na página do livro em loja.grupoa.com.br.

PARTE 3

Desprendendo-se das crenças sobre o trauma

Até agora, você já teve a chance de verificar as conexões entre seus pensamentos e suas emoções. Esse é um passo importante, e não acontece de modo natural para todos, mas dedicar um tempo para considerar seus próprios pensamentos e seus sentimentos ajudou a prepará-lo para o próximo passo. Espero que você tenha sido capaz de ver que as fortes emoções que tem experimentado fazem sentido e não estão vindo do nada. Suas emoções são influenciadas por seus pensamentos e suas interpretações. Então, se você tem se censurado pelo seu trauma ou pelo que aconteceu depois dele, não é de se admirar que esteja se sentindo culpado ou envergonhado. Se você tem pensado que o mundo é completamente perigoso e que as pessoas sempre vão te machucar, faz sentido que esteja se sentindo assustado e ansioso.

Também vale a pena elogiar-se por ter dado um grande passo preenchendo uma Planilha ABC sobre seu trauma-alvo. A evitação é um sintoma do TEPT, e pode ser difícil pensar em seu pior evento. Então, parabéns por não evitar! Você está se preparando para o sucesso na recuperação do TEPT.

Agora que você tirou um tempo para descobrir quais pontos de bloqueio podem estar atrapalhando sua recuperação, está pronto para começar a aplicar algumas habilidades ao seu pensamento sobre o trauma. No próximo capítulo, você aprenderá a se fazer perguntas para examinar os fatos sobre o trauma. Esse processo poderá ajudá-lo a olhar para quaisquer pontos de bloqueio que você possa ter sobre a causa do trauma. Depois, você terá a oportunidade de utilizar uma série de planilhas para ajudá-lo a dominar a habilidade de examinar seus pensamentos. A maioria das pessoas começa a se sentir melhor após passar por essa parte do processo, então mantenha o bom trabalho e vamos começar!

7

Começando a examinar seu pior evento traumático

Agora que você aprendeu a habilidade do ABC, poderá começar a examinar alguns de seus pensamentos sobre o evento traumático. É importante fazer a si mesmo perguntas como as que fazemos a seguir sobre seus pensamentos a respeito de *por que* o trauma aconteceu. Essas perguntas têm o objetivo de ajudá-lo a olhar para o todo, sem deixar nada de fora, e olhar para ele de diferentes maneiras, para ver se suas crenças são equilibradas e precisas e se são uma avaliação justa do que realmente ocorreu.

Em geral, as pessoas têm pensamentos de que "deveriam" ou "não deveriam" ter feito algo relacionado ao seu trauma. Você tem algum pensamento desse tipo? Se sim, é importante lembrar quais foram os motivos pelos quais você fez o que fez e por que não fez algo diferente. As pessoas muitas vezes têm uma razão lógica para fazer as escolhas que fizeram, ou de fato não tiveram escolha alguma. É importante lembrar o contexto situação naquela época: quais eram seus conhecimentos e perspectivas? Quantos anos você tinha? Como você estava se sentindo? Quanto controle você tinha? Esses fatos podem ajudá-lo a entender por que você teve essa atitude e não tomou ações diferentes.

Se você tem se questionado sobre o que fez em relação ao seu trauma-alvo, quais foram as razões pelas quais você o fez? (p. ex., se você tem pensado consigo mesmo "eu não deveria ter saído naquela noite", quais são as razões pelas quais você decidiu sair?)

_____
_____
_____
_____

Se você tem se questionado sobre o que *não* fez, quais foram as razões pelas quais não tomou medidas diferentes? (p. ex., se você estava pensando "eu deveria ter contado a alguém sobre o abuso", por que você não o fez na época?)

_____
_____
_____
_____

Também é essencial lembrar qual era o contexto na época. É importante considerar toda a história do que ocorreu. Não se esqueça do impacto que uma resposta de luta–fuga–congelamento pode ter tido sobre você ou sobre o que realmente foi possível quando o(s) evento(s) ocorreu(ram). O que você estava pensando e sentindo na época?

_____
_____
_____
_____

Quantos anos você tinha e qual era o seu estado de espírito (estado mental) na época?

_____
_____
_____
_____

Você tinha total controle da situação?

_____
_____
_____
_____

Vejamos como Julian respondeu a essas perguntas sobre o momento em que ele foi assaltado quando estava caminhando para casa uma noite. Seu pensamento era: "eu nunca deveria ter saído naquela noite". Ao refletir sobre essas questões, percebeu que saiu porque o amigo o convidou. Embora soubesse que havia algum risco de sair à noite, já que às vezes havia violência em seu bairro, ele também queria ver seu amigo e relaxar após uma semana agitada, e não achava que seria vítima de um crime. Ele também acreditava "eu deveria ter revidado". Ele passou pelas perguntas anteriores e percebeu que estava surpreso e com medo na ocasião, que teve uma resposta de congelamento (uma resposta automática ao perigo) ao se deparar com vários homens maiores do que ele. Ele não sabia se aqueles homens estavam armados e temia que uma luta pudesse terminar com ele ainda mais machucado. Além disso, ele sofreu uma pancada na cabeça e ficou muito ferido para conseguir brigar. Lembrar-se desses fatos ajudou Julian a passar da raiva de si mesmo para um sentimento de compaixão por si mesmo. Ele tentou fazer o melhor que pôde para sobreviver em uma situação que o pegou de surpresa e que ele não conseguiu controlar.

CONSIDERANDO SEU PAPEL EM UM EVENTO

Ao pensar em culpa e responsabilidade por um evento, é importante considerar o papel específico que cada pessoa desempenhou. Na sociedade, leis e tribunais atribuem diferentes consequências com base no nível de controle e na intenção de um indivíduo em uma situação. Ao pensar sobre sua experiência traumática, considere **o papel que você e os outros desempenharam**. Ao decidir quanta responsabilidade ou culpa atribuir aos indivíduos, é importante considerar o quanto **eles sabiam** e **o quanto de controle tinham**. O diagrama a seguir ilustra isso.

Seu papel no evento traumático: quais são os fatos?

No primeiro caso, o evento traumático seria algo **imprevisível ou incontrolável**. Por exemplo, se você estava dirigindo e seu carro passou por cima de algo, estourou um pneu, rodopiou e bateu em outro carro, você não poderia ter previsto isso, pois não tinha como saber que o pneu estouraria naquele momento. Você não teria culpa e não seria acusado de um crime. Embora você possa estar traumatizado com o evento, não o teria causado ou sido capaz de prevê-lo ou de impedi-lo. Foi uma surpresa para você e/ou estava fora de seu controle. Nesse caso, seria apropriado ter emoções naturais como medo, raiva, angústia ou tristeza.

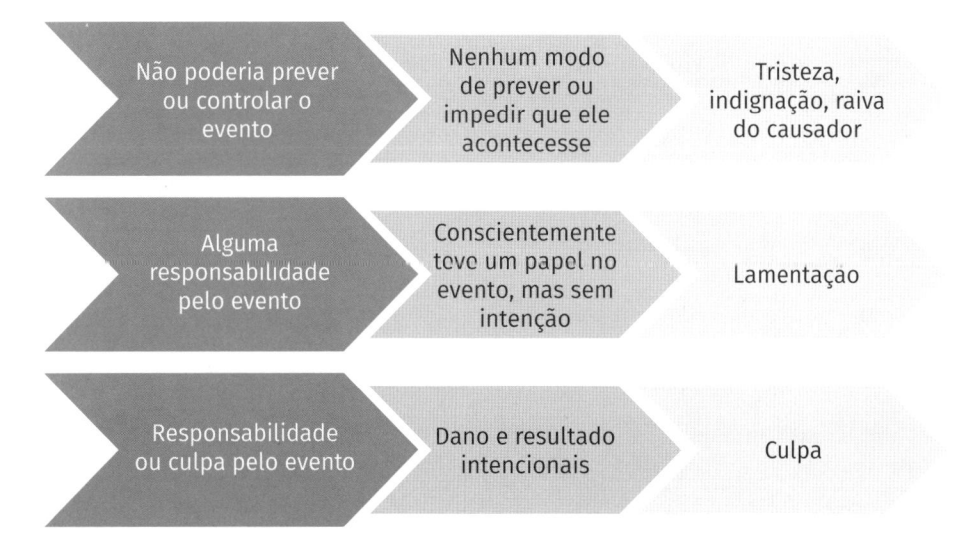

Não poderia prever ou controlar o evento	Nenhum modo de prever ou impedir que ele acontecesse	Tristeza, indignação, raiva do causador
Alguma responsabilidade pelo evento	Conscientemente teve um papel no evento, mas sem intenção	Lamentação
Responsabilidade ou culpa pelo evento	Dano e resultado intencionais	Culpa

Pensando em seu pior evento traumático, você sabia que aquele evento exato aconteceria naquele dia?

___

Você tinha total controle sobre o evento?

___

Se você respondeu "Não" a qualquer um dos itens listados, então o evento foi imprevisível/incontrolável, e seria exagero dizer que o evento foi sua "responsabilidade" ou sua "culpa" ou sentir arrependimento ou culpa por ele.

O segundo caso se aplicaria se você tivesse alguma **responsabilidade** pelo evento (p. ex., se você tiver se envolvido em uma colisão quando estava em alta velocidade e mandando mensagens pelo celular). No entanto, *se você não teve a intenção* de prejudicar ninguém, faria sentido se arrepender pelo que aconteceu, e você pode até ser acusado de um crime, pois estava em excesso de velocidade ou enviando mensagens pelo celular, mas a pena não seria tão severa quanto se você tivesse intenção (p. ex., a lei diferencia entre homicídio culposo — sem intenção de matar ou ferir — e homicídio doloso, que envolve a intenção de matar).

Talvez você esteja pensando que teve um papel importante no evento, mas de fato foi inevitável (como andar sozinho à noite em um bairro que você sabia ser perigoso, após seu carro quebrar, ou não ter idade suficiente para entender as consequências do seu comportamento). Nessa situação, sua emoção natural pode ser tristeza por ter acontecido ou raiva por alguém tê-lo magoado. Isso ainda pode ser considerado imprevisível ou incontrolável. As coisas ainda podem ser imprevisíveis — se o risco não for zero, ou se algo for possível — mesmo que, em geral, isso não ocorra. Por exemplo, se você mora em uma área em que há vandalismo ou assaltos ocasionais, mas eles são de baixa frequência e não ocorrem na maioria dos dias, não poderia prever que isso aconteceria com você no momento exato em que aconteceu — mesmo que soubesse que era possível que isso pudesse ocorrer na área onde você mora. **Se você realmente tivesse sido capaz de prever, provavelmente teria tentado evitá-lo.**

Somente no último caso que você vê no diagrama da página 93 utilizaríamos os termos *responsabilidade* ou *culpa*, pois havia clara intenção de causar dano. Se alguém pretende machucar uma pessoa, a culpa pode ser uma emoção apropriada. Revendo o evento traumático em específico no qual você decidiu trabalhar primeiro, pergunte-se se o resultado foi intencional.

Você pretendia que o desfecho acontecesse?

___
___
___
___

Qual foi sua intenção? O que você supunha que aconteceria naquele dia?

_____
_____
_____
_____

Se você esteve em uma situação semelhante antes, o que ocorreu naquela ocasião e quais foram suas expectativas desta vez?

_____
_____
_____
_____

Se você não pretendia causar o resultado, mas fez algo sabendo que poderia causar consequências ruins (p. ex., dirigir bêbado), pode sentir algum arrependimento. Essa seria uma reação emocional apropriada em uma situação como essa. No entanto, você ainda pode aceitar o fato de que não *teve a intenção* de prejudicar ninguém, e isso não precisa definir quem você é para o resto da sua vida. Qualquer um pode cometer erros ou fazer coisas que gostaria de não ter feito. Ninguém é perfeito, e as pessoas aprendem e mudam com suas experiências.

Se você *pretendia* que o evento acontecesse (p. ex., você machucou alguém de propósito), então pode experimentar culpa — e pode ser compreensível que você sinta culpa por suas ações. Talvez você precise refletir sobre o ocorrido e determinar se houve algum fator que influenciou significativamente sua decisão (p. ex., se você não tinha outras boas opções e a ação tomada parecia ser a melhor maneira de escapar da situação ou permanecer vivo, para salvar outra pessoa ou para sofrer menos danos). Se você pretendia o resultado e não há outros fatos que você tenha omitido da situação, então a culpa pode ser uma emoção apropriada. Logo, você terá que colocar o evento no contexto de toda a sua vida, antes e após esse fato. Você é a mesma pessoa que era na época? Você continuou prejudicando as pessoas de maneira intencional? Isso aconteceu em um momento no qual você estava em circunstâncias extremas e difíceis? Você consegue encontrar maneiras de retribuir à sua comunidade para compensar qualquer dano que tenha causado? Você está vivendo de modo diferente e tomando decisões diferentes agora?

Em sua juventude, Richard vendia drogas para ganhar a vida. Uma noite, ele entrou em uma briga e atirou em alguém quando a situação saiu de controle. Ele acreditava que não tinha outra escolha se não quisesse ser ferido ou mesmo morto. Ele cumpriu pena na prisão e, quando saiu, estava limpo e sóbrio, e então decidiu não voltar para seu antigo bairro e conseguiu um emprego em uma fábrica. Ele ainda sente culpa por sua decisão de atirar no homem. Richard enviou uma carta de desculpas à família do homem e começou a se voluntariar com uma organização local que trabalha com jovens envolvidos com a justiça, na esperança de que sua história pudesse ajudar outras pessoas a decidir seguir um caminho diferente. Richard trabalhou para contextualizar o tiroteio no quadro geral de sua vida e quem ele é agora, e está focado em seguir em frente e viver uma vida da qual sente orgulho agora.

Viés de imprevisibilidade

As pessoas gostam de pensar que podem prever o futuro, e com frequência dizem que "deveriam saber" que seu trauma aconteceria, mas era realmente previsível que o evento se desenrolasse da forma como aconteceu, na época em que aconteceu? Às vezes pensamos com **viés de imprevisibilidade**, olhando para trás, julgando ações passadas com base no que sabemos agora, após o fato ocorrido — ou seja, às vezes as pessoas superestimam sua capacidade de ter previsto um resultado que não poderia ter sido previsto.

Considere as seguintes perguntas:

Você sabia exatamente o que aconteceria e quando, ou isso é um caso imprevisível?

_____
_____
_____
_____

Você acredita que, se algo tivesse sido modificado, o resultado teria sido melhor?

_____

É possível que o evento tenha ocorrido de qualquer maneira, ou até sido pior, se você tivesse feito algo diferente? Explique.

_____
_____
_____
_____

Você estava fazendo algo que vinha fazendo antes ou desde então sem obter um resultado ruim? Descreva tais ações.

_____
_____
_____
_____

Outras pessoas que você conhece fizeram as mesmas coisas sem ter um resultado ruim?

_____
_____
_____
_____

O que você pretendia que acontecesse fazendo o que fez (ou deixando de fazer outra coisa)?

_____
_____
_____
_____

Houve de fato algo que você, de maneira realista, poderia ter feito para interromper ou evitar o evento? Considere não o que você pensa agora, mas o que sabia no momento em que ocorreu, na velocidade com que aconteceu, com as habilidades que tinha então e de acordo com as opções que considerou *na época*.

_____
_____
_____
_____

Qualquer coisa que você tenha pensado depois ou desejado ter feito diferente não conta. Não se trata de não ter considerado isso ou de não poder agir na ocasião. E, se você tinha opções, havia algum motivo para escolher as ações que você fez?

_____
_____
_____
_____

É possível que o resultado pudesse ter sido pior se você não tivesse escolhido a opção que escolheu?

_____
_____
_____
_____

Pensando melhor, você pode imaginar muitas outras coisas que gostaria de ter feito, mas é importante pensar nas circunstâncias do momento. Você poderia realmente tê-las feito? Você está se lamentando injustamente? Não é realista tentar desfazer o evento após sua ocorrência, pensando melhor com o que você sabe agora e que não sabia na época. Antes que isso acontecesse, era improvável que você soubesse o que estava por vir.

Se você ainda está se sentindo travado e percebendo que algo o bloqueia, responda a mais algumas perguntas sobre o evento, como as seguintes:

Quem mais estava presente no momento ou envolvido?
_____
_____
_____
_____

Outras pessoas tiveram participação no evento?
_____
_____
_____
_____

Os outros tiveram intenção de prejudicar você ou uma outra pessoa? Que decisões tomaram na ocasião?
_____
_____
_____
_____

Quais opções você realmente tinha então, se é que tinha? Você tinha alguma boa opção que conhecia, ou apenas opções ruins ou nenhuma opção?
_____
_____
_____
_____

Por que você fez as escolhas que fez, se de fato fez alguma escolha?
_____
_____
_____
_____

Que fatos ou detalhes você está deixando de fora quando se lembra do que ocorreu? Você está esquecendo de atribuir responsabilidade ou culpa a alguém? Você está minimizando o que fez para ajudar a si mesmo ou aos outros? Você está exagerando a respeito de quanto controle tinha?

_____
_____
_____
_____

Também pode ser útil considerar se você está focado em apenas uma parte do motivo pelo qual o evento ocorreu e deixando de fora outros detalhes importantes. Veja o diagrama a seguir como exemplo.

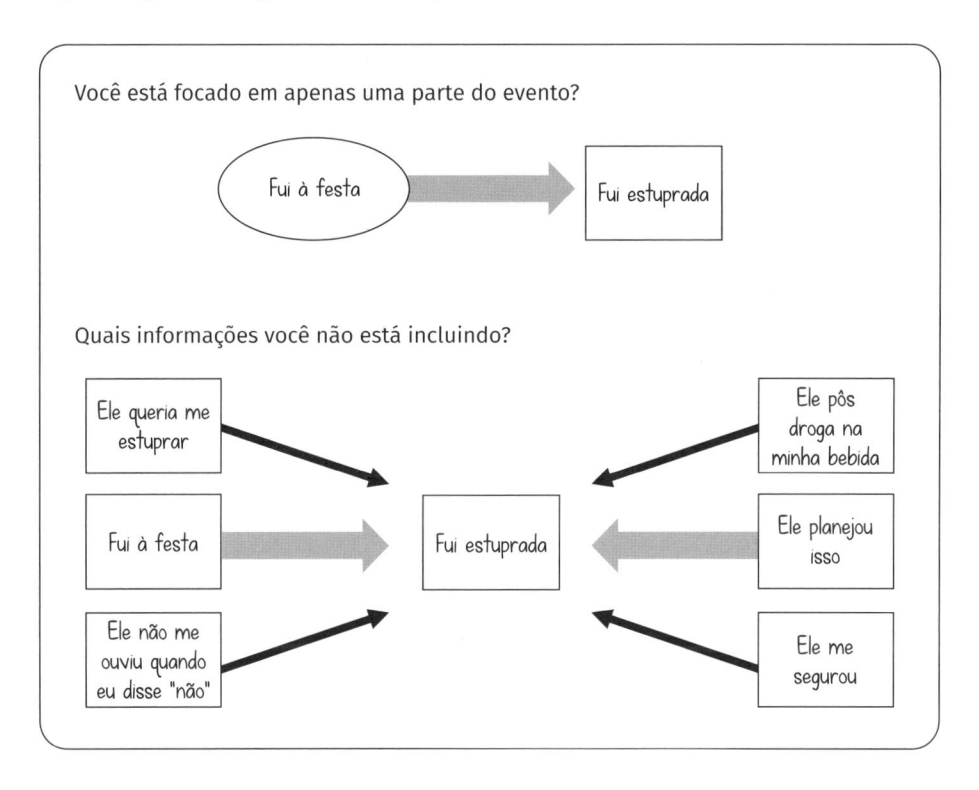

```
Você está focado em apenas uma parte do evento?

        ( Fui à festa ) ──────►  [ Fui estuprada ]

Quais informações você não está incluindo?

 [Ele queria me                              [Ele pôs
   estuprar]        ╲                    ╱   droga na
                     ╲                  ╱    minha bebida]
                      ╲                ╱
 [Fui à festa]  ──────► [Fui estuprada] ◄──── [Ele planejou
                      ╱                ╲       isso]
                     ╱                  ╲
 [Ele não me        ╱                    ╲   [Ele me
  ouviu quando                                segurou]
  eu disse "não"]
```

Perguntas a considerar:

Quanta responsabilidade você está dando a esse fator? Por exemplo, o quanto você está pensando que o trauma aconteceu por causa de algo sobre você ou por causa de algo que você fez ou deixou de fazer?

_____
_____

Que outros fatores estavam envolvidos?

Qual é a melhor explicação para o fato ter acontecido? Qual foi a causa mais direta? Quem teve a intenção?

Reserve um momento para refletir sobre o que você está pensando agora a respeito do seu papel no trauma. Ao considerar os fatos do evento, incluindo o contexto e os papéis dos outros envolvidos, sua perspectiva sobre seu papel no trauma está mudando de alguma forma? Se você estava originalmente se culpando, achando que a culpa era sua, ou que "deveria" ter feito algo diferente, está começando a notar outras maneiras de pensar sobre a situação? Se sim, como é pensar sobre o trauma de forma diferente?

Este é um trabalho importante e difícil, por isso elogiamos os esforços que você está fazendo para pensar nos fatos do trauma e começar a examinar seus pontos de bloqueio. Não se preocupe se ainda está lutando com a culpa ou a autocrítica. Você ainda está no início desse processo, e examinar seus pensamentos é uma habilidade nova. Se você tem evitado pensar sobre o trauma até agora, esta pode ser a primeira vez em muito tempo que você está relembrando os fatos. Pontos de bloqueio podem se tornar hábitos ao longo do tempo e travar você, e mudar nosso pensamento leva tempo. Seja paciente consigo mesmo e continue no processo para tentar estratégias adicionais para ajudá-lo a se destravar.

Examinando o papel dos outros

Às vezes, as pessoas sabem, ou começam a perceber, que o trauma não foi culpa delas, e alguns de seus pontos de bloqueio se concentram no papel dos outros.

É possível que você esteja culpando alguém que não teve a intenção do dano e evitando pensar no verdadeiro agressor (p. ex., "minha mãe deveria saber que meu tio estava abusando de mim quando ele ficou comigo enquanto ela estava no trabalho; eu estava com muito medo de contar para ela, mas ela deveria ter condições de saber" ou "meus amigos deveriam estar cuidando de mim na festa" e "se eles não tivessem me deixado sozinha com ele, isso não teria acontecido"). Um exemplo comum é quando alguém abusado física ou sexualmente quando criança se vê culpando um de seus pais por não protegê-los ("ela não deveria ter me deixado sozinha com ele" ou "minha mãe deveria ter abandonado meu pai abusivo em vez de deixá-lo nos machucar"). Os policiais também podem se encontrar com pontos de bloqueio (como "eles nunca deveriam ter nos enviado para essa operação"). Nessas situações, é importante considerar as informações que você está deixando de fora.

Qual era o contexto? Que informações e recursos estavam disponíveis para esses indivíduos na época?

_____
_____
_____
_____

Que outros fatores podem ter influenciado o que ocorreu?

_____
_____
_____
_____

Quem mais tem responsabilidade ou culpa pelo que aconteceu?

_____
_____
_____
_____

Quem teve a intenção de prejudicar?

_____
_____
_____
_____

Em circunstâncias nas quais outras pessoas não o protegeram de algum dano, pode ser útil considerar as seguintes perguntas:

Havia outros fatores em jogo? Por exemplo, essa pessoa também foi abusada ou intimidada, ou também estava em perigo?

_____
_____
_____
_____

Se eles também estavam em uma situação perigosa, eles de fato tinham os meios para remover você e a si mesmos da situação? Que fatores podem ter dificultado isso?

_____
_____
_____
_____

Se você tem pontos de bloqueio, como "eles deveriam saber o que estava acontecendo/o que aconteceria", pense em quais informações estavam disponíveis para eles. O evento era algo que eles poderiam ter razoavelmente antecipado? Havia uma grande chance de isso acontecer?

_____
_____
_____
_____

Quanta responsabilidade deve ser atribuída a alguém que não seja a pessoa que decidiu fazer o mal *versus* alguém que poderia tê-lo protegido?

_____
_____
_____
_____

Se o trauma foi uma forma de abuso que ocorreu há décadas ou em um lugar diferente, havia os mesmos recursos e conhecimentos sobre abuso infantil ou violência interpessoal disponíveis atualmente? Havia meios e apoio para mudar a situação?

_____
_____
_____
_____

Se eles sabiam e não fizeram nada (ou o suficiente) para parar o abuso, considere que tipos de apoio eles tiveram, os valores sociais da época (p. ex., "varrer para debaixo do tapete", "o que acontece na família é assunto deles") e seus próprios conhecimentos e capacidades. O que você conclui sobre a reação deles?

_____
_____
_____
_____

Se o abusador aliciava (manipulava) você, ele também fazia outras pessoas ignorarem o que estava acontecendo, para não fazerem perguntas, ou as intimidavam ou ameaçavam? Ele tinha autoridade ou poder sobre essas pessoas?

_____
_____
_____
_____

Quem mais tem responsabilidade ou culpa pelo que ocorreu? Você está minimizando o papel do verdadeiro agressor? Quem realmente tinha a intenção de prejudicar ou causar dano?

_____
_____
_____
_____

Esses fatores podem precisar ser considerados, não para criar desculpas para aqueles que poderiam ter protegido você, mas para considerar o contexto mais amplo — assim como você faz ao refletir sobre o que poderia ou deveria ter feito de maneira diferente.

Isso também pode ajudar a dividir a responsabilidade com base nos fatos da situação. Por exemplo, se você acredita que sua mãe é a culpada por não ter impedido o abuso sexual por outro membro da família, os principais fatos podem ser o que ela sabia quando isso aconteceu. Se você não tem 100% de certeza de que ela sabia que o abuso estava ocorrendo, isso pode ter sido imprevisível para ela também naquele momento. Se, eventualmente, você contou para ela que estava sendo abusado e ela não tomou nenhuma atitude para parar o abuso, e ele continuou ocorrendo, então faz sentido atribuir a ela alguma responsabilidade pelo ocorrido. Afinal, você fez a difícil tarefa de contar a alguém o que estava acontecendo, e ela falhou em agir para protegê-lo. No entanto, considerar outros fatores pode ajudá-lo a entender suas ações, mesmo que elas não sejam desculpáveis ou aceitáveis.

Da mesma forma, se você é um policial, pode culpar os outros por coisas relacionadas a uma operação que eles não causaram diretamente. Por exemplo, se você está culpando a liderança por enviar você ou outros colegas em uma missão na qual houve um ataque de bandidos, pode ser útil considerar quem realmente teve a intenção de causar o dano — a liderança ou os criminosos. É importante dividir a culpa e a responsabilidade de acordo com a situação. Se o comando foi realmente negligente, eles podem ter alguma responsabilidade, mas considerar o contexto e quem realmente tomou as ações para prejudicar você ou os outros é fundamental.

Continuando a utilizar a Planilha ABC

Nos próximos dias, continue a utilizar a Planilha ABC (páginas 81 e 82), para examinar os pensamentos do seu Registro de Pontos de Bloqueio (página 64) sobre por que o trauma central aconteceu. Ao completar sua Planilha ABC todos os dias, considere as perguntas deste capítulo quando analisar seus pontos de bloqueio na coluna B.

Agora que você está avaliando um pouco dos seus pensamentos, pode encontrar formas alternativas de pensar sobre o evento. Na próxima versão da Planilha ABC, tente preencher uma parte adicional. A primeira pergunta é se o pensamento na coluna B é realista. Em outras palavras, você sabe com 100% de certeza que o que está escrito na coluna B é um fato, ou pode haver outras maneiras de olhar para isso? Outra pergunta a se fazer é se o pensamento na coluna B é útil. Se seu ponto de bloqueio não é realista ou não é útil, então responda à próxima pergunta: o que você pode dizer a si mesmo em tais ocasiões no futuro? Em outras palavras, se o pensamento em B não é um fato ou não é útil continuar pensando, o que seria mais útil pensar? Por exemplo, em vez de "o abuso foi culpa minha", você pode decidir que "o abuso foi culpa do meu abusador".

Aqui está um exemplo:

A	B	C
Evento ativador "Algo acontece"	Crença/ponto de bloqueio "Eu digo algo a mim mesmo"	Consequência "Eu sinto algo"
Fui agredida como parte de um crime de ódio.	Eu deveria saber que não era para ir àquela parte da cidade.	Zangada comigo mesma

Meus pensamentos na coluna B são *realistas* ou *úteis*? Não, não adianta me culpar.

O que você pode dizer a si mesmo em tais ocasiões no futuro? Eu não sabia que o assalto aconteceria. Minhas ações não causaram a agressão. Os culpados são os agressores. Foram eles que escolheram me machucar.

✎ Tarefa prática

Utilize a Planilha ABC (versão completa), na parte inferior desta página, para se conscientizar da conexão entre eventos, pensamentos e sentimentos. Você também pode baixar e fazer cópias extras dessa versão da Planilha ABC na página do livro em loja.grupoa.com.br. Em seguida, continue preenchendo pelo menos uma planilha por dia até que você tenha trabalhado em todos os seus pontos de bloqueio que o travam sobre por que o trauma aconteceu, ou então por uma semana. Você pode encontrar mais Planilhas ABC nas páginas 107–110. Complete **todas** as planilhas sobre o pior evento traumático (crenças como "eu deveria ter _____" e "a culpa é minha"). Continue a usar o diagrama Identificando as Emoções, na página 73, para ajudá-lo a determinar quais emoções você está sentindo e tente completar as perguntas no parte inferior de cada Planilha ABC, considerando outras maneiras de analisar o evento utilizando as perguntas deste capítulo.

Às vezes, as pessoas querem evitar este ponto, mas você está potencialmente muito perto de fazer mudanças importantes em seu pensamento, que podem fazer você se sentir significativamente melhor, portanto, não pare! Você consegue!

Planilha ABC (versão completa)

A Evento ativador "Algo acontece"	B Crença/ponto de bloqueio "Eu digo algo a mim mesmo"	C Consequência "Eu sinto algo"

Meus pensamentos na coluna B são *realistas* ou *úteis*? _____

O que você pode dizer a si mesmo em tais ocasiões no futuro?
_____
_____

De *Vencendo o transtorno de estresse pós-traumático com a terapia de processamento cognitivo*, de Resick, Stirman e LoSavio. Artmed, 2025. Os compradores deste livro podem baixar cópias adicionais desta planilha na página do livro em loja.grupoa.com.br.

🔧 Solução de problemas

Posso preencher a Planilha ABC sobre outros traumas?
Por que tenho que me ater a um?

É melhor manter um evento-alvo por enquanto. Você está aprendendo habilidades que o ajudarão a reavaliar seus pontos de bloqueio, trabalhando um pouco a cada dia no evento que lhe causa mais sintomas. Pode parecer mais fácil trabalhar primeiro em outro trauma ou evento da vida, mas é importante começar com aquele que lhe causa mais sintomas de TEPT, porque isso, por sua vez, facilitará o trabalho nos outros eventos. Saltar de evento em evento pode retardar seu progresso. Se você trabalha um pouco no trauma-alvo, então pula para outro trauma, isso não lhe dá tanta chance de trabalhar totalmente no trauma-alvo. Na verdade, decidir trabalhar em outro trauma que não seja tão difícil de se pensar pode ser uma forma de evitar pensar e lembrar do trauma-alvo. Se você acredita que fez um bom progresso em seu trauma-alvo e não acredita mais em algumas das coisas que disse a si mesmo sobre por que ele ocorreu, isso é maravilhoso! Ficar com ele um pouco mais poderá ajudá-lo a continuar a consolidar esses ganhos. Mais adiante no programa, uma vez que você tenha trabalhado melhor nos seus pontos de bloqueio sobre o evento-alvo, poderá aplicar as habilidades aos pontos de bloqueio que você tem a respeito de outros traumas.

Percebo que me sinto pior quando estou trabalhando com as planilhas.
Sinto vontade de evitar, fazendo coisas que não ajudam (beber, me ferir).

Sentimentos intensos significam que você não está mais evitando, o que é um passo importante em sua recuperação. É uma coisa boa, não ruim, se você está sentindo emoções naturais, como tristeza pelo que ocorreu, pavor que você sentiu ou raiva de um agressor. É tentador evitar e perseguir seus hábitos de evitação e de enfrentamento (mas inúteis e potencialmente prejudiciais). Lembre-se de que a intensidade de suas emoções naturais é temporária. Entre em contato com alguém que seja solidário e prestativo e avise-o que você está trabalhando nisso, ou substitua por uma estratégia de enfrentamento mais saudável (exercício, leitura ou assistir a algo de que você goste), desde que dê a si mesmo algum tempo para sentir as suas emoções.

Por exemplo, sempre que Cynthia passava um tempo trabalhando na Planilha ABC, ela notava que queria beber uma taça de vinho. Ela sabia que isso a ajudaria a ficar embotada e deixar os sentimentos menos intensos, e essa era sua estratégia de evitação. Cynthia decidiu colocar o vinho que tinha em sua casa em uma caixa na garagem, para que fosse mais difícil entrar no "piloto automático" e beber uma taça. Ela planejou algumas atividades que poderia fazer logo após completar suas planilhas. Em certos dias, ela se encontrava com um amigo solidário para passear. Em outros, decidiu trabalhar em um projeto de artesanato ou arrancar o mato em seu quintal.

Planilhas ABC (versão completa)

A Evento ativador "Algo acontece"	B Crença/ponto de bloqueio "Eu digo algo a mim mesmo"	C Consequência "Eu sinto algo"

Meus pensamentos na coluna B são *realistas* ou *úteis*? _____

O que você pode dizer a si mesmo em tais ocasiões no futuro?
_____
_____

A Evento ativador "Algo acontece"	B Crença/ponto de bloqueio "Eu digo algo a mim mesmo"	C Consequência "Eu sinto algo"

Meus pensamentos na coluna B são *realistas* ou *úteis*? _____

O que você pode dizer a si mesmo em tais ocasiões no futuro?
_____
_____

(Continua)

De *Vencendo o transtorno de estresse pós-traumático com a terapia de processamento cognitivo*, de Resick, Stirman e LoSavio. Artmed, 2025. Os compradores deste livro podem baixar cópias adicionais desta planilha na página do livro em loja.grupoa.com.br.

Planilhas ABC (versão completa)

A Evento ativador "Algo acontece"	B Crença/ponto de bloqueio "Eu digo algo a mim mesmo"	C Consequência "Eu sinto algo"

Meus pensamentos na coluna B são *realistas* ou *úteis*? _____

O que você pode dizer a si mesmo em tais ocasiões no futuro?

_____

_____

A Evento ativador "Algo acontece"	B Crença/ponto de bloqueio "Eu digo algo a mim mesmo"	C Consequência "Eu sinto algo"

Meus pensamentos na coluna B são *realistas* ou *úteis*? _____

O que você pode dizer a si mesmo em tais ocasiões no futuro?

_____

_____

(Continua)

Planilhas ABC (versão completa)

A Evento ativador "Algo acontece"	B Crença/ponto de bloqueio "Eu digo algo a mim mesmo"	C Consequência "Eu sinto algo"

Meus pensamentos na coluna B são *realistas* ou *úteis*? _____

O que você pode dizer a si mesmo em tais ocasiões no futuro?

_____

_____

A Evento ativador "Algo acontece"	B Crença/ponto de bloqueio "Eu digo algo a mim mesmo"	C Consequência "Eu sinto algo"

Meus pensamentos na coluna B são *realistas* ou *úteis*? _____

O que você pode dizer a si mesmo em tais ocasiões no futuro?

_____

_____

(Continua)

Planilhas ABC (versão completa)

A Evento ativador "Algo acontece"	B Crença/ponto de bloqueio "Eu digo algo a mim mesmo"	C Consequência "Eu sinto algo"

Meus pensamentos na coluna B são *realistas* ou *úteis*? _____

O que você pode dizer a si mesmo em tais ocasiões no futuro?
_____
_____

Essas atividades deram a Cynthia algum tempo para sentir as emoções que as planilhas traziam, mas então ela notou que sua atenção se voltava para o que ela estava fazendo no momento. Em pouco tempo, ficou mais fácil fazer as planilhas sem recorrer a uma taça de vinho.

Se você está sentindo emoções fabricadas, como culpa e vergonha, devido ao viés de retrospectiva, ou culpando-se por algo que você não poderia ter controlado de maneira realista, é exatamente por isso que estamos pedindo que você preencha as planilhas. Consulte as perguntas deste capítulo para ajudá-lo a analisar mais de perto os pensamentos por trás dessas emoções. Quando olha para os fatos, você percebe que suas emoções mudam? Após processar e resolver seu evento-alvo, você consegue notar que sua angústia começa a diminuir.

Estou ficando irritado, e minha família e meus amigos disseram que se isso está me deixando chateado, talvez eu deva parar.

Você está irritado porque está sentindo emoções naturais, ou está frustrado por ser difícil enfrentar o que tem pensado e sentido a respeito do seu evento-alvo? Explique à sua família que você está experimentando emoções que evitou desde que os traumas ocorreram, mas que elas são temporárias. O comportamento irritado é, na verdade, um sintoma do TEPT, e agora você está trabalhando em sua redução. Pode ser útil explicar a razão dessa abordagem para pessoas próximas a você e pedir o apoio delas para enfrentar o trauma, em vez de evitá-lo. Dar a elas algumas informações sobre o TEPT poderá ajudá-las a entender como apoiá-lo. O vídeo do National Center for PTSD *What is PTSD?* (o que é TEPT?) (*https://bit.ly/3zsRvTL*), indicado no Capítulo 4, pode ser uma boa coisa para lhes mostrar, e você pode oferecer a eles o folheto chamado "Apoiando seu ente querido durante a TPC", no Apêndice deste livro.

Entendo o que significam todas as perguntas feitas neste capítulo, mas ainda sinto que o evento traumático é culpa minha.

Você está apenas começando a olhar para seus pensamentos, por isso, é absolutamente normal se você ainda sente que seus pontos de bloqueio são verdadeiros. Você terá muitas outras oportunidades de continuar examinando as evidências disso nas próximas semanas. À medida que avança, se você ainda estiver se sentindo travado (bloqueado), pode ser útil pensar no seguinte: por que a culpa deve ser sua? Por que é importante que você se agarre à ideia de que a culpa deve ser sua? O que significaria se o evento fosse imprevisível ou se alguém tivesse a intenção (de falha e culpa)? É uma ideia assustadora? Isso significa que você não tem controle total sobre eventos futuros? Infelizmente, nenhum de nós tem. Todos nós temos algum controle, mas não o controle total. (Você trabalhará mais sobre esses tópicos mais adiante no livro.) Significaria algo assustador ou difícil de aceitar, sobre um agressor cujo papel você minimizou antes, se reconhecesse seu papel e sua responsabilidade pelo que ocorreu? Suas respostas a essas perguntas podem sugerir outros pensamentos para acrescentar em seu Registro de Pontos de Bloqueio e trabalhar em seguida.

E se eu entender que o trauma não foi culpa minha?

É ótimo se o trabalho que você fez o levou a um ponto de entender que seu trauma não foi culpa sua. Ou talvez você sempre soubesse disso de alguma forma, mesmo que "parecesse" o oposto. A pergunta a se fazer então é: "por que o evento ainda está me assombrando?" Olhe para seus sintomas na Lista de Verificação do TEPT e pergunte-se por que você os tem. Você tem um ponto de vista sobre justiça, como "coisas assim não deveriam acontecer" ou "não é justo que isso tenha acontecido comigo"? Se você está sentindo fortes emoções relacionadas à situação que você escreveu na coluna A, pergunte-se por que você está tão zangado (ou triste, humilhado, assustado, etc.). Tente preencher o espaço em branco: "Estou me sentindo [*emoção*] porque _____
_____."

A resposta é o pensamento que deve ser escrito na coluna B. Mesmo que você não tenha um ponto do bloqueio que o trava sobre a culpa, pode preencher uma Planilha ABC a respeito do evento. Talvez você sinta uma emoção natural relacionada ao evento. Você se deixou experimentar as emoções naturais? O que o impede de fazer isso? Pode haver um ponto de bloqueio como "se me permitir sentir angústia e tristeza pelo que ocorreu, não serei capaz de lidar com isso" ou "se me permitir reconhecer e sentir o medo que experimentei durante o trauma, vou desmoronar totalmente". Nesse caso, inclua-os em seu Registro de Pontos de Bloqueio. Você aprenderá ferramentas para resolver esses pontos ao longo dos próximos capítulos.

Analisando sua Planilha ABC

Como foi preencher a versão completa da Planilha ABC sobre a experiência traumática? Você conseguiu preencher a parte inferior da planilha e ver outras maneiras de enxergar a situação? Se você teve problemas com isso, volte à parte anterior para considerar o contexto, o que você sabia na época, quanto controle você tinha e qual era sua intenção. Veja se você pode encontrar algo mais factual para dizer, mesmo que não acredite 100% nisso agora.

CRENÇAS SOBRE JUSTIÇA

Talvez alguns de seus pontos de bloqueio sejam sobre justiça — por exemplo, "coisas assim não deveriam acontecer com crianças inocentes" ou "eu devo ter feito algo para merecer isso". Lembre-se de que esses tipos de pensamentos são exemplos da crença do mundo justo, a ideia de que o mundo é justo. Como a maioria de nós foi ensinada a pensar dessa forma, quando algo dá errado, nosso primeiro instinto pode ser descobrir o que fizemos de errado para causar isso, supondo que coisas ruins acontecem (como punição) apenas quando você fez algo "errado" ou foi "mau", ou podemos ter crenças sobre como o mundo "deveria" funcionar, supondo que as coisas sejam justas.

Se você completou uma Planilha ABC acreditando que o mundo é justo, que "aconteceu como punição" ou "eu devo ter sido ruim", ou se você tiver algum ponto de bloqueio como esses em seu registro, considere o seguinte:

Essa crença, ou o que ela implica, é sempre verdadeira? Por exemplo, as pessoas sempre recebem o que merecem? A vida é sempre justa?

_____
_____
_____
_____

Que exceções você pode pensar? Considere, por exemplo, coisas que você ouviu de outras pessoas ou histórias que ouviu relatadas na mídia.

_____
_____
_____
_____

Se você está achando que fez algo para merecer o que aconteceu... o que você fez para merecê-lo? (Sua resposta a seguir pode ser algo para colocar no Registro de Pontos de Bloqueio, na página 64, para ser considerado com mais cuidado.)

_____
_____
_____
_____

O resultado que você experimentou é *sempre* a consequência quando as pessoas fazem o que você fez? Você pode listar alguma exceção?

_____
_____
_____
_____

Ao "'crime' cabe a punição"? Isso parece uma consequência razoável para o que você fez ou deixou de fazer? Explique por que ou por que não.

_____
_____
_____
_____

Há outras possíveis explicações para o porquê de o trauma ter acontecido?

_____
_____
_____
_____

Sobre o tema justiça, por favor, lembre-se de que a justiça não existe na natureza. Se você já assistiu a um espetáculo da natureza, provavelmente já aprendeu muito. Por exemplo, animais matam outros animais. Isso pode ser "justo" para o animal que precisa comer, mas não parece "justo" para o que foi morto. Como seres humanos, estabelecemos regras e leis na tentativa de fazer com que as pessoas se comportem de maneiras que não prejudiquem umas às outras. Em alguns momentos, funciona, em outros, não, pois as pessoas têm livre-arbítrio e podem desobedecer às leis. Outras vezes, os traumas não acontecem por um "bom motivo". Eles simplesmente acontecem. O mundo não é naturalmente justo, mas podemos ter sorte em algumas ocasiões e, em outras, não. Nem sempre você recebe uma multa se ultrapassa o limite de velocidade, mas pode receber em algum momento. Às vezes, você não está fazendo nada de errado, mas algo terrível acontece mesmo assim.

PERCEBENDO MUDANÇAS NAS EMOÇÕES

Se você foi capaz de reconsiderar algum de seus pontos de bloqueio, o que notou que está acontecendo com suas emoções? Mudaram de alguma forma? Com frequência, quando mudamos o que dizemos para nós mesmos, nossas emoções também mudam.

>O marido de Adina a agrediu na frente da filha. No início, ela estava pensando consigo mesma: "eu não deveria tê-lo provocado; a culpa foi minha por minha filha ter visto ele me bater". Esses pensamentos a fizeram sentir vergonha. No entanto, Adina utilizou as habilidades apresentadas anteriormente, considerando qual foi sua intenção, examinando melhor e identificando outros fatores.
>
>**Intenção.** Adina concluiu o seguinte: "não foi minha intenção ser agredida ou deixar meu marido com raiva; minha intenção foi fazer uma pergunta ao meu marido, para ajudar nossa filha".
>
>**Retrospectiva.** Adina refletiu que seu pensamento de que "não deveria ter provocado" seu marido fazendo uma pergunta a ele tinha viés retrospectivo, pois ela estava olhando para trás, questionando suas ações com base no que agora sabe que aconteceu depois. No entanto, na época, ela não sabia que o marido iria agredi-la. Na verdade, ele nunca a havia agredido na frente da filha antes. Ela também percebeu que, mesmo que não tivesse feito uma pergunta a ele, ele poderia tê-la agredido na frente da filha por causa do seu estado de humor naquele dia, ou em outro momento. Como ela lembrou, às vezes ele perdia a paciência inesperadamente, e ela não podia prever quando isso aconteceria.
>
>**Considerando outros fatores.** Adina também percebeu que estava se concentrando em apenas um fator em seu pensamento sobre o trauma: que ela havia feito uma pergunta que "provocou" seu marido. No entanto, ela percebeu que esse não era o único fator. Muitas mulheres fazem perguntas aos maridos e não são agredidas. O que causou a agressão foi que o marido optou por agredi-la. Ao considerar o papel do marido na agressão, ela tirou a responsabilidade de si mesma. Ela reconheceu que outros casais têm desavenças e fazem perguntas um ao outro sem abusos, então não era justo acreditar que essas coisas causaram o abuso.
>
>Como resultado, Adina decidiu que não era realista ou útil continuar se culpando. Ela criou um novo pensamento alternativo com base nas evidências. Sua Planilha ABC ficou assim:

A Evento ativador "Algo acontece"	B Crença/ponto de bloqueio "Eu digo algo a mim mesmo"	C Consequência "Eu sinto algo"
Ele me bateu na frente da minha filha.	Eu não deveria tê-lo provocado.	Envergonhada

Meus pensamentos na coluna B são *realistas* ou *úteis*? <u>Não, nem realistas nem úteis.</u>

O que você pode dizer a si mesmo em tais ocasiões no futuro? <u>Foi meu marido que escolheu me bater. Não foi essa a minha intenção, então a culpa não é minha.</u>

Quando Adina considerou essa mudança de pensamento, percebeu que sua emoção mudou. Se antes ela se sentia bastante envergonhada, agora se sentia menos. Ela também começou a notar que, em vez de vergonha, agora sentia mais tristeza, e até raiva do marido. Na verdade, essas são emoções naturais. Elas não estão vindo de pontos de bloqueio sobre o evento, como *deveria–poderia–faria* ou *se eu fizesse isso...* Elas estão vindo da realidade do evento, a de que o marido escolheu bater nela. Qualquer pessoa se sentiria triste ou irritada pensando que seu parceiro escolheu bater nela e que, ao fazê-lo, expôs uma criança a algo assustador e difícil de compreender. Também faz sentido sentir raiva de um agressor. À medida que Adina se permite sentir essas emoções, elas diminuem de maneira natural com o tempo e contribuem para sua recuperação.

Volte às suas Planilhas ABC preenchidas sobre o trauma (páginas 107–110) e observe se suas emoções mudam quando você diz a si mesmo algo diferente do ponto de bloqueio na coluna B. Há uma diminuição da emoção fabricada na coluna C? Você sente alguma emoção natural diferente? Se você está sentindo emoções naturais, como tristeza porque o evento aconteceu ou porque não conseguiu evitá-lo, permita-se sentir essas emoções. Lembre-se de que as emoções naturais não duram para sempre na mesma intensidade se você se permitir senti-las. Você não precisa fazer nada para parar as emoções naturais. Basta sentar-se e senti-las. Sentir raiva não significa que você precisa fazer algo. Se você ainda está sentindo emoções como culpa, vergonha, arrependimento ou raiva de si mesmo — emoções fabricadas que vêm do ponto de bloqueio na coluna B —, vai querer continuar trabalhando para olhar para as evidências. Não se preocupe se você ainda acredita em seus pontos de bloqueio, pois ainda está aprendendo uma habilidade nova. No restante deste livro, você continuará trabalhando no exame das evidências para seus pontos de bloqueio.

* * *

Continue acompanhando suas pontuações de sintomas da Lista de Verificação do TEPT. Você continua traçando seu progresso utilizando o Gráfico para acompanhar suas pontuações semanais, na página 29? Se não, pode querer fazê-lo agora. Muitas pessoas que fazem a TPC começam a se sentir melhor nesse momento do programa. Se sua pontuação de sintomas continua alta, não se preocupe. Ainda há muito tempo para se beneficiar, e nem todos melhoram no mesmo ritmo. Fique atento à evitação e certifique-se de que ela não está atrapalhando seu progresso.

Courtney notou que suas pontuações não haviam diminuído e, no início, ficou desanimada. No entanto, após pensar um pouco, ela voltou aos dois capítulos anteriores para procurar obstáculos ao seu progresso. Ela reconheceu que costumava não se concentrar no evento-alvo. Era mais fácil trabalhar em eventos do dia a dia. Ela também notou que não estava preenchendo uma planilha todos os dias. Depois que ela voltou e leu esses capítulos mais uma vez, conseguiu ver que seus sintomas começavam a melhorar quando se concentrava no trauma-alvo e preenchia as planilhas com mais frequência.

Lista de Verificação do TEPT

Preencha a Lista de Verificação do TEPT para acompanhar seus sintomas enquanto lê este livro. Não se esqueça de preencher esta medição com base no mesmo evento central todas as vezes. Quando as instruções e as perguntas se referirem a uma "experiência estressante", lembre-se de que esse é o seu evento central — o pior evento, no qual você está trabalhando primeiro.

Escreva aqui o trauma em que você está trabalhando primeiro: _____

Preencha esta Lista de Verificação do TEPT com referência a esse evento.

Instruções: A seguir está uma lista de problemas que as pessoas às vezes têm em resposta a uma experiência muito estressante. Por favor, leia cada problema com atenção e, em seguida, circule um dos números à direita para indicar o quanto você foi incomodado por esse problema **no último mês**.

No último mês, quanto você foi incomodado por:	De modo nenhum	Um pouco	Moderadamente	Muito	Extremamente
1. Lembranças indesejáveis, perturbadoras e repetitivas da experiência estressante?	0	1	2	3	4
2. Sonhos perturbadores e repetitivos com a experiência estressante?	0	1	2	3	4
3. De repente, sentindo ou agindo como se a experiência estressante estivesse, de fato, acontecendo de novo (como se *você estivesse revivendo-a, de verdade, lá no passado*)?	0	1	2	3	4
4. Sentir-se muito chateado quando algo lembra você da experiência estressante?	0	1	2	3	4
5. Ter reações físicas intensas quando algo lembra você da experiência estressante (*por exemplo, coração apertado, dificuldade para respirar, suor excessivo*)?	0	1	2	3	4
6. Evitar lembranças, pensamentos, ou sentimentos relacionados à experiência estressante?	0	1	2	3	4
7. Evitar lembranças externas da experiência estressante (*por exemplo, pessoas, lugares, conversas, atividades, objetos ou situações*)?	0	1	2	3	4
8. Não conseguir se lembrar de partes importantes da experiência estressante?	0	1	2	3	4
9. Ter crenças negativas intensas sobre você, outras pessoas ou o mundo (*por exemplo, ter pensamentos tais como: "Eu sou ruim", "existe algo seriamente errado comigo", "ninguém é confiável", "o mundo todo é perigoso"*)?	0	1	2	3	4

(Continua)

(Continuação)

No último mês, quanto você foi incomodado por:	De modo nenhum	Um pouco	Moderadamente	Muito	Extremamente
10. Culpar a si mesmo ou aos outros pela experiência estressante ou pelo que aconteceu depois dela?	0	1	2	3	4
11. Ter sentimentos negativos intensos como medo, pavor, raiva, culpa ou vergonha?	0	1	2	3	4
12. Perder o interesse em atividades que você costumava apreciar?	0	1	2	3	4
13. Sentir-se distante ou isolado das outras pessoas?	0	1	2	3	4
14. Dificuldades para vivenciar sentimentos positivos (*por exemplo, ser incapaz de sentir felicidade ou sentimentos amorosos por pessoas próximas a você*)?	0	1	2	3	4
15. Comportamento irritado, explosões de raiva ou agir agressivamente?	0	1	2	3	4
16. Correr muitos riscos ou fazer coisas que podem lhe causar algum mal?	0	1	2	3	4
17. Ficar "super" alerta, vigilante ou de sobreaviso?	0	1	2	3	4
18. Sentir-se apreensivo ou assustado facilmente?	0	1	2	3	4
19. Ter dificuldades para se concentrar?	0	1	2	3	4
20. Problemas para adormecer ou continuar dormindo?	0	1	2	3	4

Calcule a soma e a escreva aqui: _____

Extraído de PTSD Checklist for DSM-5 (PCL-5), de Weathers, Litz, Keane, Palmieri, Marx e Schnurr (2013). Disponível no National Center for PTSD, em www.ptsd.va.gov; em domínio público. Adaptação no Brasil: Lima Osório, F., Da Silva, T. D. A., Santos, R. G., Chagas, M. H. N., Chagas, N. M. S., Sanches, R. F., & De Souza Crippa, J. A. (2017). Posttraumatic stress disorder checklist for DSM-5 (PCL-5): Transcultural adaptation of the Brazilian version. *Revista de Psiquiatria Clínica*, 44(1), 10–19. https://doi.org/10.1590/0101-60830000000107. Reproduzido em *Vencendo o transtorno de estresse pós-traumático com a terapia de processamento cognitivo*. Os compradores deste livro podem baixar cópias adicionais desta planilha na página do livro em loja.grupoa.com.br.

8

Lista de Perguntas Exploratórias

Você está tendo um grande progresso ao aprender os primeiros passos para vencer o TEPT. Continue assim, e é provável que você veja uma redução em seus sintomas nas próximas semanas. Você já começou a examinar seus pensamentos sobre por que seu evento traumático mais angustiante aconteceu. Você percebeu que o que diz a si mesmo sobre o evento traumático pode ter um grande impacto em como você se sente. Ao trabalhar os pontos de culpa direcionadas para si próprio que levam a emoções fabricadas, essas emoções podem se tornar muito menos intensas ou até mesmo mudar completamente. É importante ressaltar que você aprendeu a considerar o contexto, a decidir se o evento era previsível e evitável, e a descobrir quais pessoas e fatores realmente mais contribuíram para o evento. Você pode ter começado a reconsiderar suas ideias sobre seu próprio papel no evento.

Este capítulo ensina a como utilizar a Lista de Perguntas Exploratórias, nas páginas 120 e 121. Você também pode baixar uma versão em única página dessa lista na página do livro em loja.grupoa.com.br e fazer cópias para preencher digitalmente ou em papel. Essa lista poderá ajudá-lo a olhar ainda mais de perto para o que você está dizendo a si mesmo sobre o trauma. (Observe que há mais espaço do que pode precisar na cópia incluída neste livro.) Ela também pode ajudá-lo a pensar sobre outras situações, mas, neste ponto da TPC, certifique-se de que você continua gastando algum tempo de prática todos os dias trabalhando em seus pontos de bloqueio sobre por que o evento traumático aconteceu.

ORIENTAÇÃO PARA PREENCHIMENTO DA LISTA DE PERGUNTAS EXPLORATÓRIAS

Para completar a Lista de Perguntas Exploratórias, primeiro você escolherá um dos pontos de bloqueio em seu registro para trabalhar, de preferência um sobre o evento traumático em si, que gera fortes emoções. Se você tiver algum ponto de bloqueio sobre o motivo de o evento ter acontecido, como coisas que você "deveria" ter feito de forma diferente, ou maneiras pelas quais ele poderia ter sido evitado, escolha

Lista de Perguntas Exploratórias

Aqui está uma lista de perguntas a serem usadas para ajudá-lo a explorar seus pontos de bloqueio. Nem todas as perguntas serão apropriadas para a crença/o ponto de bloqueio que você escolher examinar, e não sinta que precisa preencher todo o espaço reservado. Responda o máximo de perguntas que puder para a crença/o ponto de bloqueio que você escolheu explorar a seguir.

Crença/ponto de bloqueio: _____
_____

1. Qual é a evidência contra esse ponto de bloqueio?

2. Quais informações você não está incluindo sobre seu ponto de bloqueio?

3. De que modo seu ponto de bloqueio inclui termos de tudo ou nada (como "todos", "nunca") ou afirmações extremas (como "preciso", "deveria", "devo", "não posso" e "sempre")?

(Continua)

De *Vencendo o transtorno de estresse pós-traumático com a terapia de processamento cognitivo*, de Resick, Stirman e LoSavio. Artmed, 2025. Os compradores deste livro podem baixar cópias adicionais desta lista na página do livro em loja.grupoa.com.br.

Lista de Perguntas Exploratórias *(página 2 de 2)*

4. De que forma seu ponto de bloqueio está superfocado em apenas uma parte do evento?

5. De que modo a fonte de informação para esse ponto de bloqueio é questionável?

6. De que forma seu ponto de bloqueio está confundindo algo possível com algo improvável?

7. De que maneira seu ponto de bloqueio é baseado em sentimentos, e não em fatos?

um desses e escreva-o no topo da planilha, onde aparece "Crença/ponto de bloqueio". Vamos utilizar o exemplo "a culpa é minha pelo que aconteceu" para ajudar a orientá-lo nas perguntas. Se esse é um ponto de bloqueio no qual você acredita, você pode preencher uma planilha sobre isso. Se esse não for um dos seus pontos de bloqueio, escolha outro relacionado ao motivo pelo qual o evento aconteceu e siga com as instruções e os exemplos a seguir para ajudá-lo a responder a cada uma das perguntas, assim como faria com esse ponto de bloqueio. Nem todas as perguntas corresponderão ao ponto de bloqueio que você escreveu no topo da sua planilha. Tente responder o máximo de perguntas que puder. Além disso, em vez de apenas dizer "sim" ou "não", anote detalhes suficientes para que você possa olhar para trás mais tarde e entender por que a resposta é sim ou não.

Agora, vamos olhar para cada pergunta na lista, o que elas estão perguntando e o que você pode escrever, utilizando "a culpa é minha pelo que aconteceu" como exemplo.

Pergunta 1. Qual é a evidência contra esse ponto de bloqueio? Em outras palavras, que informações sugerem que isso não é verdade? Para essa pergunta, pense em um tribunal. Quais são os fatos? Por exemplo, há evidências factuais reais de que o evento é culpa sua, que você o causou intencionalmente? Considere se há alguma informação contrária ao seu ponto de bloqueio. Olhe para cada palavra em seu ponto de bloqueio e pense sobre o que esse ponto implica. Por exemplo, se você disse: "a culpa é minha que isso tenha acontecido", há uma palavra oculta ou implícita na frase, como *toda*? Será que a culpa é *toda* sua? A culpa é sua (você planejou e pretendeu o resultado)? É importante reservar as palavras *culpa* e *falha* e a emoção *culpado* apenas para aqueles eventos que você intencionalmente causou. Há alguém que desempenhou um papel ou que pretendeu o resultado? Se sim, a culpa não é toda sua (ou talvez nem seja sua). Se você não pretendia o resultado, então é hora de parar de utilizar a palavra *culpa* ou *falha* automaticamente, como um mau hábito, sem pensar de maneira cuidadosa se essas palavras realmente se aplicam. Todos nós desenvolvemos hábitos em nosso pensamento como formas de dar sentido às informações que nos aparecem de modo mais eficiente, mas, às vezes, esses "atalhos" deixam de fora informações importantes. Toda vez que achar que algo é culpa sua, pergunte a si mesmo se pretendia um resultado ruim. Nesse caso, você pode escrever "eu não pretendi" ou "[fulano] foi quem pretendeu" ou "foi um acidente; ninguém pretendia".

Pergunta 2. Quais informações você não está incluindo sobre seu ponto de bloqueio? Quando você pensa no ponto de bloqueio, o que está omitindo? Às vezes, quando você tem TEPT, tem uma visão em túnel. Você faz um *flashback* para uma única imagem e perde o restante do contexto. Você esquece o papel dos outros ou não pensa no que poderia ou não ter sabido ou feito na ocasião. Por exemplo, pegando o ponto de bloqueio "a culpa é minha pelo que aconteceu", você poderia se colocar de volta no tempo e olhar para a história completa do que ocorreu, incluindo todos os diferentes fatores que estavam em jogo. Por exemplo, alguém abusado sexualmente pode se culpar porque não revidou ou não disse "não". Outros detalhes a serem considerados, que podem ficar de fora: quantos anos você tinha? Quais eram suas habilidades e seus conhecimentos na época? Você sabia como prevenir ou impedir o que estava acontecendo? Tinha capacidade física para isso? Com que rapidez o evento ocorreu e quais opções você realmente tinha? Será que você tentou parar ou impedir, mas sem ser bem-sucedido? Se você pensou em algo depois, que acha que poderia ou deveria ter feito, isso não conta. Lembre-se de que, se estivesse tendo uma reação de luta, fuga ou congelamento, seria impossível pensar em todas as opções possíveis com clareza. Outras alternativas que podem parecer boas em retrospectiva (como lutar, lutar mais, ou não seguir um protocolo estabelecido) poderiam realmente ter levado a maiores danos ou lesões. Que informações você está omitindo da história quando relata o seu ponto de bloqueio? Isso afeta sua avaliação de que a culpa é sua?

Pergunta 3. De que modo seu ponto de bloqueio inclui termos de tudo ou nada (como "todos", "nunca") ou afirmações extremas (como "preciso", "deveria", "devo", "não posso" e "sempre")?

Aqui você deve ficar atento a palavras ou frases excessivamente simplificadas ou extremas. Por exemplo, se você está dizendo a si mesmo que a culpa é *toda* sua, mesmo que o "toda" não seja declarado explicitamente, mas de forma implícita, esse seria um termo de tudo ou nada. Se o seu ponto de bloqueio inclui palavras como *sempre, nunca, todos* ou *ninguém*, por exemplo, esses seriam termos de tudo ou nada. Percebe como não há meios-termos? É como se houvesse apenas duas opções, como "ou sou perfeito ou sou um fracasso". No pensamento de tudo ou nada, não há exceções, mas, na verdade, se há mesmo uma exceção ao seu ponto de bloqueio, ele não é verdadeiro.

É possível que o ponto de bloqueio que você está avaliando não tenha apenas duas categorias. No entanto, você pode usar palavras muito exigentes, como *deveria* ou *deve*, que são outras formas de pensamento rígido. Por exemplo, se você acredita que "deveria" ter sido capaz de se proteger de danos, essa é uma forma extrema ou exagerada de pensar, pois você está deixando de fora a possibilidade de que possa acontecer algo inevitável e sobre o qual você não tem controle. Acreditar que algo "sempre" acontecerá ou "nunca" acontecerá também pode ser uma afirmação extrema, que precisa ser examinada mais de perto. Até a palavra *culpa* é extrema ou exagerada se você de fato não pretendia o resultado.

Pergunta 4. De que forma seu ponto de bloqueio está superfocado em apenas uma parte do evento? Esta pergunta é semelhante à pergunta 2, questionando se você está considerando todo o evento. Pergunte-se se você está se concentrando demais em algum pequeno detalhe do evento. Por exemplo, se o ponto de bloqueio fosse "a culpa foi minha porque eu bebi demais", uma pergunta a se fazer seria se você está se concentrando apenas na sua escolha de beber. Havia outros fatores em jogo? Você ou outras pessoas já fizeram a mesma coisa sem o resultado que ocorreu durante o evento traumático (p. ex., beber sem ser agredido, pegar um atalho para o trabalho sem se envolver em um acidente de carro ou discutir com alguém sem ser ameaçado fisicamente)? Outras pessoas estavam envolvidas no evento (p. ex., a bebida foi mesmo relevante para a ocorrência do evento, ou havia outros fatores, como a intenção do autor em um assalto, ou as condições da estrada, ou o que outros motoristas estavam fazendo em um acidente de carro que desempenhou um papel maior ou mais importante)?

Pergunta 5. De que modo a fonte de informação para esse ponto de bloqueio é questionável? Esta pergunta está pedindo que você pense de onde tirou essa ideia. Por exemplo, alguém que teve o ponto de bloqueio "a culpa é minha pelo que aconteceu" pode considerar que começou a pensar assim depois que alguém que soube do trauma o culpou. Ou talvez o agressor possa ter dito: "foi você que me fez fazer isso". Você disse esse ponto de bloqueio para si mesmo no momento do trauma? Foi algo que você pensou mais tarde ao tentar entender por que o trauma aconteceu? Alguém lhe disse isso? Você já tinha essa crença antes mesmo do evento traumático? Fazia parte da crença de um mundo justo? Se alguém disse que a culpa era sua, considere a fonte. Essa pessoa tinha todos os fatos? Ela poderia ter algum outro motivo (como querer acreditar que ela poderia evitar que a mesma coisa acontecesse, fazendo algo diferente)? Se a pessoa que abusou de você quando criança lhe disse que a culpa era sua ("se você tivesse se comportado melhor, eu não teria que usar o cinto para lhe ensinar uma lição"), há outras razões pelas quais ela possa querer que você acredite que a culpa foi sua, e não dela? Ela é uma fonte equilibrada e imparcial sobre o assunto?

Se você mesmo criou a crença, quando e em quais circunstâncias a criou? Foi em consequência do trauma, quando estava angustiado? Você estava tentando entender o que aconteceu ou desfazê-lo mentalmente de alguma forma? Você era jovem demais e entendeu o que aconteceu por meio da crença do mundo justo, pois não foi capaz de identificar todos os fatores mais complexos em jogo naquilo que aconteceu? Lembre-se de que a crença no mundo justo é quando as pessoas dizem que, se algo ruim acontece com alguém, é porque elas não foram cuidadosas o suficiente ou fizeram algo "errado". Considere se a crença do mundo justo é uma fonte 100% verdadeira e confiável de informações sobre esse ponto de bloqueio. A crença no mundo justo é sempre verdadeira? Se há momentos nos quais não é verdade, essa é uma fonte questionável. Ou, pensando melhor, a crença vem de você? Lembre-se de que a retrospectiva não é uma fonte confiável porque é baseada no que você sabe agora, não no que você sabia na época. Você considerou a ideia com cuidado, considerando todos os fatos, ou ela foi baseada mais em emoções? Se o ponto de bloqueio não é baseado em fatos, então é uma fonte questionável. Isso não significa que você é uma pessoa ou uma fonte questionável — significa apenas que as circunstâncias que levaram àquela crença em específico podem ter sido questionáveis (se você estava emocionalmente angustiado, apenas tentando entender, se a inventou quando era muito mais jovem, etc.).

Pergunta 6. De que forma seu ponto de bloqueio está confundindo algo possível com algo improvável? Essa pergunta geralmente é útil quando você se sente ansioso ou com medo de possíveis eventos futuros. Ela pede que você considere se está tomando algo "possível" e assumindo que é "provável" que ocorra — por exemplo, se você disser: "se eu for ao *shopping*, *haverá* um tiroteio". É possível que algo assim aconteça, mas será que é realmente improvável? Você apostaria todas as suas economias na ideia de que algo definitivamente acontecerá? Talvez não, se as chances forem pequenas e isso só for possível, e não provável.

Se você se culpa pelo que aconteceu, também pode se perguntar o quão provável é que a culpa seja toda sua. Você pode se perguntar o quão provável é que qualquer ponto de bloqueio seja verdadeiro.

Pergunta 7. De que maneira seu ponto de bloqueio é baseado em sentimentos, e não em fatos? Por exemplo, se algo terrível acontece com você e você começa a se sentir culpado ou envergonhado, você pode começar a pensar que deve ter feito algo errado. Em outras palavras, como prova de um pensamento, você faz um retrospecto a partir de como se sente. Outro exemplo seria sentir medo e assumir que você deve estar em perigo. Observe se o seu ponto de bloqueio é baseado em fatos ou é mais baseado em emoções. Se for baseado em emoções, em quais delas você está baseando seus pensamentos?

Nas páginas 126 e 127, você encontrará dois exemplos completos da Lista de Perguntas Exploratórias. Observe que as respostas são um pouco detalhadas. Essa abordagem é útil porque, se você dedicar um tempo para realmente pensar em cada pergunta, as anotações podem ser algo que você pode rever mais tarde, caso note que ainda está pensando no ponto de bloqueio por hábito. Responder às perguntas pode ajudá-lo a reavaliar seus pontos perdidos, e você pode mudar seu pensamento. Também é normal passar por esse processo e começar a acreditar menos no ponto de bloqueio, mas ainda acreditar um pouco. Continuar lendo suas respostas pode ajudá-lo a "desacelerar" quando ainda tem o hábito de pensar no ponto de bloqueio ou se sente as emoções que surgem dele.

> ▶▶ Para assistir a um vídeo (em inglês) que revise o que você acabou de ler aqui sobre como utilizar a Lista de Perguntas Exploratórias, acesse a CPT Whiteboard Video Library (*http://cptforptsd.com/cpt-resources*) e assista ao vídeo chamado *How to fill out an Exploring Questions Worksheet* (Como responder a uma Lista de Perguntas Exploratórias). Você também pode assistir a um vídeo chamado *Exploring Questions Worksheet example* (Exemplo de Lista de Perguntas Exploratórias).

Exemplo de Lista de Perguntas Exploratórias

Crença/ponto de bloqueio: <u>Foi culpa do comando meu amigo ter sido morto, pois eles não fizeram uma avaliação de risco completa antes de nos enviar para essa operação policial.</u>

1. Qual é a evidência contra esse ponto de bloqueio?

   Eles não pretendiam que fôssemos atingidos.

2. Quais informações você não está incluindo sobre seu ponto de bloqueio?

   Não inclui o inimigo que disparou o gatilho.

3. De que modo seu ponto de bloqueio inclui termos de tudo ou nada (como "todos", "nunca") ou afirmações extremas (como "preciso", "deveria", "devo", "não posso" e "sempre")?

   Está sugerindo que a culpa é toda deles. Mesmo que fossem negligentes, não pretendiam que isso acontecesse.

4. De que forma seu ponto de bloqueio está superfocado em apenas uma parte do evento?

   Estou focando na avaliação de risco e que não foi feita para essa operação. Acho que o que não estou considerando é que houve baixas (mortes ou ferimentos de policiais durante a execução de suas trefas) em outras operações, mesmo que uma avaliação de risco tenha sido feita. Infelizmente, baixas fazem parte do trabalho policial.

5. De que modo a fonte de informação para esse ponto de bloqueio é questionável?

   Veio de mim e de alguns outros caras da minha unidade. Estávamos muito irritados porque nosso amigo foi morto e queríamos um lugar para direcionar a nossa raiva.

6. De que forma seu ponto de bloqueio está confundindo algo possível com algo improvável?

   É possível que uma avaliação de risco possa ter levado a uma mudança no plano, mas não necessariamente.

7. De que maneira seu ponto de bloqueio é baseado em sentimentos, e não em fatos?

   É baseado em sentimentos – sinto raiva, e isso me leva a apontar para a liderança.

✎ Tarefa prática

Preencha pelo menos uma Lista de Perguntas Exploratórias (ver páginas 120 e 121) por dia durante a próxima semana em relação aos seus pontos de bloqueio sobre o trauma. Continue priorizando pontos sobre por que o trauma aconteceu, por exemplo, seus pontos de bloqueio sobre culpa, fatores *deveria-poderia-faria* e *se*. Escreva

Exemplo de Lista de Perguntas Exploratórias

Crença/ponto de bloqueio: Eu deveria ter escapado mais cedo. (enchente)

1. Qual é a evidência contra esse ponto de bloqueio?

   Eu não sabia que a água subiria tão rápido ou que a chuva forte não pararia tão cedo.

2. Quais informações você não está incluindo sobre seu ponto de bloqueio?

   Já houve alguns alagamentos em nossa área antes, mas nenhuma foi tão ruim assim.

3. De que modo seu ponto de bloqueio inclui termos de tudo ou nada (como "todos", "nunca") ou afirmações extremas (como "preciso", "deveria", "devo", "não posso" e "sempre")?

   Inclui um "deveria" e implica que eu não tentei escapar de jeito nenhum antes de a água subir demais. Acabei por fazê-lo, mas já era tarde demais e tive que subir até o telhado de casa.

4. De que forma seu ponto de bloqueio está superfocado em apenas uma parte do evento?

   Estou me concentrando no meu atraso na fuga, mas não que eu tenha tentado sair, e também ajudado outras pessoas e animais a ficarem seguros.

5. De que modo a fonte de informação para esse ponto de bloqueio é questionável?

   Vem de mim, mas também de pessoas nas redes sociais dizendo que a culpa é das pessoas que não saíram antes de suas casas quando viram a água subindo. Eles realmente não sabem como é essa situação e como é difícil sair de casa, deixar tudo que você conquistou para trás. Eu também não tinha um lugar óbvio para ir, já algumas pessoas poderiam ter familiares ou amigos que poderiam recebê-los.

6. De que forma seu ponto de bloqueio está confundindo algo possível com algo improvável?

   É possível, mas não provável, que eu soubesse como as coisas ficariam ruins tão rapidamente.

7. De que maneira seu ponto de bloqueio é baseado em sentimentos, e não em fatos?

   Ele é definitivamente baseado em sentimentos de culpa, arrependimento e de constrangimento.

---

os na parte superior da página e continue se referindo a ele enquanto responde às perguntas. Lembre-se de que você não está avaliando o evento traumático, mas seus pensamentos sobre por que ele aconteceu. Se precisar de ajuda, consulte as instruções e os exemplos de Listas de Perguntas Exploratórias já preenchidas.

Vale ressaltar que muitas pessoas acham a Lista de Perguntas Exploratórias um pouco assustadora no início. No entanto, faça o seu melhor e não se preocupe em fazer isso "com perfeição". Assista aos vídeos mencionados na página 125 para obter ajuda, mas continue praticando pelo menos um pouquinho todos os dias. Essa parte do programa é quando as pessoas começam a ver mudanças em seus pensamentos e sintomas, por isso não desista agora! Mantenha o trabalho que você tem feito e, se for preciso, relembre seus objetivos e motivos pelos quais você está fazendo isso.

🔧 Solução de problemas

E se eu não entender todas as perguntas da lista?

Tudo bem! A Lista de Perguntas Exploratórias é apenas uma ferramenta para ajudá-lo a avaliar o que você tem dito a si mesmo. Algumas das perguntas podem fazer mais sentido com alguns pontos de bloqueio do que com outros. Se você não sabe o que escrever em resposta a uma das perguntas, pode pulá-la e passar para a próxima, mas não desista de responder às perguntas porque uma delas não faz sentido ou não se aplica a determinado ponto de bloqueio. A próxima pergunta pode ser exatamente aquela que você precisa para reconsiderar o evento de maneira importante.

Minhas respostas para algumas das perguntas são as mesmas que para as perguntas anteriores.

É possível que suas respostas sejam as mesmas ou redundantes, e está tudo bem. Há pequenas diferenças entre algumas das perguntas, pois palavras diferentes podem fazer mais sentido com diferentes pontos de bloqueio ou mexer mais com você do que com outras pessoas. Novamente, se você não tem certeza acerca do que está sendo perguntado, volte e olhe para as explicações para ver quais são as diferenças entre as perguntas.

Eu não consigo responder a todas as perguntas sobre o meu ponto de bloqueio. E se uma pergunta não fizer sentido?

Tudo bem se você não responder a todas as perguntas, mas tente fazê-lo quando puder. Nem todas as perguntas se encaixam em todos os pontos de bloqueio. É por isso que temos sete perguntas diferentes que você pode usar para examinar seus pensamentos.

* * *

Após preencher algumas Listas de Perguntas Exploratórias, vá para a página 139 (ou acesse a página do livro em loja.grupoa.com.br) e preencha outra Lista de Verificação do TEPT, para ver se seus sintomas estão mudando. Como seus sintomas estão se modificando ao longo do tempo? Você está notando alguma mudança de uma semana para outra no Gráfico para acompanhar suas pontuações semanais, que aparece na página 29? Em quais sintomas você está percebendo mudança? Em quais áreas você ainda está sentindo mais sintomas?

Lista de Perguntas Exploratórias

Aqui está uma lista de perguntas a serem usadas para ajudá-lo a explorar seus pontos de bloqueio. Nem todas as perguntas serão apropriadas para a crença/o ponto de bloqueio que você escolher examinar, e não sinta que precisa preencher todo o espaço reservado. Responda o máximo de perguntas que puder sobre a crença/o ponto de bloqueio que você escolheu explorar a seguir.

Crença/ponto de bloqueio: _____
_____

1. Qual é a evidência contra esse ponto de bloqueio?

2. Quais informações você não está incluindo sobre seu ponto de bloqueio?

3. De que modo seu ponto de bloqueio inclui termos de tudo ou nada (como "todos", "nunca") ou afirmações extremas (como "preciso", "deveria", "devo", "não posso" e "sempre")?

(Continua)

De *Vencendo o transtorno de estresse pós-traumático com a terapia de processamento cognitivo*, de Resick, Stirman e LoSavio. Artmed, 2025. Os compradores deste livro podem baixar cópias adicionais desta lista na página do livro em loja.grupoa.com.br.

Lista de Perguntas Exploratórias

4. De que forma seu ponto de bloqueio está superfocado em apenas uma parte do evento?

5. De que modo a fonte de informação para esse ponto de bloqueio é questionável?

6. De que forma seu ponto de bloqueio está confundindo algo possível com algo improvável?

7. De que maneira seu ponto de bloqueio é baseado em sentimentos, e não em fatos?

Lista de Perguntas Exploratórias

Aqui está uma lista de perguntas a serem usadas para ajudá-lo a explorar seus pontos de bloqueio. Nem todas as perguntas serão apropriadas para a crença/o ponto de bloqueio que você escolher examinar, e não sinta que precisa preencher todo o espaço reservado. Responda o máximo de perguntas que puder sobre a crença/o ponto de bloqueio que você escolheu explorar a seguir.

Crença/ponto de bloqueio: _____
_____

1. Qual é a evidência contra esse ponto de bloqueio?

2. Quais informações você não está incluindo sobre seu ponto de bloqueio?

3. De que modo seu ponto de bloqueio inclui termos de tudo ou nada (como "todos", "nunca") ou afirmações extremas (como "preciso", "deveria", "devo", "não posso" e "sempre")?

(Continua)

De *Vencendo o transtorno de estresse pós-traumático com a terapia de processamento cognitivo*, de Resick, Stirman e LoSavio. Artmed, 2025. Os compradores deste livro podem baixar cópias adicionais desta lista na página do livro em loja.grupoa.com.br.

Lista de Perguntas Exploratórias

4. De que forma seu ponto de bloqueio está superfocado em apenas uma parte do evento?

5. De que modo a fonte de informação para esse ponto de bloqueio é questionável?

6. De que forma seu ponto de bloqueio está confundindo algo possível com algo improvável?

7. De que maneira seu ponto de bloqueio é baseado em sentimentos, e não em fatos?

Lista de Perguntas Exploratórias

Aqui está uma lista de perguntas a serem usadas para ajudá-lo a explorar seus pontos de bloqueio. Nem todas as perguntas serão apropriadas para a crença/o ponto de bloqueio que você escolher examinar, e não sinta que precisa preencher todo o espaço reservado. Responda o máximo de perguntas que puder sobre a crença/o ponto de bloqueio que você escolheu explorar a seguir.

Crença/ponto de bloqueio: _____

_____

1. Qual é a evidência contra esse ponto de bloqueio?

2. Quais informações você não está incluindo sobre seu ponto de bloqueio?

3. De que modo seu ponto de bloqueio inclui termos de tudo ou nada (como "todos", "nunca") ou afirmações extremas (como "preciso", "deveria", "devo", "não posso" e "sempre")?

(Continua)

De *Vencendo o transtorno de estresse pós-traumático com a terapia de processamento cognitivo*, de Resick, Stirman e LoSavio. Artmed, 2025. Os compradores deste livro podem baixar cópias adicionais desta lista na página do livro em loja.grupoa.com.br.

Lista de Perguntas Exploratórias

4. De que forma seu ponto de bloqueio está superfocado em apenas uma parte do evento?

5. De que modo a fonte de informação para esse ponto de bloqueio é questionável?

6. De que forma seu ponto de bloqueio está confundindo algo possível com algo improvável?

7. De que maneira seu ponto de bloqueio é baseado em sentimentos, e não em fatos?

Lista de Perguntas Exploratórias

Aqui está uma lista de perguntas a serem usadas para ajudá-lo a explorar seus pontos de bloqueio. Nem todas as perguntas serão apropriadas para a crença/o ponto de bloqueio que você escolher examinar, e não sinta que precisa preencher todo o espaço reservado. Responda o máximo de perguntas que puder sobre a crença/o ponto de bloqueio que você escolheu explorar a seguir.

Crença/ponto de bloqueio: _____
_____

1. Qual é a evidência contra esse ponto de bloqueio?

2. Quais informações você não está incluindo sobre seu ponto de bloqueio?

3. De que modo seu ponto de bloqueio inclui termos de tudo ou nada (como "todos", "nunca") ou afirmações extremas (como "preciso", "deveria", "devo", "não posso" e "sempre")?

(Continua)

De *Vencendo o transtorno de estresse pós-traumático com a terapia de processamento cognitivo*, de Resick, Stirman e LoSavio. Artmed, 2025. Os compradores deste livro podem baixar cópias adicionais desta lista na página do livro em loja.grupoa.com.br.

Lista de Perguntas Exploratórias

4. De que forma seu ponto de bloqueio está superfocado em apenas uma parte do evento?

5. De que modo a fonte de informação para esse ponto de bloqueio é questionável?

6. De que forma seu ponto de bloqueio está confundindo algo possível com algo improvável?

7. De que maneira seu ponto de bloqueio é baseado em sentimentos, e não em fatos?

Lista de Perguntas Exploratórias

Aqui está uma lista de perguntas a serem usadas para ajudá-lo a explorar seus pontos de bloqueio. Nem todas as perguntas serão apropriadas para a crença/o ponto de bloqueio que você escolher examinar, e não sinta que precisa preencher todo o espaço reservado. Responda o máximo de perguntas que puder sobre a crença/o ponto de bloqueio que você escolheu explorar a seguir.

Crença/ponto de bloqueio: _____
_____

1. Qual é a evidência contra esse ponto de bloqueio?

2. Quais informações você não está incluindo sobre seu ponto de bloqueio?

3. De que modo seu ponto de bloqueio inclui termos de tudo ou nada (como "todos", "nunca") ou afirmações extremas (como "preciso", "deveria", "devo", "não posso" e "sempre")?

(Continua)

De *Vencendo o transtorno de estresse pós-traumático com a terapia de processamento cognitivo*, de Resick, Stirman e LoSavio. Artmed, 2025. Os compradores deste livro podem baixar cópias adicionais desta lista na página do livro em loja.grupoa.com.br.

Lista de Perguntas Exploratórias

4. De que forma seu ponto de bloqueio está superfocado em apenas uma parte do evento?

5. De que modo a fonte de informação para esse ponto de bloqueio é questionável?

6. De que forma seu ponto de bloqueio está confundindo algo possível com algo improvável?

7. De que maneira seu ponto de bloqueio é baseado em sentimentos, e não em fatos?

Lista de Verificação do TEPT

Preencha a Lista de Verificação do TEPT para acompanhar seus sintomas enquanto lê este livro. Não se esqueça de preencher esta medição com base no mesmo evento central todas as vezes. Quando as instruções e as perguntas se referirem a uma "experiência estressante", lembre-se de que esse é o seu evento central — o pior evento, no qual você está trabalhando primeiro.

Escreva aqui o trauma em que você está trabalhando primeiro: _____

Preencha esta Lista de Verificação do TEPT com referência a esse evento.

Instruções: A seguir está uma lista de problemas que as pessoas às vezes têm em resposta a uma experiência muito estressante. Por favor, leia cada problema com atenção e, em seguida, circule um dos números à direita para indicar o quanto você foi incomodado por esse problema **no último mês**.

No último mês, quanto você foi incomodado por:	De modo nenhum	Um pouco	Moderadamente	Muito	Extremamente
1. Lembranças indesejáveis, perturbadoras e repetitivas da experiência estressante?	0	1	2	3	4
2. Sonhos perturbadores e repetitivos com a experiência estressante?	0	1	2	3	4
3. De repente, sentindo ou agindo como se a experiência estressante estivesse, de fato, acontecendo de novo (como se *você estivesse revivendo-a, de verdade, lá no passado*)?	0	1	2	3	4
4. Sentir-se muito chateado quando algo lembra você da experiência estressante?	0	1	2	3	4
5. Ter reações físicas intensas quando algo lembra você da experiência estressante (*por exemplo, coração apertado, dificuldade para respirar, suor excessivo*)?	0	1	2	3	4
6. Evitar lembranças, pensamentos, ou sentimentos relacionados à experiência estressante?	0	1	2	3	4
7. Evitar lembranças externas da experiência estressante (*por exemplo, pessoas, lugares, conversas, atividades, objetos ou situações*)?	0	1	2	3	4
8. Não conseguir se lembrar de partes importantes da experiência estressante?	0	1	2	3	4
9. Ter crenças negativas intensas sobre você, outras pessoas ou o mundo (*por exemplo, ter pensamentos tais como:* "Eu sou ruim", "existe algo seriamente errado comigo", "ninguém é confiável", "o mundo todo é perigoso")?	0	1	2	3	4

(Continua)

(Continuação)

No último mês, quanto você foi incomodado por:	De modo nenhum	Um pouco	Moderadamente	Muito	Extremamente
10. Culpar a si mesmo ou aos outros pela experiência estressante ou pelo que aconteceu depois dela?	0	1	2	3	4
11. Ter sentimentos negativos intensos como medo, pavor, raiva, culpa ou vergonha?	0	1	2	3	4
12. Perder o interesse em atividades que você costumava apreciar?	0	1	2	3	4
13. Sentir-se distante ou isolado das outras pessoas?	0	1	2	3	4
14. Dificuldades para vivenciar sentimentos positivos (*por exemplo, ser incapaz de sentir felicidade ou sentimentos amorosos por pessoas próximas a você*)?	0	1	2	3	4
15. Comportamento irritado, explosões de raiva ou agir agressivamente?	0	1	2	3	4
16. Correr muitos riscos ou fazer coisas que podem lhe causar algum mal?	0	1	2	3	4
17. Ficar "super" alerta, vigilante ou de sobreaviso?	0	1	2	3	4
18. Sentir-se apreensivo ou assustado facilmente?	0	1	2	3	4
19. Ter dificuldades para se concentrar?	0	1	2	3	4
20. Problemas para adormecer ou continuar dormindo?	0	1	2	3	4

Calcule a soma e a escreva aqui: _____

Extraído de PTSD Checklist for DSM-5 (PCL-5), de Weathers, Litz, Keane, Palmieri, Marx e Schnurr (2013). Disponível no National Center for PTSD, em www.ptsd.va.gov; em domínio público. Adaptação no Brasil: Lima Osório, F., Da Silva, T. D. A., Santos, R. G., Chagas, M. H. N., Chagas, N. M. S., Sanches, R. F., & De Souza Crippa, J. A. (2017). Posttraumatic stress disorder checklist for DSM-5 (PCL-5): Transcultural adaptation of the Brazilian version. *Revista de Psiquiatria Clínica*, 44(1), 10–19. https://doi.org/10.1590/0101-60830000000107. Reproduzido em *Vencendo o transtorno de estresse pós-traumático com a terapia de processamento cognitivo*. Os compradores deste livro podem baixar cópias adicionais desta planilha na página do livro em loja.grupoa.com.br.

9

Apresentando padrões de pensamento

Como foi o trabalho com as Listas de Perguntas Exploratórias? Conseguiu utilizar as perguntas para identificar alguma forma nova e útil de olhar para o seu trauma? Se sim, elogie-se. Não se preocupe se não entendeu todas as perguntas perfeitamente ou ainda não mudou seu modo de pensar. Aqui você continua a criar um conjunto de habilidades para examinar seus pensamentos, e terá mais oportunidades de continuar a se beneficiar com o próximo conjunto de habilidades. Agora que você praticou o exame dos fatos sobre um ponto de bloqueio de cada vez, pode utilizar este capítulo para ver se existem padrões de pensamento inúteis para você, mantendo-o preso ao seu TEPT.

Uma coisa importante a se lembrar é que todos desenvolvem padrões em seu pensamento — estes podem ser atalhos úteis, pois aprendemos a categorizar e organizar as informações que surgem em nosso caminho todos os dias. As pessoas adotam hábitos em seu pensamento como formas de receber informações e processá-las de modo mais eficiente. Esses padrões são maneiras habituais de pensar que ocorrem não apenas quando você pensa sobre seus eventos traumáticos, mas também quando ocorrem eventos do dia a dia.

No entanto, para pessoas com TEPT e outros transtornos, como depressão e ansiedade, alguns desses padrões surgem muito facilmente e levam a muitas conclusões negativas. Podem se tornar hábitos que não são mais úteis. Talvez você tenha confiado demais nesses padrões de pensamento, e eles não estejam mais levando você às conclusões mais equilibradas ou úteis. Alguns padrões também podem impedir que as pessoas interajam com o mundo e atrapalhar relacionamentos saudáveis.

Neste capítulo, primeiro você identificará se algum dos seus pontos de bloqueio são exemplos de **padrões de pensamento** comuns. Após identificar em quais padrões alguns de seus pontos de bloqueio se encaixam, você pode começar a entender que os está utilizando também no seu dia a dia, e completar as Listas de Padrões de Pensamento, encontradas nas páginas 148–154. Você também pode baixar e imprimir a lista acessando a página do livro em loja.grupoa.com.br. Por exemplo, se estiver pensando "aposto que essa pessoa quer tirar proveito de mim" quando interage com alguém novo, lembre-se de que pode estar tirando conclusões precipitadas ou tentando ler a mente da pessoa, e que não sabe o suficiente sobre ela para entender quais são suas intenções. Isso pode ajudá-lo a desacelerar e pensar em uma situação antes de fazer um julgamento rápido sobre como agir.

Ao ler sobre os padrões a seguir, você pode notar alguma sobreposição entre os padrões e as perguntas que você estava fazendo a si mesmo no capítulo anterior. Ser capaz de reconhecer e dar nome ao padrão ajuda algumas pessoas a desacelerar e fazer perguntas a si mesmas sobre o que estão dizendo para si ou como estão reagindo a situações que desencadeiam seus pontos de bloqueio.

Você pode ter apenas algumas dessas tendências, ou pode descobrir exemplos de todas elas em seus pontos de bloqueio. Alguns dos padrões comuns são os seguintes:

1. Tirar conclusões precipitadas ou prever o futuro. Todos nós queremos ter uma sensação de controle sobre as coisas que nos acontecem e queremos acreditar que podemos antecipar o que acontecerá. Às vezes, temos a tendência de fazer suposições sem verificar os fatos ou pensar que sabemos o que acontecerá no futuro. Por exemplo, se você foi magoado por outras pessoas no passado, pode supor "se eu confiar nas pessoas, elas vão me machucar". Sempre que você declara o que "vai" acontecer no futuro ou faz uma conexão entre duas coisas que podem ou não estar conectadas, está tirando conclusões precipitadas.

Examine seu Registro de Pontos de Bloqueio (página 64). Você vê exemplos de conclusões precipitadas nele? Escreva um exemplo aqui:

_____
_____
_____
_____

2. Ignorar partes importantes de uma situação. O que você está deixando de fora? Às vezes, quando as pessoas refletem sobre a causa de um evento, elas se esquecem de considerar todo o contexto da situação. Por exemplo, analisando o seu índice de trauma, você pode estar ignorando fatores como:

- Sua pouca idade quando isso aconteceu.
- O que você realmente sabia sobre a situação na época.
- Quanto tempo você teve para descobrir o que estava acontecendo e o que fazer.
- Quem teve a intenção do desfecho.
- Quem mais estava lá e que papéis desempenharam.

Um exemplo é uma pessoa acreditar que deveria ter revidado e parado com os abusos que ocorriam quando era criança. Ela está ignorando o fato de que era muito mais jovem, menor e que estava assustada e não tinha a capacidade de realmente lutar contra alguém que era muito maior do que ela. Se você pensou em algo mais tarde que poderia ter feito para impedir o evento, mas não pensou nisso ou não foi capaz de fazer isso na época, isso não conta. Outra maneira de as pessoas ignorarem partes importantes de uma situação é focar apenas em seus "fracassos", e não em seus sucessos. Às vezes, em uma situação perigosa, as pessoas agem com sucesso de maneiras que ajudam a preservar suas vidas ou sua saúde, ou as dos outros, mas se esquecem de reconhecer isso depois e se concentram apenas em não ter impedido o evento por completo. Por exemplo, um socorrista de emergência pode se concentrar na pessoa que não conseguiu salvar em vez de nos outros que ajudou.

Olhe para o seu Registro de Pontos de Bloqueio. Você pode ver exemplos nos quais ignorou partes importantes de uma situação? Escreva um exemplo aqui:

_____
_____
_____
_____

3. Simplificar demais as coisas como bom/ruim ou certo/errado, ou **"supergeneralização"** a partir de um único incidente (p. ex., aplicar uma experiência de modo muito amplo). Às vezes, as pessoas classificam as coisas em apenas duas categorias, sobretudo se o evento traumático ocorreu quando eram jovens e ainda não sabiam que a maioria das coisas está em um espectro contínuo. Por exemplo, elas podem rotular alguém como "não confiável" se cometer um único erro e ignorar todas as outras coisas boas ou neutras que fizeram. Você pode se tornar excessivamente crítico dos outros ou de si mesmo. Por exemplo, se você disser a si mesmo: "se não sou perfeito, então eu sou um fracasso", logo, está utilizando apenas duas categorias em seu sistema de avaliação. O que você acharia se um professor dissesse: "100% correto é aprovado, mas 99% é reprovado"? Se você está sendo perfeccionista, seu sistema de classificação é excessivamente rigoroso. Olhe para o seu Registro de Pontos de Bloqueio e observe quantas instruções incluem ou implicam apenas duas categorias. Você faz isso com pessoas e eventos em geral? Essa é uma de suas tendências?

Da mesma forma, a supergeneralização é uma tendência a presumir que, se uma coisa ruim acontecer, ela sempre acontecerá. Novamente, você não está considerando todas as exceções, todos os dias neutros ou os dias bons, e pode estar assumindo que, se você se lembrar de um evento traumático, ele **acontecerá** de novo. Ou você pode supor que nunca é seguro sair à noite ou ir a certos lugares quando, na verdade, na maioria das vezes nada de ruim aconteceria naquela situação. A generalização é supor que algo "sempre" é assim ou pensar que "todos" se encaixam em uma determinada categoria.

Olhe para o seu Registro de Pontos de Bloqueio. Você pode achar exemplos de simplificação excessiva ou de generalização excessiva? Escreva um exemplo aqui:

_____
_____
_____
_____

4. Leitura mental (supor que as pessoas estão pensando de maneira negativa sobre você ou que têm intenções negativas quando não há evidências definitivas para isso). Esse padrão comum de pensamento envolve acreditar que as pessoas estão pensando negativamente sobre você ou que pensam o mesmo que você. Em vez de se perguntar por que alguém fez algo, você pode fazer suposições sobre como essa pessoa deve estar pensando ou quais são suas razões. Com frequência, presumimos que os outros têm pensamentos ou intenções negativas. Alguns exemplos são: "eles não querem passar tempo comigo" ou "estão tentando me deixar com raiva". Muitas pessoas se perguntam se os outros conseguem saber que elas passaram por um trauma e se as estão julgando por isso. Outras presumem que outros indivíduos têm más intenções ou segundas intenções. Sempre que você supõe o que outra pessoa está pensando, sentindo ou pretendendo sem que ela lhe diga, isso é leitura mental.

Olhe para o seu Registro de Pontos de Bloqueio. Você pode ver algum exemplo de leitura mental? Escreva um exemplo aqui:

_____
_____
_____
_____

5. Raciocínio emocional (utilizar suas emoções como prova do seu ponto de bloqueio). Essa é a tendência de começar de como você se sente e depois usar isso como prova de que seu ponto de bloqueio deve estar correto. Quando alguém é acionado por uma lembrança do trauma, é comum sentir medo ou pânico e acreditar em algo como "sinto medo, então devo estar em perigo". Como o trauma pode deixar as pessoas muito mais sensíveis, você pode experimentar muitos alarmes falsos, por isso, tenha cuidado ao assumir que você está sempre de fato em perigo. O medo nem sempre indica perigo. Outro exemplo comum é "como me sinto culpado, devo ter feito algo errado". As emoções podem ser causadas por eventos ou pensamentos, mas não são uma base confiável para justificar um pensamento. Você não pode utilizar suas emoções como prova de seus pontos de bloqueio porque, se mudar seus pensamentos, suas emoções mudarão. Quando você experimenta o raciocínio emocional, pode notar que esse é um hábito de pensamento, não um fato.

Olhe para o seu Registro de Pontos de Bloqueio. Você pode ver exemplos de raciocínio emocional? Escreva um exemplo aqui:

_____
_____
_____
_____

Agora que você aprendeu os padrões de pensamento mais comuns para pessoas que sofreram algum tipo de trauma, preencha algumas das Listas de Padrões de Pensamento fornecidas nas páginas 148-154, para continuar a praticar a percepção de exemplos dos padrões em seus pontos de bloqueio e em seus pensamentos diários. Você também pode baixar essas planilhas acessando a página do livro em loja.grupoa.com.br e fazer cópias para preencher digitalmente ou em papel. Consulte também as listas de exemplo preenchidas nas páginas 146 e 147.

Assim como nos exemplos das Listas de Perguntas Exploratórias, observe que as respostas são um pouco detalhadas. Se você dedicar um tempo para de fato pensar em como seus pontos de bloqueio se encaixam nos diferentes padrões, pode começar a descobrir que está pensando em um de seus pontos de bloqueio, notar que é um dos padrões de pensamento e lembrar-se de analisá-lo em vez de cair automaticamente no padrão.

▶▶ Para assistir a um vídeo (em inglês) que revise o que você acabou de ler aqui sobre a Lista de Padrões de Pensamento, acesse a CPT Whiteboard Video Library (*http://cptforptsd.com/cpt-resources*) e assista ao vídeo chamado *How to fill out a Thinking Patterns Worksheet* (Como preencher uma Lista de Padrões de Pensamento). Você também pode assistir a um vídeo chamado *Thinking Patterns Worksheet example* (Exemplo de Lista de Padrões de Pensamento).

✎ Tarefa prática

Complete uma Lista de Padrões de Pensamento diariamente na próxima semana (ver páginas 148-154), percebendo os padrões em sua vida cotidiana, bem como em seus pensamentos sobre os eventos traumáticos pelos quais você passou. Consulte seu Registro de Pontos de Bloqueio e categorize cada ponto para ver se ele se enquadra em algum dos padrões. Observe também seus pensamentos diários e veja se algum deles se encaixa em algum dos padrões. Por exemplo, se alguém cancelar algum plano com você, observe se você se importa em entender qual foi o motivo do cancelamento ("eles não querem me ver").

Lembre-se de que um ponto de bloqueio pode se encaixar em mais de uma categoria. Saiba também que pode haver palavras ocultas em seu ponto de bloqueio. Por exemplo, quando você diz que as pessoas não são confiáveis, está realmente pensando que "todas" as pessoas não são confiáveis? Esse ponto de bloqueio pode caber em tirar conclusões precipitadas, ignorar partes importantes de uma situação ou simplificar/

Exemplo de Lista de Padrões de Pensamento

1. **Tirar conclusões precipitadas** ou **prever o futuro.**

   Se eu falar, ninguém vai me ouvir – estou supondo que ninguém vai me ouvir porque não acreditaram em mim quando falei sobre o trauma sexual, mas não sei se outras pessoas reagirão da mesma forma. Eu às vezes falei no trabalho e minha chefe me ouviu.

2. **Ignorar partes importantes** de uma situação.

   Eu deixei acontecer – isso é ignorar que eu tentei revidar no início. Depois disso, eu só queria que acabasse o mais rápido possível.

3. **Simplificar demais** as coisas como "bom/ruim" ou "certo/errado", ou **generalizar** a partir de um único incidente (aplicar uma experiência de forma muito ampla).

   Não se pode confiar em ninguém – é generalizar excessivamente dizer que "ninguém" é confiável apenas porque algumas pessoas não foram. Conheci algumas pessoas que eram confiáveis.

4. **Leitura mental** (supor que as pessoas estão pensando de maneira negativa sobre você quando não há evidências definitivas para isso).

   Ninguém vai me querer agora – isso pressupõe o que as outras pessoas vão pensar e sentir sobre o meu passado. Na realidade, elas podem não se sentir assim.

5. **Raciocínio emocional** (utilizar suas emoções como prova – p. ex., "eu sinto medo, então devo estar em perigo").

   Não é seguro ficar sozinha na companhia de homens, eles não são confiáveis – eu me sinto desconfortável com os homens desde que fui estuprada, por isso, suponho que estou em perigo. Mas já estive sozinha com homens antes sem ser forçada a nada.

---

supergeneralizar. Portanto, não há uma resposta certa. Você está apenas praticando a habilidade de perceber se algum de seus pensamentos se enquadra em algum dos padrões, para ter mais habilidade ao perceber quando ele está acontecendo.

Após preencher várias Listas de Padrões de Pensamento, ou trabalhar nelas todos os dias por uma semana, examine todas as listas preenchidas antes de passar para o próximo capítulo. Você percebe se está se envolvendo em muitos ou em todos os padrões? Ou você se "especializa" em um ou dois dos padrões em especial (p. ex., leitura mental ou tirar conclusões precipitadas)? O que você percebe sobre seus padrões, tanto em relação ao seu trauma quanto às situações cotidianas?

_____
_____
_____
_____

Exemplo de Lista de Padrões de Pensamento

1. **Tirar conclusões precipitadas** ou **prever o futuro**.

    Vou me tornar como meus pais – supondo que, por ter testemunhado a violência deles, terei o mesmo destino. Mas tive relacionamentos positivos sem abusos.

2. **Ignorar partes importantes** de uma situação.

    Eu deveria ter sido capaz de impedi-los – isso ignora o fato de que eu tentei impedi-los, às vezes ligando para o 190, mas realmente não tinha controle sobre eles. Também era apenas uma criança, e não era realmente minha responsabilidade impedir que dois adultos tentassem machucar um ao outro.

3. **Simplificar demais** as coisas como "bom/ruim" ou "certo/errado", ou **generalizar** a partir de um único incidente (aplicar uma experiência de forma muito ampla).

    A intimidade é perigosa – devido à minha infância, eu suponho que, sempre que um casal se aproxima, é provável que se torne violento, mas nem sempre isso acontece.

4. **Leitura mental** (supor que as pessoas estão pensando de maneira negativa sobre você quando não há evidências definitivas para isso).

    Ninguém nunca vai me entender – suponho que ninguém possa me entender, mas outras pessoas também podem ter passado por traumas como o meu e saber como isso é difícil.

5. **Raciocínio emocional** (utilizar suas emoções como prova – p. ex., "eu sinto medo, então devo estar em perigo").

    Estou estragado – às vezes me sinto triste e assustado, supondo que isso significa que há algo de errado comigo.

De que forma você acha que esses padrões de pensamento podem ter influenciado a maneira como você entendeu seu trauma? Por exemplo, se você notou que às vezes tira conclusões precipitadas, isso pode ter contribuído para que você se culpasse pelo evento?

_____
_____
_____
_____

Lista de Padrões de Pensamento

Aqui estão vários padrões de pensamento diferentes que as pessoas utilizam em diferentes situações na vida. Esses padrões muitas vezes se tornam pensamentos automáticos, habituais, que nos levam a ter um comportamento autodestrutivo. Considerando seus próprios pontos de bloqueio ou exemplos dos seus pensamentos do dia a dia, encontre exemplos para cada um desses padrões. Escreva o ponto de bloqueio ou o pensamento típico abaixo do padrão apropriado e descreva como ele se encaixa nesse padrão. Pense no efeito desse padrão sobre você.

1. **Tirar conclusões precipitadas** ou **prever o futuro**.

2. **Ignorar partes importantes** de uma situação.

3. **Simplificar demais** as coisas como "bom/ruim" ou "certo/errado", ou **generalizar** a partir de um único incidente (aplicar uma experiência de forma muito ampla).

4. **Leitura mental** (supor que as pessoas estão pensando de maneira negativa sobre você quando não há evidências definitivas para isso).

5. **Raciocínio emocional** (utilizar suas emoções como prova — p. ex., "eu sinto medo, então devo estar em perigo").

De *Vencendo o transtorno de estresse pós-traumático com a terapia de processamento cognitivo*, de Resick, Stirman e LoSavio. Artmed, 2025. Os compradores deste livro podem baixar cópias adicionais desta planilha na página do livro em loja.grupoa.com.br.

Lista de Padrões de Pensamento

Aqui estão vários padrões de pensamento diferentes que as pessoas utilizam em diferentes situações na vida. Esses padrões muitas vezes se tornam pensamentos automáticos, habituais, que nos levam a ter um comportamento autodestrutivo. Considerando seus próprios pontos de bloqueio ou exemplos dos seus pensamentos do dia a dia, encontre exemplos para cada um desses padrões. Escreva o ponto de bloqueio ou o pensamento típico abaixo do padrão apropriado e descreva como ele se encaixa nesse padrão. Pense no efeito desse padrão sobre você.

1. **Tirar conclusões precipitadas** ou **prever o futuro**.

2. **Ignorar partes importantes** de uma situação.

3. **Simplificar demais** as coisas como "bom/ruim" ou "certo/errado", ou **generalizar** a partir de um único incidente (aplicar uma experiência de forma muito ampla).

4. **Leitura mental** (supor que as pessoas estão pensando de maneira negativa sobre você quando não há evidências definitivas para isso).

5. **Raciocínio emocional** (utilizar suas emoções como prova — p. ex., "eu sinto medo, então devo estar em perigo").

De *Vencendo o transtorno de estresse pós-traumático com a terapia de processamento cognitivo*, de Resick, Stirman e LoSavio. Artmed, 2025. Os compradores deste livro podem baixar cópias adicionais desta lista na página do livro em loja.grupoa.com.br.

Lista de Padrões de Pensamento

Aqui estão vários padrões de pensamento diferentes que as pessoas utilizam em diferentes situações na vida. Esses padrões muitas vezes se tornam pensamentos automáticos, habituais, que nos levam a ter um comportamento autodestrutivo. Considerando seus próprios pontos de bloqueio ou exemplos dos seus pensamentos do dia a dia, encontre exemplos para cada um desses padrões. Escreva o ponto de bloqueio ou o pensamento típico abaixo do padrão apropriado e descreva como ele se encaixa nesse padrão. Pense no efeito desse padrão sobre você.

1. **Tirar conclusões precipitadas** ou **prever o futuro**.

2. **Ignorar partes importantes** de uma situação.

3. **Simplificar demais** as coisas como "bom/ruim" ou "certo/errado", ou **generalizar** a partir de um único incidente (aplicar uma experiência de forma muito ampla).

4. **Leitura mental** (supor que as pessoas estão pensando de maneira negativa sobre você quando não há evidências definitivas para isso).

5. **Raciocínio emocional** (utilizar suas emoções como prova — p. ex., "eu sinto medo, então devo estar em perigo").

De *Vencendo o transtorno de estresse pós-traumático com a terapia de processamento cognitivo*, de Resick, Stirman e LoSavio. Artmed, 2025. Os compradores deste livro podem baixar cópias adicionais desta planilha na página do livro em loja.grupoa.com.br.

Lista de Padrões de Pensamento

Aqui estão vários padrões de pensamento diferentes que as pessoas utilizam em diferentes situações na vida. Esses padrões muitas vezes se tornam pensamentos automáticos, habituais, que nos levam a ter um comportamento autodestrutivo. Considerando seus próprios pontos de bloqueio ou exemplos dos seus pensamentos do dia a dia, encontre exemplos para cada um desses padrões. Escreva o ponto de bloqueio ou o pensamento típico abaixo do padrão apropriado e descreva como ele se encaixa nesse padrão. Pense no efeito desse padrão sobre você.

1. **Tirar conclusões precipitadas** ou **prever o futuro.**

2. **Ignorar partes importantes** de uma situação.

3. **Simplificar demais** as coisas como "bom/ruim" ou "certo/errado", ou **generalizar** a partir de um único incidente (aplicar uma experiência de forma muito ampla).

4. **Leitura mental** (supor que as pessoas estão pensando de maneira negativa sobre você quando não há evidências definitivas para isso).

5. **Raciocínio emocional** (utilizar suas emoções como prova — p. ex., "eu sinto medo, então devo estar em perigo").

De *Vencendo o transtorno de estresse pós-traumático com a terapia de processamento cognitivo*, de Resick, Stirman e LoSavio. Artmed, 2025. Os compradores deste livro podem baixar cópias adicionais desta lista na página do livro em loja.grupoa.com.br.

Lista de Padrões de Pensamento

Aqui estão vários padrões de pensamento diferentes que as pessoas utilizam em diferentes situações na vida. Esses padrões muitas vezes se tornam pensamentos automáticos, habituais, que nos levam a ter um comportamento autodestrutivo. Considerando seus próprios pontos de bloqueio ou exemplos dos seus pensamentos do dia a dia, encontre exemplos para cada um desses padrões. Escreva o ponto de bloqueio ou o pensamento típico abaixo do padrão apropriado e descreva como ele se encaixa nesse padrão. Pense no efeito desse padrão sobre você.

1. **Tirar conclusões precipitadas** ou **prever o futuro.**

2. **Ignorar partes importantes** de uma situação.

3. **Simplificar demais** as coisas como "bom/ruim" ou "certo/errado", ou **generalizar** a partir de um único incidente (aplicar uma experiência de forma muito ampla).

4. **Leitura mental** (supor que as pessoas estão pensando de maneira negativa sobre você quando não há evidências definitivas para isso).

5. **Raciocínio emocional** (utilizar suas emoções como prova — p. ex., "eu sinto medo, então devo estar em perigo").

De *Vencendo o transtorno de estresse pós-traumático com a terapia de processamento cognitivo*, de Resick, Stirman e LoSavio. Artmed, 2025. Os compradores deste livro podem baixar cópias adicionais desta planilha na página do livro em loja.grupoa.com.br.

Lista de Padrões de Pensamento

Aqui estão vários padrões de pensamento diferentes que as pessoas utilizam em diferentes situações na vida. Esses padrões muitas vezes se tornam pensamentos automáticos, habituais, que nos levam a ter um comportamento autodestrutivo. Considerando seus próprios pontos de bloqueio ou exemplos dos seus pensamentos do dia a dia, encontre exemplos para cada um desses padrões. Escreva o ponto de bloqueio ou o pensamento típico abaixo do padrão apropriado e descreva como ele se encaixa nesse padrão. Pense no efeito desse padrão sobre você.

1. **Tirar conclusões precipitadas** ou **prever o futuro**.

2. **Ignorar partes importantes** de uma situação.

3. **Simplificar demais** as coisas como "bom/ruim" ou "certo/errado", ou **generalizar** a partir de um único incidente (aplicar uma experiência de forma muito ampla).

4. **Leitura mental** (supor que as pessoas estão pensando de maneira negativa sobre você quando não há evidências definitivas para isso).

5. **Raciocínio emocional** (utilizar suas emoções como prova — p. ex., "eu sinto medo, então devo estar em perigo").

De *Vencendo o transtorno de estresse pós-traumático com a terapia de processamento cognitivo*, de Resick, Stirman e LoSavio. Artmed, 2025. Os compradores deste livro podem baixar cópias adicionais desta lista na página do livro em loja.grupoa.com.br.

Lista de Padrões de Pensamento

Aqui estão vários padrões de pensamento diferentes que as pessoas utilizam em diferentes situações na vida. Esses padrões muitas vezes se tornam pensamentos automáticos, habituais, que nos levam a ter um comportamento autodestrutivo. Considerando seus próprios pontos de bloqueio ou exemplos dos seus pensamentos do dia a dia, encontre exemplos para cada um desses padrões. Escreva o ponto de bloqueio ou o pensamento típico abaixo do padrão apropriado e descreva como ele se encaixa nesse padrão. Pense no efeito desse padrão sobre você.

1. **Tirar conclusões precipitadas** ou **prever o futuro.**

2. **Ignorar partes importantes** de uma situação.

3. **Simplificar demais** as coisas como "bom/ruim" ou "certo/errado", ou **generalizar** a partir de um único incidente (aplicar uma experiência de forma muito ampla).

4. **Leitura mental** (supor que as pessoas estão pensando de maneira negativa sobre você quando não há evidências definitivas para isso).

5. **Raciocínio emocional** (utilizar suas emoções como prova — p. ex., "eu sinto medo, então devo estar em perigo").

De *Vencendo o transtorno de estresse pós-traumático com a terapia de processamento cognitivo*, de Resick, Stirman e LoSavio. Artmed, 2025. Os compradores deste livro podem baixar cópias adicionais desta lista na página do livro em loja.grupoa.com.br.

Se você tem um padrão de pensamento que se tornou um hábito, será importante notar quando você o utiliza, tanto para eventos do dia a dia quanto para o trauma. Esses tipos de padrões podem levá-lo a pensar de maneiras que não são úteis, são muito extremos e deixam você se sentindo mal consigo mesmo ou com os outros. Esses padrões são hábitos, e isso significa que é preciso praticar para mudar essas formas automáticas de pensar.

Também é importante refletir sobre como esses padrões se manifestam em sua vida. Eles impedem você de formar relacionamentos mais profundos ou de atingir metas em sua vida? Levam ao conflito com os outros? Eles o mantêm isolado ou se sentindo mal consigo mesmo? O que você tem notado sobre o impacto desses padrões no modo como você vive o seu dia a dia?

_____
_____
_____
_____

O que você notou sobre o modo como esses padrões afetam seus relacionamentos com as outras pessoas?

_____
_____
_____
_____

Quando você percebe o aparecimento desses padrões, esse é um bom sinal de que você pode se beneficiar parando e preenchendo uma planilha para examinar o ponto de bloqueio mais de perto.

Após vários dias preenchendo as Listas de Padrões de Pensamento, Chris notou que, muitas vezes, sua mãe costumava tirar conclusões precipitadas. De repente, ela percebeu que era ali que havia adquirido esse hábito. Muitos de seus pontos de bloqueio caíram na categoria de tirar conclusões precipitadas. Ela fez muitas previsões sobre o futuro, como "as pessoas vão me julgar", "algo ruim vai acontecer" e "vou tomar uma decisão ruim". Ela também notou que costumava utilizar muito o raciocínio emocional. Ela assumiu, por sentir culpa como uma resposta automática (provavelmente por ter tirado conclusões precipitadas), que deve ter feito algo de errado. Ela nunca parou por tempo suficiente para decidir se, de fato, tinha feito algo de errado ou cometido um engano. Ela simplesmente usou sua culpa como prova do seu ponto de bloqueio. Depois que percebeu esse círculo vicioso entre tirar conclusões precipitadas e sentir-se culpada, ela foi capaz de se concentrar mais no momento presente.

🔧 Solução de problemas

É ruim que eu tenha muitos ou todos os padrões de pensamento?

Não, não é ruim se você encontrar exemplos de todos eles. Muitas pessoas com e sem TEPT têm esses padrões de pensamento comuns. Eles se tornam mais problemáticos quando você tem esse transtorno porque costuma pensar sobre os eventos traumáticos e seu futuro pelas lentes desses padrões. Realmente, é bom que você os perceba agora, pois, se você se tornar consciente deles, poderá começar a examinar se as conclusões a que você chega são de todo precisas, em vez de apenas supor que sejam verdadeiras. Cada vez que você percebe um padrão, é uma dica para desacelerar e reconsiderar o que você está dizendo a si mesmo.

O que devo fazer em relação a esses padrões?

Observe quando você se encaixa em um desses padrões, para que possa entender e corrigir a si mesmo. Esses são hábitos que podem mudar com a prática. A próxima planilha, a de Pensamentos Alternativos, reunirá todos esses conceitos, e você praticará bastante. A lição importante neste capítulo é entender como esses conceitos estão ajudando a mantê-lo preso ao TEPT. Quanto mais rápido você aprender a reconhecê-los e ajustar seus pensamentos, mais cedo se recuperará do seu TEPT. Com frequência, nesse ponto do processo, as pessoas começam a reconhecer e corrigir os extremos sutis em seus pontos de bloqueio, como reconhecer que não estão em perigo "em todos os lugares, o tempo todo" ou que não é verdade que, se tomarem uma decisão, ela "nunca" dará certo. Apenas uma simples mudança de "todos" para "algumas pessoas" ou de "sempre" para "às vezes" pode ter um grande impacto no modo como você se sente e como você vive.

Não tenho certeza se estou colocando meu pensamento na categoria certa.

Um único ponto de bloqueio pode se encaixar em mais de uma categoria, então não há uma categoria "certa". Por exemplo, um ponto de bloqueio como "a culpa é toda minha pelo que aconteceu" pode ser um exemplo de ignorar partes importantes da situação, tirar conclusões precipitadas, simplificar demais e raciocínio emocional. Você pode tentar descobrir se, para você, algum deles é um tipo mais forte de pensamento. Você costuma tirar mais conclusões precipitadas, se envolver em raciocínio emocional ou outra coisa? *Não se preocupe em "acertar"*. Apenas perceber que seus pontos de bloqueio fazem parte de um padrão de pensamento é suficiente para ajudá-lo a desacelerar e começar a examiná-los com mais atenção.

Eu me sinto mal por ter esses padrões.
É muito estúpido da minha parte pensar assim.

Esses padrões surgem para pessoas com e sem TEPT. É uma forma de organizar as informações e tentar ter uma sensação de controle. As coisas que você diz para si mesmo quando está se julgando por ter os padrões são pontos de bloqueio. Dê uma olhada neles de perto e não se culpe por tomar os mesmos atalhos mentais que todo mundo toma. Basta utilizar os padrões como informação de que esse é um bom momento para dar uma olhada no que você está dizendo a si mesmo. Quando você perceber um ponto de bloqueio ou um padrão, desacelere e examine os pontos enquanto preenche suas planilhas para praticar. Quando você começar a mudar seu pensamento, não adiantará se culpar por ter pensado diferente anteriormente. Você está aprendendo algo novo!

*   *   *

Após ter preenchido as listas por alguns dias, é hora de verificar seu progresso novamente com a Lista de Verificação do TEPT. Como estão os sintomas? Você já está percebendo alguma redução ao olhar para suas pontuações de semana para semana, ou em seu Gráfico para acompanhar suas pontuações semanais na página 29? A próxima planilha, no Capítulo 10, vai ajudá-lo a reunir tudo o que você tem aprendido e pode auxiliá-lo a diminuir ainda mais seus sintomas.

Lista de Verificação do TEPT

Preencha a Lista de Verificação do TEPT para acompanhar seus sintomas enquanto lê este livro. Não se esqueça de preencher esta medição com base no mesmo evento central todas as vezes. Quando as instruções e as perguntas se referirem a uma "experiência estressante", lembre-se de que esse é o seu evento central — o pior evento, no qual você está trabalhando primeiro.

Escreva aqui o trauma em que você está trabalhando primeiro: _____

Preencha esta Lista de Verificação do TEPT com referência a esse evento.

Instruções: A seguir está uma lista de problemas que as pessoas às vezes têm em resposta a uma experiência muito estressante. Por favor, leia cada problema com atenção e, em seguida, circule um dos números à direita para indicar o quanto você foi incomodado por esse problema **no último mês**.

No último mês, quanto você foi incomodado por:	De modo nenhum	Um pouco	Moderadamente	Muito	Extremamente
1. Lembranças indesejáveis, perturbadoras e repetitivas da experiência estressante?	0	1	2	3	4
2. Sonhos perturbadores e repetitivos com a experiência estressante?	0	1	2	3	4
3. De repente, sentindo ou agindo como se a experiência estressante estivesse, de fato, acontecendo de novo (como se *você estivesse revivendo-a, de verdade, lá no passado*)?	0	1	2	3	4
4. Sentir-se muito chateado quando algo lembra você da experiência estressante?	0	1	2	3	4
5. Ter reações físicas intensas quando algo lembra você da experiência estressante (*por exemplo, coração apertado, dificuldade para respirar, suor excessivo*)?	0	1	2	3	4
6. Evitar lembranças, pensamentos, ou sentimentos relacionados à experiência estressante?	0	1	2	3	4
7. Evitar lembranças externas da experiência estressante (*por exemplo, pessoas, lugares, conversas, atividades, objetos ou situações*)?	0	1	2	3	4
8. Não conseguir se lembrar de partes importantes da experiência estressante?	0	1	2	3	4
9. Ter crenças negativas intensas sobre você, outras pessoas ou o mundo (*por exemplo, ter pensamentos tais como: "Eu sou ruim", "existe algo seriamente errado comigo", "ninguém é confiável", "o mundo todo é perigoso"*)?	0	1	2	3	4

(Continua)

(Continuação)

No último mês, quanto você foi incomodado por:	De modo nenhum	Um pouco	Moderadamente	Muito	Extremamente
10. Culpar a si mesmo ou aos outros pela experiência estressante ou pelo que aconteceu depois dela?	0	1	2	3	4
11. Ter sentimentos negativos intensos como medo, pavor, raiva, culpa ou vergonha?	0	1	2	3	4
12. Perder o interesse em atividades que você costumava apreciar?	0	1	2	3	4
13. Sentir-se distante ou isolado das outras pessoas?	0	1	2	3	4
14. Dificuldades para vivenciar sentimentos positivos (*por exemplo, ser incapaz de sentir felicidade ou sentimentos amorosos por pessoas próximas a você*)?	0	1	2	3	4
15. Comportamento irritado, explosões de raiva ou agir agressivamente?	0	1	2	3	4
16. Correr muitos riscos ou fazer coisas que podem lhe causar algum mal?	0	1	2	3	4
17. Ficar "super" alerta, vigilante ou de sobreaviso?	0	1	2	3	4
18. Sentir-se apreensivo ou assustado facilmente?	0	1	2	3	4
19. Ter dificuldades para se concentrar?	0	1	2	3	4
20. Problemas para adormecer ou continuar dormindo?	0	1	2	3	4

Calcule a soma e a escreva aqui: _____

Extraído de PTSD Checklist for DSM-5 (PCL-5), de Weathers, Litz, Keane, Palmieri, Marx e Schnurr (2013). Disponível no National Center for PTSD, em www.ptsd.va.gov; em domínio público. Adaptação no Brasil: Lima Osório, F., Da Silva, T. D. A., Santos, R. G., Chagas, M. H. N., Chagas, N. M. S., Sanches, R. F., & De Souza Crippa, J. A. (2017). Posttraumatic stress disorder checklist for DSM-5 (PCL-5): Transcultural adaptation of the Brazilian version. *Revista de Psiquiatria Clínica*, 44(1), 10–19. https://doi.org/10.1590/0101-60830000000107. Reproduzido em *Vencendo o transtorno de estresse pós-traumático com a terapia de processamento cognitivo*. Os compradores deste livro podem baixar cópias adicionais desta planilha na página do livro em loja.grupoa.com.br.

10

Utilizando a Planilha de Pensamentos Alternativos para equilibrar seu pensamento

Você já aprendeu vários processos para examinar seus pontos de bloqueio: primeiro, rotulando-os e entendendo quais emoções eles trazem à tona (Planilhas ABC, páginas 107–110), depois, examinando-os ao fazer perguntas (Listas de Perguntas Exploratórias, páginas 129–138) e, por fim, identificando os padrões de pensamento nos quais eles se enquadram (Listas de Padrões de Pensamento, páginas 148–154). Agora você está pronto para montar todo o processo e identificar coisas que você pode querer dizer a si mesmo em vez do que tem dito e que podem ser mais equilibradas e realistas.

INSTRUÇÕES PARA PREENCHIMENTO DA PLANILHA DE PENSAMENTOS ALTERNATIVOS

A Planilha de Pensamentos Alternativos será a última apresentada. Você a utilizará durante o restante do seu trabalho, enquanto continua a considerar seus pontos de bloqueio.

Dê uma olhada na Planilha de Pensamentos Alternativos, na página 162. Você também pode baixar e fazer cópias dessa planilha acessando a página do livro em loja.grupoa.com.br. Ela pode parecer complicada, mas você já aprendeu e completou quase tudo na página. Vamos dividi-la em partes, para que você possa entender como ela mapeia os processos já aprendidos.

- **ABC.** As duas primeiras colunas são as mesmas da Planilha ABC, que você já aprendeu. Escreva o evento ou a situação na coluna A. Por enquanto, esse deve ser o evento traumático mais angustiante (dê-lhe um nome — não o chame simplesmente de "o evento" ou "aquilo que ocorreu"). Com o tempo, à medida que você passa a avaliar seus pensamentos sobre a causa do seu trauma, pode avaliar seus pontos de bloqueio que surgem em situações do dia a dia. Nesses casos, quanto mais específico você puder ser na planilha a respeito do evento, mais fácil será responder às perguntas, pensar sobre seus padrões de pensamento e chegar a um pensamento mais equilibrado e baseado em fatos.

Em seguida, na coluna B, escreva sobre esse evento em um de seus pontos de bloqueio (apenas um por planilha). Se você começou com a coluna B, o pensamento, não se esqueça de voltar e preencher a coluna A, o evento específico. Agora estamos adicionando algo novo. Avalie, de zero a 100%, o quanto você acredita nesse pensamento. Quando você estava começando nesse processo, talvez estivesse acreditando totalmente (100%) nele e supondo que seu pensamento era realmente um fato. No entanto, agora que você compreende a diferença entre um fato e uma opinião (seu ponto de bloqueio), pode ser que não acredite mais completamente nele. Isso também se aplica às emoções que você sente quando pensa naquele ponto de bloqueio.

Na coluna C, anote a emoção ou as emoções que você sente quando pensa no ponto de bloqueio (se for preciso, volte e olhe para o diagrama Identificando as Emoções, na página 73). Avaliar a intensidade de suas emoções também é uma novidade nesta planilha. Classifique a intensidade com que você sente cada emoção em uma escala de zero a 100%. No início, você pode ter avaliado tudo como 100%. Agora, é possível que suas emoções tenham diminuído.

- **Investigando os pensamentos.** Em seguida, na coluna D, há abreviações de todas as perguntas exploratórias das páginas 120 e 121, que você já se fez. Se precisar, volte e olhe para as perguntas completas enquanto as responde em relação ao ponto de bloqueio na coluna B. Tente responder o máximo que puder e, em vez de apenas dizer "sim" ou "não", escreva o suficiente para que consiga rever mais tarde e entender por que a resposta foi sim ou não.

- **Padrões de pensamento.** Na coluna E estão os padrões de pensamento nos quais você trabalhou no capítulo anterior, nas páginas 148–154. Esse ponto de bloqueio representa algum desses padrões? Se sim, anote como esse ponto se enquadra em um ou mais dos padrões.

- **Acrescentando um pensamento alternativo.** A última coluna inclui novas habilidades importantes que estamos adicionando neste capítulo. Essa é uma oportunidade para acrescentar um pensamento diferente, que pode ser mais baseado em fatos, ou mais útil. (Embora você de fato também já tenha praticado essa habilidade quando estava preenchendo a Planilha ABC, na página 105, se respondeu às perguntas na parte inferior da planilha, "O que você pode dizer a si mesmo em tais ocasiões no futuro?".) O que mais você poderia dizer em vez disso, sobre seu ponto de bloqueio, após passar pelas etapas da planilha? Há algo que você possa dizer que seja mais equilibrado e baseado em fatos do que o que tem dito por hábito? Há uma forma de pensar sobre o evento que seja mais justa para você e para a situação?

Planilha de Pensamentos Alternativos

A. Situação	B. Ponto de bloqueio	D. Explorando pensamentos	E. Padrões de pensamento	F. Pensamento(s) alternativo(s)
Descreva o evento que leva ao ponto de bloqueio ou a emoções desagradáveis	Escreva seu ponto de bloqueio relacionado à situação na coluna A. Avalie sua crença nesse ponto de bloqueio, de zero a 100%. (O quanto você acredita nesse pensamento?)	Use as **perguntas exploratórias** para examinar seu pensamento automático da coluna A. Considere se o pensamento é equilibrado e factual ou extremo.	Use os **padrões de pensamento** para decidir se este é um dos padrões e explique por quê.	O que mais você pode dizer no lugar do pensamento na coluna B? De que outra forma você pode interpretar o evento que não seja a partir desse pensamento? Avalie sua crença no(s) pensamento(s) alternativo(s) de zero a 100%.
		Evidência contra? Que informações não estão incluídas? Tudo ou nada? Afirmações extremas?	Tirar conclusões precipitadas: Ignorar partes importantes:	
	C. Emoção(ões) Especifique sua(s) emoção(ões) (triste, zangado, etc.) e avalie a intensidade de cada uma delas, de zero a 100%.	Focando em apenas uma parte do evento? Fonte de informação questionável? Confundindo possível com improvável?	Simplificar/generalizar: Leitura mental: Raciocínio emocional:	**G. Reavaliação do ponto de bloqueio original** Reavalie o quanto você agora acredita no ponto de bloqueio na coluna B, de zero a 100%.
		Com base em sentimentos ou em fatos?		**H. Emoção(ões)** Como você se sente agora? Avalie de zero a 100%.

De *Vencendo o transtorno de estresse pós-traumático com a terapia de processamento cognitivo*, de Resick, Stirman e LoSavio. Artmed, 2025. Os compradores deste livro podem baixar cópias adicionais desta planilha na página do livro em loja.grupoa.com.br.

Com frequência, as pessoas têm dificuldade em descobrir o que mais podem dizer a si mesmas. Consulte o quadro de dicas a seguir para obter ideias sobre como escrever um pensamento alternativo.

O ideal é que o pensamento alternativo seja equilibrado (não uma afirmação extrema), baseado em fatos, justo e, sobretudo, que você acredite nele pelo menos um pouco. Observe como você se sente quando diz o pensamento antigo e como se sente quando diz o pensamento alternativo. Experimente diferentes pensamentos alternativos para ver se há um em específico que você considera mais preciso e útil, que você possa repetir a si mesmo.

Agora avalie, de zero a 100%, o quanto você acredita nesse novo pensamento. Escreva esse número na mesma caixa do seu pensamento alternativo (coluna F). Se não acredita nele, deve continuar pensando sobre o que seria um pensamento alternativo em que você acredita pelo menos um pouco.

- **Reavaliação do ponto de bloqueio original.** Em seguida, na coluna G, avalie o quanto você acredita agora no ponto de bloqueio original. Você ainda crê tanto quanto no início da planilha (na coluna B)? A crença diminuiu um pouco, agora que considerou as evidências? Tudo bem se você ainda acredita um pouco no ponto de bloqueio. Você pode ter acreditado 100% originalmente, então qualquer redução sugere que neste momento você tem várias maneiras diferentes de pensar sobre o evento.

DICAS PARA DESENVOLVER UM PENSAMENTO ALTERNATIVO

- Um bom ponto de partida pode ser aquilo que você inclui em "evidência contra". Por exemplo, se seu ponto de bloqueio era "se eu tivesse lutado mais, poderia ter impedido o assalto" e sua evidência contra era "eu lutei o máximo que pude", "eram dois contra um" e "se eu tivesse lutado mais, poderia ter me ferido mais ou morrido", você poderia utilizar um desses como seu pensamento alternativo, ou então poderia resumir esses pontos, e seu pensamento alternativo poderia ser "eu fiz o melhor que pude e sobrevivi ao ataque".
- Pode ser útil dizer por que você fez aquilo ou o que foi de fato realista, após considerar todo o contexto do evento. Você poderia dizer: "eu realmente não tive escolha porque as coisas aconteceram muito rápido" ou "eu não pretendia que o acidente de carro acontecesse; estava apenas tentando pegar um atalho para trabalhar."
- Outra dica é procurar palavras extremas no seu ponto de bloqueio. Se você tem palavras ou frases como *deveria* ou *devo*, ou *sempre*, pode suavizar essas palavras para serem menos extremas? As palavras *deveria* e *devo* parecem ser comandos. Você está sendo perfeccionista?
- É mesmo possível que algo aconteça sempre ou que se faça algo "sempre"? Algo acontece todas as vezes ou apenas às vezes? Da mesma forma, algo é verdade para "todos", ou é mais correto dizer "algumas pessoas"? Se você pode encontrar mesmo uma única exceção, então pode suavizar sua linguagem para "às vezes" ou "algumas pessoas". Essa pequena mudança faria diferença, ou mudaria a forma como você se comporta?

⊃ Uma dica final é parar de passar de um extremo a outro com seu pensamento alternativo: se o seu ponto de bloqueio era "as pessoas sempre vão me machucar", o pensamento equilibrado alternativo não é "as pessoas nunca vão me machucar". Isso seria muito extremo do lado oposto. Que tal "é possível que alguém possa me machucar, mas é improvável que todos estejam tentando me machucar"? Qual seria a sensação?

- **Reavaliação das emoções.** Por fim, na coluna H, escreva que emoções você sente agora e o quanto você as sente quando tem o pensamento alternativo que criou na coluna F. Elas estão na mesma intensidade que estavam no início da planilha, quando você estava pensando no ponto de bloqueio (em comparação com o que você colocou na coluna C)? Às vezes, as emoções não ficam apenas menos intensas; elas podem mudar totalmente. Se sua emoção na coluna C foi culpada e você percebe que foi culpa de outra pessoa, essa culpa pode diminuir, mas você também pode começar a sentir raiva por alguém ter escolhido machucá-lo dessa maneira. Essa é uma emoção natural quando alguém pretende que você se prejudique. Pode haver emoções naturais associadas à aceitação do evento traumático, como luto e tristeza. É importante experimentar essas emoções naturais, pois elas não vão durar para sempre, e você não precisa fazer algo para impedi-las. Apenas permita-se sentir o que quer que seja que você sente. Elas acabarão diminuindo se você se permitir senti-las e não bloqueá-las repetindo seus pontos de bloqueio.

Se não há diferença em suas emoções quando você muda seu pensamento para o alternativo, ou se você não acredita na nova afirmação, talvez deva rever a planilha um pouco mais e analisar se consegue obter alguma ideia mais útil. Lembre-se de se concentrar nas evidências contra o seu ponto de bloqueio. Se as provas contra são factuais, podem ser a base para um pensamento alternativo. Lembre-se também de que essa não é necessariamente uma habilidade que lhe foi ensinada na escola, por isso, é preciso praticar. Você precisará continuar trabalhando nos pontos de bloqueio sobre a causa de seus traumas enquanto ainda os tiver. Após ter trabalhado nesses pontos, você poderá começar a trabalhar nas formas como pensa sobre o presente e o futuro.

Não se preocupe se você ainda não acredita totalmente no novo pensamento ou se pensa consigo mesmo "eu sei que esse pensamento alternativo é verdadeiro, mas eu ainda sinto _____". Você está no meio deste programa e no meio da mudança de pensamentos, então suas emoções ainda podem ser confusas. Após criar uma boa planilha, você poderá lê-la de maneira repetida, refletindo sobre a realidade do evento, até que o pensamento alternativo soe mais confortável e realista, verdadeiro ou justo para você.

> ▶▶ Para assistir a um vídeo (em inglês) que revise o que você acabou de ler aqui sobre como utilizar a Planilha de Pensamentos Alternativos, acesse a CPT Whiteboard Video Library (http://cptforptsd.com/cpt-resources) e assista ao vídeo chamado *How to fill out an Alternative Thoughts Worksheet* (Como preencher uma Planilha de Pensamentos Alternativos). Você também pode assistir a um vídeo chamado *Alternative Thoughts Worksheet example* (Exemplo de Planilha de Pensamentos Alternativos).

✎ Tarefa prática

Utilize as Planilhas de Pensamentos Alternativos para analisar pelo menos um de seus pontos de bloqueio a cada dia. Comece com pontos do seu registro sobre a causa dos eventos traumáticos. Complete pelo menos uma Planilha de Pensamentos Alternativos por dia até que você esteja confortável ao examinar seus pontos de bloqueio com as perguntas e possa desenvolver pensamentos alternativos que poderão ser usados para neutralizar seus pensamentos inúteis, ou até que você tenha completado uma semana de prática.

Lembre-se de se concentrar nos pontos de bloqueio que o mantiveram preso ao seu TEPT, como sentir culpa, culpar as pessoas que, na verdade, não tiveram a intenção do dano, fazer declarações do tipo *e se* ou *deveria–poderia–faria*, se você ainda acredita nelas. Além disso, continue priorizando seus pontos de bloqueio sobre seu trauma-alvo. À medida que você trabalha em seus pontos de bloqueio sobre esse evento, pode começar a preencher planilhas sobre tais pontos referentes a outros traumas que você possa ter sofrido. Se notar novos pontos, lembre-se de adicioná-los ao seu Registro de Pontos de Bloqueio (página 64).

Incluímos alguns exemplos de Planilhas de Pensamentos Alternativos já preenchidas nas páginas 166 e 167, para você consultar. Eles são seguidos por várias planilhas em branco (páginas 168–174).

🔧 Solução de problemas

Esta planilha parece muito complicada.

Tente cobrir a planilha com um pedaço de papel em branco. Agora, deslize o papel para a direita, para ver apenas as duas primeiras colunas do lado esquerdo. Isso parece familiar? Essa é a Planilha ABC que você já fez muitas vezes. A única diferença é que agora estamos pedindo que você avalie o quanto acredita nos pontos de bloqueio e a intensidade com que sente suas emoções. A próxima coluna é a Lista de Perguntas Exploratórias. Você também já praticou essa habilidade. As sete perguntas são resumidas com apenas algumas palavras, para caber na coluna, mas você pode voltar ao Capítulo 8 (páginas 120 e 121) e examinar as perguntas e os exemplos reais. A próxima coluna reflete o trabalho que você fez no Capítulo 9, na Lista de Padrões de Pensamento (páginas 148–154). A única coisa nova nessa planilha é a coluna na

Planilha de Pensamentos Alternativos

A. Situação	B. Ponto de bloqueio	C. Emoção(ões)	D. Explorando pensamentos	E. Padrões de pensamento	F. Pensamento(s) alternativo(s)	G. Reavaliação do ponto de bloqueio original	H. Emoção(ões)
Descreva o evento que leva ao ponto de bloqueio ou a emoções desagradáveis	Escreva seu ponto de bloqueio relacionado à situação na coluna A. Avalie sua crença nesse ponto de bloqueio, de zero a 100%. (O quanto você acredita nesse pensamento?)	Especifique sua(s) emoção(ões) (triste, zangado, etc.) e avalie a intensidade de cada uma delas, de zero a 100%.	Use as **perguntas exploratórias** para examinar seu pensamento automático da coluna B. Considere se o pensamento é equilibrado e factual ou extremo.	Use os **padrões de pensamento** para decidir se este é um dos padrões e explique por quê.	O que mais você pode dizer no lugar do pensamento na coluna B? De que outra forma você pode interpretar o evento que não seja esse pensamento? Avalie sua crença no(s) pensamento(s) alternativo(s) de zero a 100%.	Reavalie o quanto você agora acredita no ponto de bloqueio na coluna B, de zero a 100%.	Como você se sente agora? Avalie de zero a 100%.
Meu marido morrendo na queda do prédio.	Eu deveria ter seguido minha intuição de que algo estava errado naquele dia e não ter deixado ele ir trabalhar. 90%		Evidência contra? Eu não sabia que o prédio desabaria.	Tirar conclusões precipitadas:	Eu gostaria de saber que esse evento iria acontecer e poder ter salvado meu marido, mas, falando de forma realista, eu não tinha informações suficientes para agir. Tive um mau pressentimento, mas não sabia o que fazer, e não é realista pensar que eu poderia ter mantido meu marido em casa. 70%		
			Que informações não estão incluídas? Eu não sabia por que eu tinha um sentimento ruim. Também tinha esses sentimentos ruins antes, e às vezes não era nada ou era algo pequeno.	Ignorar partes importantes: Mesmo que eu tivesse tentado convencê-lo a ficar em casa e não trabalhar, ele provavelmente teria ido de qualquer forma. Ele tinha reuniões importantes naquele dia.			
			Tudo ou nada? Afirmações extremas? Dizer "deveria ter".	Simplificar/generalizar:			
			Focando em apenas uma parte do evento?	Leitura mental:			
			Focando no sentimento de intuição.	Raciocínio emocional: Definitivamente baseado em emoções. Sinto-me culpada e retorno à minha intuição na época, mas eu não tinha nenhum fato concreto.			
	Culpada 100%		Fonte de informação questionável? Creio que é baseado no retrospecto. Olho para trás agora dizendo que "eu deveria ter" feito algo na ocasião com base no resultado.			25%	
	Arrependida 100%		Confundindo possível com improvável?				Triste 80%
			Com base em sentimentos ou em fatos? Definitivamente em sentimentos.				Arrependida 25%

Planilha de Pensamentos Alternativos

A. Situação	B. Ponto de bloqueio	C. Emoção(ões)	D. Explorando pensamentos	E. Padrões de pensamento	F. Pensamento(s) alternativo(s)
Descreva o evento que leva ao ponto de bloqueio ou a emoções desagradáveis	Escreva seu ponto de bloqueio relacionado à situação na coluna A. Avalie sua crença nesse ponto de bloqueio, de zero a 100%. (O quanto você acredita nesse pensamento?)		Use as **perguntas exploratórias** para examinar seu pensamento automático da coluna B. Considere se o pensamento é equilibrado e factual ou extremo.	Use os **padrões de pensamento** para decidir se este é um dos padrões e explique por quê.	O que mais você pode dizer no lugar do pensamento na coluna B? De que outra forma você pode interpretar o evento que não seja esse pensamento? Avalie sua crença no(s) pensamento(s) alternativo(s) de zero a 100%.
Ver uma criança assassinada como parte do meu trabalho como policial.	Coisas assim não eram para acontecer com crianças inocentes. 100%		Evidência contra? Acho que o ideal é que não haja assassinato de ninguém – crianças ou não. Mas isso acontece. Que informações não estão incluídas? Tudo ou nada? Afirmações extremas? Acho exagerado dizer que isso não "deveria" acontecer, como se houvesse uma regra universal de que crianças nunca seriam feridas.	Tirar conclusões precipitadas: Ignorar partes importantes: Quando digo que isso não deveria acontecer com crianças, estou deixando de fora que, infelizmente, coisas assim acontecem com frequência. As crianças são vulneráveis e, por isso, costumam ser vítimas de crimes. Tem sido assim desde o início dos tempos.	O ideal é que as crianças (e os adultos) estejam seguros, mas nem sempre isso acontece. Às vezes acontecem coisas ruins, ou pessoas fazem coisas prejudiciais, e nem sempre é justo com quem sofre as consequências.
		Especifique sua(s) emoção(ões) (triste, zangado, etc.) e avalie a intensidade de cada uma delas, de zero a 100%.	Focando em apenas uma parte do evento? Focando em serem crianças.	Simplificar/generalizar:	**G. Reavaliação do ponto de bloqueio original** Reavalie o quanto você agora acredita no ponto de bloqueio na coluna B, de zero a 100%.
		Zangado 75% Confuso 80%	Fonte de informação questionável? Essa crença vem de visões morais de que as crianças devem ser protegidas. Esse é o ideal, mas não significa que sempre funcione assim. Confundindo possível com improvável? Com base em sentimentos ou em fatos? Com base em meus sentimentos de ultraje.	Supondo que crianças sempre devem estar seguras, o que não é realista ou possível. Leitura mental: Raciocínio emocional: Parece tão errado e devastador quando acontecem coisas assim.	20%
					H. Emoção(ões) Como você se sente agora? Avalie de zero a 100%.
					Zangado 50% Triste 50%

Planilha de Pensamentos Alternativos

A. Situação Descreva o evento que leva ao ponto de bloqueio ou a emoções desagradáveis	B. Ponto de bloqueio Escreva seu ponto de bloqueio relacionado à situação na coluna A. Avalie sua crença nesse ponto de bloqueio, de zero a 100%. (O quanto você acredita nesse pensamento?)	D. Explorando pensamentos Use as **perguntas exploratórias** para examinar seu pensamento automático da coluna B. Considere se o pensamento é equilibrado e factual ou extremo.	E. Padrões de pensamento Use os **padrões de pensamento** para decidir se este é um dos padrões e explique por quê.	F. Pensamento(s) alternativo(s) O que mais você pode dizer no lugar do pensamento na coluna B? De que outra forma você pode interpretar o evento que não seja esse pensamento? Avalie sua crença no(s) pensamento(s) alternativo(s) de zero a 100%.
		Evidência contra?	Tirar conclusões precipitadas:	
		Que informações não estão incluídas?		
	C. Emoção(ões) Especifique sua(s) emoção(ões) (triste, zangado, etc.) e avalie a intensidade de cada uma delas, de zero a 100%.	Tudo ou nada? Afirmações extremas?	Ignorar partes importantes:	
		Focando em apenas uma parte do evento?	Simplificar/generalizar:	G. Reavaliação do ponto de bloqueio original Reavalie o quanto você agora acredita no ponto de bloqueio da coluna B, de zero a 100%.
		Fonte de informação questionável?	Leitura mental:	
		Confundindo possível com improvável?	Raciocínio emocional:	H. Emoção(ões) Como você se sente agora? Avalie de zero a 100%.
		Com base em sentimentos ou em fatos?		

De *Vencendo o transtorno de estresse pós-traumático com a terapia de processamento cognitivo*, de Resick, Stirman e LoSavio. Artmed, 2025. Os compradores deste livro podem baixar cópias adicionais desta planilha na página do livro em loja.grupoa.com.br.

Planilha de Pensamentos Alternativos

A. Situação	B. Ponto de bloqueio	C. Emoção(ões)	D. Explorando pensamentos	E. Padrões de pensamento	F. Pensamento(s) alternativo(s)
Descreva o evento que leva ao ponto de bloqueio ou a emoções desagradáveis	Escreva seu ponto de bloqueio relacionado à situação na coluna A. Avalie sua crença nesse ponto de bloqueio, de zero a 100%. (O quanto você acredita nesse pensamento?)	Especifique sua(s) emoção(ões) (triste, zangado, etc.) e avalie a intensidade de cada uma delas, de zero a 100%.	Use as **perguntas exploratórias** para examinar seu pensamento automático da coluna B. Considere se o pensamento é equilibrado e factual ou extremo.	Use os **padrões de pensamento** para decidir se este é um dos padrões e explique por quê.	O que mais você pode dizer no lugar do pensamento na coluna B? De que outra forma você pode interpretar o evento que não seja esse pensamento? Avalie sua crença no(s) pensamento(s) alternativo(s) de zero a 100%.
			Evidência contra?	Tirar conclusões precipitadas:	
			Que informações não estão incluídas?		
			Tudo ou nada? Afirmações extremas?	Ignorar partes importantes:	
			Focando em apenas uma parte do evento?	Simplificar/generalizar:	G. Reavaliação do ponto de bloqueio original
			Fonte de informação questionável?	Leitura mental:	Reavalie o quanto você agora acredita no ponto de bloqueio da coluna B, de zero a 100%.
			Confundindo possível com improvável?	Raciocínio emocional:	
			Com base em sentimentos ou em fatos?		H. Emoção(ões)
					Como você se sente agora? Avalie de zero a 100%.

De *Vencendo o transtorno de estresse pós-traumático com a terapia de processamento cognitivo*, de Resick, Stirman e LoSavio. Artmed, 2025. Os compradores deste livro podem baixar cópias adicionais desta planilha na página do livro em loja.grupoa.com.br.

Planilha de Pensamentos Alternativos

A. Situação	B. Ponto de bloqueio	D. Explorando pensamentos	E. Padrões de pensamento	F. Pensamento(s) alternativo(s)
Descreva o evento que leva ao ponto de bloqueio ou a emoções desagradáveis	Escreva seu ponto de bloqueio relacionado à situação na coluna A. Avalie sua crença nesse ponto de bloqueio, de zero a 100%. (O quanto você acredita nesse pensamento?)	Use as **perguntas exploratórias** para examinar seu pensamento automático da coluna B. Considere se o pensamento é equilibrado e factual ou extremo.	Use os **padrões de pensamento** para decidir se este é um dos padrões e explique por quê.	O que mais você pode dizer no lugar do pensamento na coluna B? De que outra forma você pode interpretar o evento que não seja esse pensamento? Avalie sua crença no(s) pensamento(s) alternativo(s) de zero a 100%.
		Evidência contra?	Tirar conclusões precipitadas:	
		Que informações não estão incluídas?	Ignorar partes importantes:	
	C. Emoção(ões) Especifique sua(s) emoção(ões) (triste, zangado, etc.) e avalie a intensidade de cada uma delas, de zero a 100%.	Tudo ou nada? Afirmações extremas?	Simplificar/generalizar:	**G. Reavaliação do ponto de bloqueio original** Reavalie o quanto você agora acredita no ponto de bloqueio da coluna B, de zero a 100%.
		Focando em apenas uma parte do evento?		
		Fonte de informação questionável?	Leitura mental:	
		Confundindo possível com improvável?	Raciocínio emocional:	**H. Emoção(ões)** Como você se sente agora? Avalie de zero a 100%.
		Com base em sentimentos ou em fatos?		

De *Vencendo o transtorno de estresse pós-traumático com a terapia de processamento cognitivo*, de Resick, Stirman e LoSavio. Artmed, 2025. Os compradores deste livro podem baixar cópias adicionais desta planilha na página do livro em loja.grupoa.com.br.

Planilha de Pensamentos Alternativos

A. Situação	B. Ponto de bloqueio	C. Emoção(ões)	D. Explorando pensamentos	E. Padrões de pensamento	F. Pensamento(s) alternativo(s)	G. Reavaliação do ponto de bloqueio original	H. Emoção(ões)
Descreva o evento que leva ao ponto de bloqueio ou a emoções desagradáveis	Escreva seu ponto de bloqueio relacionado à situação na coluna A. Avalie sua crença nesse ponto de bloqueio, de zero a 100%. (O quanto você acredita nesse pensamento?)	Especifique sua(s) emoção(ões) (triste, zangado, etc.) e avalie a intensidade de cada uma delas, de zero a 100%.	Use as **perguntas exploratórias** para examinar seu pensamento automático da coluna B. Considere se o pensamento é equilibrado e factual ou extremo.	Use os **padrões de pensamento** para decidir se este é um dos padrões e explique por quê.	O que mais você pode dizer no lugar do pensamento na coluna B? De que outra forma você pode interpretar o evento que não seja esse pensamento? Avalie sua crença no(s) pensamento(s) alternativo(s) de zero a 100%.	Reavalie o quanto você agora acredita no ponto de bloqueio da coluna B, de zero a 100%.	Como você se sente agora? Avalie de zero a 100%.
			Evidência contra?	Tirar conclusões precipitadas:			
			Que informações não estão incluídas?	Ignorar partes importantes:			
			Tudo ou nada? Afirmações extremas?				
			Focando em apenas uma parte do evento?	Simplificar/generalizar:			
			Fonte de informação questionável?	Leitura mental:			
			Confundindo possível com improvável?	Raciocínio emocional:			
			Com base em sentimentos ou em fatos?				

De *Vencendo o transtorno de estresse pós-traumático com a terapia de processamento cognitivo*, de Resick, Stirman e LoSavio. Artmed, 2025. Os compradores deste livro podem baixar cópias adicionais desta planilha na página do livro em loja.grupoa.com.br.

Planilha de Pensamentos Alternativos

A. Situação	B. Ponto de bloqueio	C. Emoção(ões)	D. Explorando pensamentos	E. Padrões de pensamento	F. Pensamento(s) alternativo(s)	G. Reavaliação do ponto de bloqueio original	H. Emoção(ões)
Descreva o evento que leva ao ponto de bloqueio ou a emoções desagradáveis	Escreva seu ponto de bloqueio relacionado à situação na coluna A. Avalie sua crença nesse ponto de bloqueio, de zero a 100%. (O quanto você acredita nesse pensamento?)	Especifique sua(s) emoção(ões) (triste, zangado, etc.) e avalie a intensidade de cada uma delas, de zero a 100%.	Use as **perguntas exploratórias** para examinar seu pensamento automático da coluna B. Considere se o pensamento é equilibrado e factual ou extremo. Evidência contra? Que informações não estão incluídas? Tudo ou nada? Afirmações extremas? Focando em apenas uma parte do evento? Fonte de informação questionável? Confundindo possível com improvável? Com base em sentimentos ou em fatos?	Use os **padrões de pensamento** para decidir se este é um dos padrões e explique por quê. Tirar conclusões precipitadas: Ignorar partes importantes: Simplificar/generalizar: Leitura mental: Raciocínio emocional:	O que mais você pode dizer no lugar do pensamento na coluna B? De que outra forma você pode interpretar o evento que não seja esse pensamento? Avalie sua crença no(s) pensamento(s) alternativo(s) de zero a 100%.	Reavalie o quanto você agora acredita no ponto de bloqueio da coluna B, de zero a 100%.	Como você se sente agora? Avalie de zero a 100%.

De *Vencendo o transtorno de estresse pós-traumático com a terapia de processamento cognitivo*, de Resick, Stirman e LoSavio. Artmed, 2025. Os compradores deste livro podem baixar cópias adicionais desta planilha na página do livro em loja.grupoa.com.br.

Planilha de Pensamentos Alternativos

A. Situação	B. Ponto de bloqueio	C. Emoção(ões)	D. Explorando pensamentos	E. Padrões de pensamento	F. Pensamento(s) alternativo(s)	G. Reavaliação do ponto de bloqueio original	H. Emoção(ões)
Descreva o evento que leva ao ponto de bloqueio ou a emoções desagradáveis	Escreva seu ponto de bloqueio relacionado à situação na coluna A. Avalie sua crença nesse ponto de bloqueio, de zero a 100%. (O quanto você acredita nesse pensamento?)	Especifique sua(s) emoção(ões) (triste, zangado, etc.) e avalie a intensidade de cada uma delas, de zero a 100%.	Use as **perguntas exploratórias** para examinar seu pensamento automático da coluna B. Considere se o pensamento é equilibrado e factual ou extremo.	Use os **padrões de pensamento** para decidir se este é um dos padrões e explique por quê.	O que mais você pode dizer no lugar do pensamento na coluna B? De que outra forma você pode interpretar o evento que não seja esse pensamento? Avalie sua crença no(s) pensamento(s) alternativo(s) de zero a 100%.	Reavalie o quanto você agora acredita no ponto de bloqueio da coluna B, de zero a 100%.	Como você se sente agora? Avalie de zero a 100%.
			Evidência contra?	Tirar conclusões precipitadas:			
			Que informações não estão incluídas?				
			Tudo ou nada? Afirmações extremas?	Ignorar partes importantes:			
			Focando em apenas uma parte do evento?	Simplificar/generalizar:			
			Fonte de informação questionável?	Leitura mental:			
			Confundindo possível com improvável?	Raciocínio emocional:			
			Com base em sentimentos ou em fatos?				

De *Vencendo o transtorno de estresse pós-traumático com a terapia de processamento cognitivo*, de Resick, Stirman e LoSavio. Artmed, 2025. Os compradores deste livro podem baixar cópias adicionais desta planilha na página do livro em loja.grupoa.com.br.

Planilha de Pensamentos Alternativos

A. Situação	B. Ponto de bloqueio	C. Emoção(ões)	D. Explorando pensamentos	E. Padrões de pensamento	F. Pensamento(s) alternativo(s)	G. Reavaliação do ponto de bloqueio original	H. Emoção(ões)
Descreva o evento que leva ao ponto de bloqueio ou a emoções desagradáveis	Escreva seu ponto de bloqueio relacionado à situação na coluna A. Avalie sua crença nesse ponto de bloqueio, de zero a 100%. (O quanto você acredita nesse pensamento?)	Especifique sua(s) emoção(ões) (triste, zangado, etc.) e avalie a intensidade de cada uma delas, de zero a 100%.	Use as **perguntas exploratórias** para examinar seu pensamento automático da coluna B. Considere se o pensamento é equilibrado e factual ou extremo.	Use os **padrões de pensamento** para decidir se este é um dos padrões e explique por quê.	O que mais você pode dizer no lugar do pensamento na coluna B? De que outra forma você pode interpretar o evento que não seja esse pensamento? Avalie sua crença no(s) pensamento(s) alternativo(s) de zero a 100%.	Reavalie o quanto você agora acredita no ponto de bloqueio da coluna B, de zero a 100%.	Como você se sente agora? Avalie de zero a 100%.
			Evidência contra?	Tirar conclusões precipitadas:			
			Que informações não estão incluídas?				
			Tudo ou nada? Afirmações extremas?	Ignorar partes importantes:			
			Focando em apenas uma parte do evento?	Simplificar/generalizar:			
			Fonte de informação questionável?	Leitura mental:			
			Confundindo possível com improvável?	Raciocínio emocional:			
			Com base em sentimentos ou em fatos?				

De Vencendo o transtorno de estresse pós-traumático com a terapia de processamento cognitivo, de Resick, Stirman e LoSavio. Artmed, 2025. Os compradores deste livro podem baixar cópias adicionais desta planilha na página do livro em loja.grupoa.com.br.

extrema direita, na qual você escreve um pensamento alternativo, avalia o quanto acredita nele, o quanto agora acredita no antigo ponto de bloqueio e quais emoções e o quanto você as sente após completar a planilha. Veja as planilhas de exemplo nas páginas 166 e 167 e utilize os capítulos anteriores para ajudá-lo a preencher esta planilha. Quanto mais você praticar, mais fácil será, e não é preciso estar tudo perfeito para obter os benefícios de praticar essas habilidades!

Não consigo criar um bom pensamento alternativo.

As sementes para um bom pensamento alternativo estão em suas respostas às perguntas. Olhe para o que você colocou sob a "evidência contra" seu ponto de bloqueio ou "as informações que não estão incluídas". Você também pode perceber que tem se concentrado em algo que não era factual. Se você encontrou uma série de fatos que fazem com que seu ponto de bloqueio não seja 100% verdadeiro, pode se concentrar nisso para pensar sobre o que mais poderia dizer a si mesmo em vez do ponto de bloqueio. Você também pode rever a planilha e pensar no que diria a um amigo que teve essa mesma experiência. Tente anotar seus pensamentos e ver como você se sente ao dizer isso a si mesmo.

Não posso mudar o que aconteceu comigo. Aconteceu.

É importante ressaltar que o objetivo da planilha não é questionar o que aconteceu com você. Você está correto — aconteceu, e o objetivo é aceitá-lo em vez de tentar desfazê-lo mentalmente após ter acontecido. O que você está examinando são seus *pensamentos* sobre o que ocorreu, como por que aconteceu e o que ou quem causou o evento, e o que isso significa para você e diz sobre você agora. Não questionamos ou mudamos situações ou fatos, apenas *interpretações* de situações que podem não ser 100% precisas e que podem mantê-lo preso ao TEPT. Em outras palavras, não estamos tentando nos livrar do evento ou da memória, mas apenas do poder que isso tem sobre você.

Não sei onde colocar minhas respostas.

Algumas das perguntas pedem coisas semelhantes. Você pode não ter certeza de onde escrever suas ideias. Com frequência, você poderia colocar o mesmo ponto em "evidências contra" ou "informações não incluídas". Às vezes, a mesma ideia se encaixa em "simplificar demais/generalizar" e "raciocínio emocional". Você pode colocar suas respostas em qualquer lugar que faça mais sentido para você. Lembre-se de que as planilhas são apenas uma ferramenta para você avaliar seu pensamento.

Tenho que responder a todas as perguntas?

Responda o máximo que puder e tente escrever explicações, em vez de apenas "sim" ou "não". No entanto, você pode não precisar responder a todas as perguntas ou a todos os padrões de pensamento, apenas os que se encaixam no ponto de bloqueio. Às vezes, uma pergunta não se aplica a determinado ponto de bloqueio. Além disso, se ficar bloqueado ou travado, pode passar para a próxima pergunta.

E se eu ainda acreditar no meu ponto de bloqueio?

Não é incomum ainda acreditar em seu ponto de bloqueio na primeira vez que você faz uma planilha sobre ele, mas espero que esteja começando a considerar mais fatos e outras maneiras de olhar para ele. Continue trabalhando nele, com mais planilhas. Além disso, você pode se perguntar se há alguma razão pela qual está se apegando a esse pensamento. Ele automaticamente faz parte da sua crença central? Há uma ideia ainda mais assustadora por baixo, que você esteja protegendo? Por exemplo, você quer se apegar à culpa porque, se renunciar a ela, pensará que não tem nenhum controle sobre sua vida ou sobre a possibilidade de algo ruim acontecer novamente? Se sim, escreva esse segundo ponto de bloqueio em seu registro ("se eu não poderia ter evitado, significa que não tenho controle sobre o que acontece") e comece a trabalhar nele.

E se minhas emoções não mudarem?

As emoções podem mudar de tipo ou de intensidade. Você pode não perceber que não está tão assustado ou envergonhado como antes, ou você pode notar que sente uma emoção semelhante, mas por motivo diferente e com intensidade ou direção diferente. Por exemplo, você pode passar de se sentir culpado e com raiva de si mesmo para se irritar com o agressor, ou, então, você pode ter sentido tristeza (e vergonha) pensando "fui abusada porque não fui amável", mas agora sente apenas tristeza com o pensamento alternativo "fui abusada porque eles escolheram abusar de mim". Embora os dois pensamentos possam levar à tristeza, a tristeza do pensamento alternativo se dissipará em intensidade ao longo do tempo, se você se permitir senti-la. A tristeza de que um trauma aconteceu é uma emoção natural, logo, faz sentido que você ainda se sinta triste. Permitir-se sentir a tristeza vai ajudá-lo a avançar para a recuperação. Lembre-se, mesmo que você sempre sinta alguma tristeza (porque o que ocorreu envolveu uma perda de algo ou alguém importante para você), ela se tornará menos intensa e mais uma tristeza silenciosa com o tempo, e você pode notar que se torna mais capaz de desfrutar de emoções positivas, além de sentir tristeza, do que quando as memórias traumáticas não eram processadas. Se suas emoções não mudarem em nada, volte e considere as perguntas mais uma vez, verificando se pode criar um pensamento alternativo mais útil. Talvez o que você escreveu como alternativa não seja muito diferente do ponto de bloqueio original. Encontre algo que seja equilibrado (não extremo), que seja baseado em fatos e em que você acredite pelo menos um pouco. Veja se pode escrever algo que pareça ser justo ou preciso, com base em todas as informações sobre o evento. Pode levar algum tempo até que suas emoções alcancem seu pensamento.

Lista de Verificação do TEPT

Preencha a Lista de Verificação do TEPT para acompanhar seus sintomas enquanto lê este livro. Não se esqueça de preencher esta medição com base no mesmo evento central todas as vezes. Quando as instruções e as perguntas se referirem a uma "experiência estressante", lembre-se de que esse é o seu evento central — o pior evento, no qual você está trabalhando primeiro.

Escreva aqui o trauma em que você está trabalhando primeiro: _____

Preencha esta Lista de Verificação do TEPT com referência a esse evento.

Instruções: A seguir está uma lista de problemas que as pessoas às vezes têm em resposta a uma experiência muito estressante. Por favor, leia cada problema com atenção e, em seguida, circule um dos números à direita para indicar o quanto você foi incomodado por esse problema **no último mês**.

No último mês, quanto você foi incomodado por:	De modo nenhum	Um pouco	Moderadamente	Muito	Extremamente
1. Lembranças indesejáveis, perturbadoras e repetitivas da experiência estressante?	0	1	2	3	4
2. Sonhos perturbadores e repetitivos com a experiência estressante?	0	1	2	3	4
3. De repente, sentindo ou agindo como se a experiência estressante estivesse, de fato, acontecendo de novo (como se *você estivesse revivendo-a, de verdade, lá no passado*)?	0	1	2	3	4
4. Sentir-se muito chateado quando algo lembra você da experiência estressante?	0	1	2	3	4
5. Ter reações físicas intensas quando algo lembra você da experiência estressante (*por exemplo, coração apertado, dificuldade para respirar, suor excessivo*)?	0	1	2	3	4
6. Evitar lembranças, pensamentos, ou sentimentos relacionados à experiência estressante?	0	1	2	3	4
7. Evitar lembranças externas da experiência estressante (*por exemplo, pessoas, lugares, conversas, atividades, objetos ou situações*)?	0	1	2	3	4
8. Não conseguir se lembrar de partes importantes da experiência estressante?	0	1	2	3	4
9. Ter crenças negativas intensas sobre você, outras pessoas ou o mundo (*por exemplo, ter pensamentos tais como: "Eu sou ruim", "existe algo seriamente errado comigo", "ninguém é confiável", "o mundo todo é perigoso"*)?	0	1	2	3	4

(Continua)

(Continuação)

No último mês, quanto você foi incomodado por:	De modo nenhum	Um pouco	Moderadamente	Muito	Extremamente
10. Culpar a si mesmo ou aos outros pela experiência estressante ou pelo que aconteceu depois dela?	0	1	2	3	4
11. Ter sentimentos negativos intensos como medo, pavor, raiva, culpa ou vergonha?	0	1	2	3	4
12. Perder o interesse em atividades que você costumava apreciar?	0	1	2	3	4
13. Sentir-se distante ou isolado das outras pessoas?	0	1	2	3	4
14. Dificuldades para vivenciar sentimentos positivos (*por exemplo, ser incapaz de sentir felicidade ou sentimentos amorosos por pessoas próximas a você*)?	0	1	2	3	4
15. Comportamento irritado, explosões de raiva ou agir agressivamente?	0	1	2	3	4
16. Correr muitos riscos ou fazer coisas que podem lhe causar algum mal?	0	1	2	3	4
17. Ficar "super" alerta, vigilante ou de sobreaviso?	0	1	2	3	4
18. Sentir-se apreensivo ou assustado facilmente?	0	1	2	3	4
19. Ter dificuldades para se concentrar?	0	1	2	3	4
20. Problemas para adormecer ou continuar dormindo?	0	1	2	3	4

Calcule a soma e a escreva aqui: _____

Extraído de PTSD Checklist for DSM-5 (PCL-5), de Weathers, Litz, Keane, Palmieri, Marx e Schnurr (2013). Disponível no National Center for PTSD, em www.ptsd.va.gov; em domínio público. Adaptação no Brasil: Lima Osório, F., Da Silva, T. D. A., Santos, R. G., Chagas, M. H. N., Chagas, N. M. S., Sanches, R. F., & De Souza Crippa, J. A. (2017). Posttraumatic stress disorder checklist for DSM-5 (PCL-5): Transcultural adaptation of the Brazilian version. *Revista de Psiquiatria Clínica*, 44(1), 10–19. https://doi.org/10.1590/0101-60830000000107. Reproduzido em *Vencendo o transtorno de estresse pós-traumático com a terapia de processamento cognitivo*. Os compradores deste livro podem baixar cópias adicionais desta planilha na página do livro em loja.grupoa.com.br.

REFLETINDO SOBRE SEU PROGRESSO

Agora é um bom momento para fazer uma pausa e refletir sobre o seu progresso até agora. Reserve um tempo para preencher a Lista de Verificação do TEPT e examine as pontuações totais de semana a semana no Gráfico para acompanhar suas pontuações semanais da página 29, para verificar se observa alguma alteração no seu nível de sintomas. Você está vendo alguma melhora em seus sintomas evidenciada pela diminuição das pontuações? Você está percebendo outras mudanças no seu dia a dia? Por exemplo, você tem ido a lugares que teria evitado ou reagido a pessoas e situações de forma diferente do que costumava fazer? Você se sente diferente quando pensa no evento traumático? Há muitas maneiras diferentes de notar o progresso.

Além disso, olhe para o seu Registro de Pontos de Bloqueio. Em especial, analise os pontos de bloqueio que você tem sobre o evento traumático, como e por que ele ocorreu, quem é o culpado por ele, se poderia ter sido evitado e coisas assim. Você ainda acredita nesses pensamentos da mesma forma como quando os escreveu pela primeira vez? Se houver algum ponto de bloqueio em seu registro no qual você não acredite mais, pode riscá-los. Parabenize-se por qualquer progresso que você tenha feito ao pensar em suas crenças sobre o evento! Se você ainda acredita nesses pontos de bloqueio, ou ainda acha que eles são pelo menos um pouco verdadeiros, pode deixá-los em seu registro e continuar trabalhando neles nos próximos capítulos. Não se preocupe se você ainda acredita na maioria dos seus pontos de bloqueio. No restante deste livro, haverá muitas oportunidades para continuar progredindo em seus pontos de bloqueio e em seus sintomas.

Se você não está percebendo mudança

Primeiro, é importante lembrar que você provavelmente pensa de uma forma há muito tempo, então terá que praticar para desenvolver uma nova maneira de pensar. Se você notou que tende a pensar do mesmo modo nas situações (mesmos pontos de bloqueio ou padrões de pensamento), pode ter uma **crença central** que está tão arraigada que você não precisa mais pensar de maneira consciente. É apenas uma suposição que parece ser **verdade**. Uma crença central não pode ser modificada apenas com uma planilha. É muito intensa. Mesmo que você acredite em algum nível que seu ponto de bloqueio não é verdade, ele ainda pode "parecer" verdadeiro. A boa notícia é que sua cabeça e seu coração costumavam concordar que seu ponto de bloqueio era verdadeiro. Se você começou a mudar seu pensamento, seus sentimentos podem levar algum tempo para se atualizar, pois todos nós podemos ter uma tendência em direção ao raciocínio emocional, ou a agir por hábito, em vez de olhar para os fatos. Você pode ter que preencher muito mais planilhas ou se acostumar e se lembrar do trabalho que fez que mudou sua crença até que o ponto de bloqueio não soe ou pareça mais ser "verdade".

Também tire um momento para se perguntar se você está trabalhando no trauma, ou em parte dele, que é mais difícil para você. Às vezes é difícil enfrentar algo de que você sente muito medo, culpa ou vergonha. No entanto, até que você o faça, seu progresso pode ser limitado. Até agora, você já praticou e construiu algumas habilidades. Tente aplicá-las a quaisquer pontos de bloqueio relacionados à culpa sobre a memória que mais o assombra, ou ao trauma com o qual você tem mais pesadelos, ou ao aspecto do trauma do qual você tem mais vergonha. Às vezes, como no exemplo da página 187, dar uma olhada mais de perto nos pontos de bloqueio que trazem mais culpa ou vergonha pode trazer à tona algumas informações ou coisas importantes que você não considerou, o que pode mudar a forma como você tem pensado sobre o evento e o que ele significa a seu respeito. É preciso ter coragem para fazer esse trabalho, e ele não é fácil. Se houver pessoas que o apoiem em sua vida, com quem você possa conversar enquanto enfrenta essas coisas, pode querer informá-las de que você fará uma parte especialmente desafiadora do seu trabalho de recuperação do TEPT, explicando como elas podem ajudá-lo. Observe que você pode pedir suporte sem contar às pessoas todos os detalhes sobre o que ocorreu, caso queira ou precise manter esses detalhes privados. Eles podem apoiá-lo sem saber de tudo.

> Michael foi molestado sexualmente várias vezes por um tio quando era jovem e abusado fisicamente por seus pais. Ele havia começado a trabalhar na questão do abuso físico, mas notou que seu TEPT não estava melhorando, embora estivesse trabalhando no livro e preenchendo uma planilha todos os dias. Ele não acreditava mais que o abuso era culpa dele, mas ainda se sentia envergonhado. Michael começou a perceber que se sentia mais envergonhado pelo abuso sexual, então começou a preencher planilhas sobre esse trauma. O evento do qual ele mais sentia vergonha foi uma vez em que ele experimentou um orgasmo durante o abuso. Ele também tinha vergonha de ter tido ereções nos momentos nos quais era molestado. Ele acrescentou ao seu Registro de Pontos de Bloqueio "eu devo ter gostado do que aconteceu" e "eu sou um pervertido". No entanto, a excitação física pode ocorrer sempre que encontramos estímulos sexualmente relevantes ou quando nossos corpos são tocados. Nosso cérebro associa algumas coisas à atividade sexual, como ver certas partes do corpo ou experimentar certos tipos de estimulação, mesmo que não sejam coisas que achamos agradáveis durante experiências sexuais indesejadas. Nossas respostas físicas podem ser distintas de nossas respostas emocionais. Excitação física não é a mesma coisa que prazer. Também sabemos que, às vezes, durante as reações de luta–fuga–congelamento, o sangue pode fluir para todas as nossas extremidades e, para os homens, pode ocorrer ereções. Para ambos os gêneros, é uma realidade fisiológica que alguns tipos de estimulação podem resultar em orgasmo, mesmo que a pessoa que o experimenta não sinta que esteja gostando física ou emocionalmente. Quando Michael percebeu isso, começou a deixar de lado a vergonha que sentia. Ele percebeu que

sua resposta física não significava de fato que ele tinha gostado ou queria que o abuso acontecesse. Ele era uma criança e estava muito confuso e oprimido com a experiência. No entanto, olhando para isso como um adulto, ele reconheceu que não fez nada de errado. Ele sentiu uma sensação de alívio, mas também alguma tristeza pelo que havia ocorrido com ele, com a raiva natural de seu tio pelo que ele havia feito. Após ele se deixar sentir essas emoções naturais, notou que começou a se sentir melhor.

Se você ainda está experimentando memórias intrusivas, *flashbacks* ou pesadelos, eles são sobre o evento em que você tem trabalhado, ou há outro evento traumático que o incomoda mais? Se não começou com o evento traumático que está tendo mais impacto sobre você, talvez seja necessário pensar sobre quais pontos de bloqueio você tem sobre o outro evento. São iguais ou diferentes? Se eles são pontos de bloqueio diferentes, específicos para o evento que você está tendo *flashbacks* ou pesadelos, certifique-se de colocá-los em seu Registro de Pontos de Bloqueio e de começar a trabalhar neles.

Também não é preciso dizer que, se você seguiu em frente e não praticou o uso das habilidades já explicadas, não seria surpresa se você ainda estivesse lutando com seus sintomas do TEPT. Será que você não está evitando? Você tem adiado o preenchimento das planilhas todos os dias porque é muito difícil enfrentar suas memórias ou porque você está preocupado em não fazê-las de maneira perfeita? Você está lendo o texto, mas sem escrever nas planilhas? Lembre-se de suas razões para trabalhar com o seu TEPT e sobre seus objetivos para si mesmo. Pratique com as planilhas dos capítulos anteriores e não ignore seus pontos de bloqueio sobre por que o trauma aconteceu. Se os tiver ignorado, volte e trabalhe neles agora.

Nesse sentido, há outros pontos que ainda não foram trabalhados sobre por que o trauma aconteceu, se poderia ter sido evitado ou se ele foi justo? Tente pensar sobre o que realmente o está mantendo preso. Você ainda se sente culpado, arrependido, envergonhado ou com raiva de si mesmo? Se sim, pergunte-se por que e depois continue a utilizar as habilidades para trabalhar com o pensamento que surge. Aqui estão alguns exemplos de pontos de bloqueio comuns em que as pessoas precisam preencher planilhas para superá-los. Marque qualquer um com o qual você ainda precise trabalhar:

☐ O evento poderia ter sido evitado.
☐ A culpa é minha pelo evento ter acontecido.
☐ O evento aconteceu por causa de algo a meu respeito.
☐ Deixei o evento acontecer.
☐ Devo ter feito algo para merecer o evento.
☐ Se eu tivesse sido mais cuidadoso/observador, isso não teria acontecido.
☐ Eu deveria ter dito ou feito algo diferente.
☐ Eu trouxe isso para mim.

Volte às perguntas do Capítulo 7, a partir da página 89, para ajudá-lo a abordar qualquer um desses tipos de crenças. Às vezes, as pessoas também ficam presas ao TEPT devido a suas crenças sobre justiça ou sobre como o mundo "supostamente" deveria funcionar. Você tem algum ponto de bloqueio como esses, com o qual ainda não trabalhou?

- ☐ Coisas assim não deveriam acontecer.
- ☐ A vida deveria ser justa.
- ☐ Eventos ruins são sempre evitáveis.
- ☐ Isso não deveria ter acontecido de novo. Tudo isso deveria ter ficado para trás.
- ☐ Todos os eventos têm uma causa clara.
- ☐ Deve haver uma boa razão para que isso tenha acontecido.

Para esses tipos de pontos de bloqueio, é importante considerar se é de fato assim que o mundo sempre funciona ou se é simplesmente assim que funcionaria de forma ideal. Volte e reflita sobre as perguntas a partir da página 112. Depois você poderá precisar sentir suas emoções naturais, como tristeza.

Por fim, se você estiver examinando um ponto de bloqueio e sentir que não está chegando a lugar nenhum, pense em reformular tal ponto. Talvez, se mencionar isso de forma diferente (p. ex., em vez de "eu deixei acontecer", poderia tentar trabalhar em "eu deveria ter gritado por ajuda"), você pensará em novas maneiras de olhar para isso, que você não tenha cogitado antes. Verifique também se seus pontos de bloqueio referem-se a um evento específico ("se eu estivesse em uma posição diferente, poderia ter salvo meu amigo") e se não são muito grandes ou vagos ("a culpa é dos policiais"). É mais difícil progredir tentando defender um conceito mais amplo em vez de um evento específico.

DIFICULDADE EM VENCER OS PONTOS DE BLOQUEIO

Existem pontos de bloqueio sobre o evento traumático para os quais você preencheu planilhas, considerou as evidências e tentou ter pensamentos alternativos, mas ainda está se sentindo preso? Ou talvez haja pontos de bloqueio que você agora sabe "cognitivamente" que não são realistas, mas você ainda "sente" que são verdadeiros? Isso é bastante comum.

Em primeiro lugar, seus pontos de bloqueio geralmente são maneiras como você está pensando há muito tempo, então eles podem ter se tornado maneiras automáticas de pensar. Às vezes, pode ser preciso muita prática, olhando para a situação por um novo ângulo, para que um modo de pensar diferente compita com a maneira antiga. Portanto, continue analisando as evidências e lembrando-se dos fatos da situação. Você pode até preencher outra planilha para examinar o mesmo ponto de bloqueio de novo.

Se você achar que não importa quantas vezes você reveja os fatos da situação, ainda é difícil deixar de lado o velho modo de pensar, considere o seguinte:

O que significaria renunciar ao ponto de bloqueio? O que significaria se o ponto de bloqueio não fosse realista ou verdadeiro?

_____
_____
_____
_____

O que é uma possibilidade alternativa, e o que significaria se ela fosse verdade?

_____
_____
_____
_____

Como você se sentiria se acreditasse em um de seus pensamentos alternativos em vez de no ponto de bloqueio? Surgiria alguma emoção difícil de encarar?

_____
_____
_____
_____

Às vezes, é difícil deixar de lado um ponto de bloqueio porque pensar algo diferente pode realmente parecer pior. Considere o seguinte exemplo:

Certa noite, a filha adolescente de Lisa dirigia ao voltar de uma festa para casa quando sofreu um acidente de carro e morreu. Lisa tem se culpado pela morte de sua filha, pensando: "eu nunca deveria tê-la deixado sair naquela noite; eu poderia ter evitado o acidente se a tivesse deixado em casa". Lisa trabalhou muito para considerar os fatos da situação, o que ela sabia no momento em que concordou em deixar sua filha sair, qual era sua intenção e considerando como esse era um caso de viés de retrospectiva. No entanto, por mais que Lisa considerasse esses fatos, ela continuava pensando: "mas se eu não a tivesse deixado sair naquela noite, ela ainda estaria viva". Em outras palavras, Lisa estava lutando para deixar de lado a ideia de que ela poderia ter evitado o acidente de alguma forma. Ela também começou a ser ainda mais protetora com seus outros filhos, sobretudo à medida que eles estavam crescendo, e estavam perdendo oportunidades de tentar coisas novas e se desenvolver.

Lisa considerou as questões apresentadas da seguinte forma:

O que significaria renunciar ao ponto de bloqueio? O que significaria se ele não fosse realista ou verdadeiro?

Se não é realista que eu a teria mantido em casa, então isso significa que eu não poderia ter evitado o acidente.

O que significaria pensar algo diferente?

Se eu começasse a pensar "eu não poderia ter evitado", isso significaria que nem sempre posso evitar que coisas ruins aconteçam.

Como você se sentiria se acreditasse em um de seus pensamentos alternativos em vez de no ponto de bloqueio? Surgiria alguma emoção difícil de encarar?

Essa forma de pensar me deixa com medo. Não gosto de pensar que não posso controlar ou impedir que certas coisas aconteçam com meus filhos. Eu gostaria de poder manter todos os meus filhos seguros o tempo todo. Mas acho que nem sempre isso é possível.

Nesse caso, Lisa estava assumindo a culpa pelo acidente de sua filha porque sentir culpa era, de certa forma, melhor do que sentir o medo de que algo ruim pudesse acontecer com seus outros filhos. Isso faz sentido porque, para alguém que já enfrentou traumas, a pior coisa a se imaginar é que mais traumas possam acontecer. Todos nós preferimos acreditar que "enquanto eu não cometer os mesmos erros novamente, nada disso voltará a acontecer", mas isso é realista e verdadeiro? Um fato difícil de enfrentar é que não temos controle total sobre o que acontece conosco ou com nossos entes queridos. Nesse caso, Lisa enfrentou a difícil realidade de que não só é irrealista que ela poderia ter evitado o acidente de sua filha, mas, de modo geral, ela não pode evitar que todas as coisas ruins aconteçam. É claro que é extremamente improvável que um trauma como o acidente de sua filha aconteça de novo.

Considere outro exemplo:

Ahmed, um homem que veio refugiado do seu país de origem, tem pensado em seu amigo que foi morto durante um ato violento em seu país natal. Por diversas vezes, ele se culpou e pensou "eu deveria estar lá" e "se eu estivesse lá naquele dia, poderia tê-lo protegido". Ahmed tem trabalhado bastante para analisar os fatos. Ele reconheceu que não poderia estar em todos os lugares ao mesmo tempo e que, mesmo se estivesse lá, não teria necessariamente sido capaz de salvar seu amigo, e ele poderia ter sido ferido ou morto também. Então, Ahmed concluiu que, de maneira lógica, ele não poderia ter feito nada, mas ainda estava se sentindo preso.

Aqui estão as respostas de Ahmed para uma das perguntas apresentadas:

O que significaria renunciar ao ponto de bloqueio? O que significaria se o ponto de bloqueio não fosse realista ou verdadeiro?

> Sei que o ponto de bloqueio não é realista. Acho que se eu realmente desistisse da ideia de que poderia ter feito algo para salvá-lo, me sentiria menos culpado. Mas, talvez, se eu me sentir melhor e seguir em frente com a minha vida, eu serei um mau amigo. É como se eu estivesse me esquecendo dele e não honrando sua memória.

Nesse caso, Ahmed descobre que, por trás do seu ponto de bloqueio original, há mais pontos que o mantêm preso ao TEPT — ou seja, ele está pensando "se eu seguir em frente com minha vida, então serei um mau amigo" e "se eu me sentir melhor, esquecerei meu amigo". Esses são mais pensamentos que Ahmed pode avaliar com as perguntas e as planilhas deste livro. Por exemplo, ele pode considerar se continuar sofrendo com o TEPT é a melhor maneira de homenagear seu amigo ou se há outras maneiras de fazer isso. Ele pode pensar em como seus amigos viveriam suas vidas se ele morresse cedo ou de modo inesperado. Ele também pode considerar o que significa ser um bom amigo e se a culpa é a melhor maneira de ser um amigo, ou se ele já fez muitas coisas em suas amizades que fariam as pessoas considerá-lo um bom amigo.

Pense em todos os pontos de bloqueio dos quais você teve dificuldade para se libertar e veja se algum desses problemas está mantendo você preso. Em seguida, volte e os reavalie.

Aqui estão alguns exemplos comuns de pontos de bloqueio que às vezes impedem as pessoas de deixar de lado a autocrítica, a culpa e a inculpação de terceiros que não causaram diretamente o trauma:

- ☐ Se eu parar de me culpar/parar de ter TEPT, vou esquecer [alguém que morreu].
- ☐ Eu não posso seguir em frente com a minha vida porque os outros que estavam envolvidos não conseguiram seguir em frente com a deles.
- ☐ Não posso colocar a culpa no agressor porque é errado falar mal dos mortos.
- ☐ Não posso colocar a culpa nos meus pais (ou ficar com raiva deles), pois tenho de honrar sempre os meus pais.
- ☐ Eu sempre deveria perdoar. É errado ficar com raiva.
- ☐ Se eu seguir em frente com a minha vida, significa que estou dizendo que está tudo bem que o trauma aconteceu.

Se algum desses soar verdadeiro para você, preencha uma planilha sobre eles, pois também são pontos de bloqueio.

Em contrapartida, aqui estão alguns exemplos comuns de pensamentos desconfortáveis, mas provavelmente verdadeiros, que às vezes impedem as pessoas de mudar seus pontos de bloqueio porque esses fatos são muito difíceis de aceitar:

☐ Considerar os fatos do seu trauma pode levá-lo a concluir que "simplesmente não foi justo". Muito provavelmente não, não foi.
- Isso é desconfortável porque significa que a vida nem sempre é justa. Significa que coisas ruins podem acontecer mesmo quando você não faz nada para merecê-las. Pense em como um tornado pode demolir uma casa e deixar a próxima intacta.

☐ Considerar os fatos do seu trauma pode levá-lo a concluir: "eu fiz tudo o que podia e ainda assim aconteceu."
- Esse pode ser um pensamento inquietante, pois significa que nem todos os eventos ruins são evitáveis.

☐ Considerar os fatos do seu trauma pode levá-lo a concluir: "não foi minha culpa".
- Esse pode ser um pensamento perturbador, pois significa que você não tem controle total sobre o que acontece com você.

☐ Considerar os fatos do seu trauma pode levá-lo a concluir: "não foi algo a meu respeito que causou isso; só aconteceu porque eles quiseram".
- Esse pode ser um pensamento desconfortável, tendo em vista que, se não foi algo sobre você (algo que você pode entender ou controlar), então eventos ruins podem acontecer de maneira inesperada, e nem sempre você poderá ser capaz de prever quando ou por que eles acontecerão ou controlar o que os outros fazem. Você pode ter sido a ocasião, mas não a causa do evento (lugar errado, hora errada).

☐ Considerar os fatos do trauma pode levá-lo a concluir que "não havia uma boa razão para que isso acontecesse".
- Esse pode ser um pensamento desconfortável porque, se não havia uma boa razão para que esse evento acontecesse, então às vezes os eventos acontecem inesperadamente e sem um bom motivo.

Se você tem qualquer um desses pensamentos, considere que essas provavelmente são afirmações verdadeiras. Esses pensamentos são desconfortáveis porque destacam que, às vezes, os eventos podem ser imprevistos, imprevisíveis e incontroláveis, e acontecem sem um bom motivo. Ninguém gosta de pensar no mundo dessa forma, pois todos nós gostaríamos de acreditar que temos controle sobre o que nos acontece. Mas o que você acha? Isso é realista o tempo todo?

Que emoção você sente quando se deixa ter esses pensamentos? Tristeza? Dor? Talvez algum medo? Lembre-se de que o fato de que algo ruim *pode* acontecer de novo não significa que isso seja provável. Fique com as emoções que surgem sem afastá-las imediatamente. Se você puder enfrentar tais pensamentos e emoções, provavelmente será mais fácil deixar de lado pontos de bloqueio inúteis. Nos próximos capítulos, veremos mais de perto como devemos viver a vida, mesmo sem a capacidade de controlar tudo o que acontece.

Quando você tiver trabalhado com esses obstáculos, volte e reavalie seus pontos de bloqueio originais para ver se pode obter mais progresso.

Se você progrediu para alcançar seus objetivos

Se você fez progressos trabalhando no seu Registro de Pontos de Bloqueio (página 64) e seus sintomas diminuíram, isso é ótimo! As pessoas variam em quanta TPC precisam para atingir seus objetivos. Continue acompanhando seu progresso, trabalhando em seus pontos de bloqueio e com a Lista de Verificação do TEPT. Se você terminou de trabalhar em seus pontos de bloqueio sobre o motivo pelo qual o pior trauma aconteceu e deseja passar para os pontos de bloqueio sobre o motivo de outro trauma ter ocorrido, poderá fazê-lo. Você também pode começar a avaliar as crenças mais gerais sobre o presente e o futuro. Se a sua pontuação na Lista de Verificação do TEPT ficar abaixo de 20, você pode querer avaliar se trabalhou em todos os pontos de bloqueio que precisa e se está pronto para avançar para o fechamento. Sempre que estiver pronto, você poderá ir para a coluna chamada "Planejamento para a conclusão da TPC", na página 299. Porém, não há pressa. Você pode continuar revisando os capítulos, se achá-los úteis.

Em geral, não há um número "certo" de semanas para concluir este livro; cada pessoa é diferente. Mas acompanhar seu progresso na Lista de Verificação do TEPT e com seus pontos de bloqueio ajudará você a descobrir onde ainda precisa gastar tempo e planejar o restante do seu programa.

> Marcus tinha um grande trauma a ser tratado, mas nenhum outro problema. Ele começou a perceber que o evento traumático era inevitável quando preencheu a Lista de Perguntas Exploratórias. Quando já havia preenchido várias Planilhas de Pensamentos Alternativos, produzindo evidências suficientes para se convencer de que seu ponto de bloqueio não era preciso ou útil, Marcus encontrou um bom pensamento alternativo. Até então, sua pontuação na Lista de Verificação do TEPT era 4, e ele havia eliminado todos os seus pontos de bloqueio. Ele olhou para os capítulos restantes e percebeu que se sentia muito bem consigo mesmo e com os outros. Marcus pulou para a seção "Planejamento para a conclusão da TPC" e, em seguida, para o capítulo final, para encerrar seu trabalho. Completou o exercício de prática final escrevendo uma Declaração de Impacto Final sobre o que ele acredita agora a respeito do motivo para o trauma ter acontecido e quais são suas crenças atuais sobre si mesmo, sobre os outros e sobre o mundo. Sua Declaração de Impacto Final foi totalmente diferente da primeira, pois ele não acreditava mais nos pontos de bloqueio com os quais começou. Marcus decidiu que não precisava gastar mais tempo com isso. Ele completou o programa em seis semanas.

Emily havia sido vítima de abuso quando criança e estava em um relacionamento muito abusivo quando adulta. Ela levou vários anos para chegar a um estado de segurança. Até então, ela havia sofrido várias contusões que a deixaram com zumbidos nos ouvidos e dores de cabeça frequentes. Emily precisou ler cada capítulo e assistir aos vídeos diversas vezes para entender e lembrar dos conceitos, e praticou as planilhas repetidamente. Ela os lia para si mesma porque, às vezes, esquecia o que havia aprendido antes. Com o tempo, as dores de cabeça diminuíram, mas ela entendeu que seria preciso muita prática para mudar seus padrões de pensamento, que começaram na infância e continuaram por meio da brutalidade de seu parceiro, que reforçou a ideia de que ela era inútil e não amável. Ela passou três meses utilizando o programa diariamente, e continua usando suas planilhas ocasionalmente.

PARTE 4

Desprendendo-se das crenças sobre o presente e o futuro relacionadas ao trauma

Agora que você começou a utilizar a Planilha de Pensamentos Alternativos (página 162) para examinar seus pontos de bloqueio, poderá começar a aplicá-la a temas específicos, que geralmente surgem para pessoas que experimentam o TEPT. Não se preocupe se você ainda estiver praticando e pegando o jeito no processo. O importante é continuar usando as habilidades. Você também pode continuar voltando às suas planilhas preenchidas ou relendo o material sempre que se sentir travado. As Planilhas de Pensamentos Alternativos ficarão mais fáceis à medida que você praticar com elas. Lembre-se de que a planilha é uma ferramenta para *você*. O objetivo não é preenchê-la "perfeitamente" — é utilizá-la para descobrir uma nova crença que pareça mais equilibrada ou mais exata e que reduza seus sintomas.

TEMAS QUE PODEM SER AFETADOS POR EVENTOS TRAUMÁTICOS

Além de continuar trabalhando nos pontos de bloqueio sobre as causas de eventos traumáticos em sua vida, agora você pode começar a se concentrar nas consequências dos eventos traumáticos sobre suas crenças a respeito de si mesmo e dos outros. Em especial, você terá a oportunidade de examinar cinco temas que são frequentemente afetados por eventos traumáticos: segurança, confiança, poder/controle, estima e intimidade. Abordaremos cada um desses tópicos, um de cada vez, nos próximos cinco capítulos.

Cada um desses temas pode ser focado em si mesmo ou externamente, em relação aos outros. Além disso, um foco em todos os cinco temas é identificar se alguns de seus pensamentos são exemplos do tipo "tudo ou nada" ou "um ou outro" (como "ou confio em você ou não confio" ou "estou completamente seguro ou completamente inseguro") e, em caso afirmativo, desenvolver maneiras realistas de olhar para a situação com base em todas as evidências e considerar cada tema de forma contínua. Por exemplo, com a estima, você precisa ser perfeito em todos os sentidos para ser considerado uma pessoa que vale a pena? Você pode ter pontos fortes e fracos? Esperamos também que você reconheça que, com cada um desses temas, há diferentes categorias a serem consideradas. Por exemplo, se você está pensando em segurança, confiança, poder/controle, estima ou intimidade, vai querer considerar "o que eu quero dizer quando penso sobre este tópico", "que tipo de intimidade (intimidade sexual ou abertura para um amigo sobre suas emoções)", "controle sobre o quê (controle sobre roer as unhas ou controle sobre seu filho)". Ao longo de todo o processo, será útil pensar em como há diferentes tipos de segurança, confiança, poder/controle, estima e intimidade, e que todos eles caem em uma sequência contínua, pois não são apenas tudo ou nada.

Recomendamos que você prossiga na ordem em que os capítulos são apresentados neste livro, mesmo que saiba que alguns temas serão mais relevantes para você do que outros. Às vezes, trabalhar naqueles que vêm primeiro pode ajudá-lo quando chegar ao próximo.

11
Segurança

Normalmente, o primeiro tema afetado pelo trauma é a segurança. O fato de você (ou outra pessoa) não estar seguro quando o evento traumático ocorreu pode tê-lo levado a uma de duas conclusões: (1) se você pensou que provavelmente estaria seguro em sua vida cotidiana antes do trauma, você pode ter passado a supor que todos os lugares ou todas as pessoas são perigosas; ou (2) se você teve experiência anterior com trauma ou alguém já havia lhe ensinado que o mundo é perigoso, esse trauma pode ter aumentado e fortalecido essa ideia. No entanto, por mais inseguro que você tenha se sentido com o trauma, na realidade, as pessoas não estão em perigo a cada minuto de suas vidas e em todos os lugares. Diferentes situações ocasionam diferentes níveis de segurança. Eventos traumáticos acontecem ocasional ou raramente, quase nunca de maneira diária. Claro, se você cresceu em um lar abusivo ou se estava em um relacionamento abusivo, uma ameaça estava presente sempre que seu abusador estava por perto. No entanto, em muitos casos, o abuso não é constante, o dia inteiro e todos os dias, e há momentos de relativa segurança, como quando a pessoa que o abusou estava no trabalho ou dormindo. Mesmo em um país em guerra, há locais que são mais ou menos perigosos, e mesmo nas partes perigosas de uma cidade ou de um país, a violência não costuma ocorrer o tempo inteiro. Desastres naturais em geral podem ser previsíveis (como a temporada de chuvas ou incêndios florestais em períodos de seca), mas muitas pessoas e casas na área são poupadas nesses desastres. No entanto, o TEPT deixa as pessoas acreditando que precisam estar em guarda o tempo todo, mesmo em momentos nos quais o nível de ameaça é realmente muito baixo, e essa hipervigilância tem um custo.

Após um trauma, a percepção das pessoas sobre a probabilidade de que algo ruim aconteça (seja experimentando o mesmo trauma novamente ou outro trauma) é frequentemente afetada. As pessoas costumam pensar que as chances são muito altas, mas, se você acha que há uma chance meio a meio de algo ruim acontecer quando sai de casa ou vai a determinado lugar, isso significa pensar que experimentará um trauma a cada duas vezes que estiver nessa situação. Quando você pensa dessa forma, isso é de fato meio a meio (o que significa que aconteceria alternadamente)? Pense talvez em alguém que você conhece e que não tem as mesmas preocupações de segurança que você. Será que acontece algo com eles a cada duas vezes que saem ou vão a algum lugar lotado?

Na TPC, às vezes trabalhamos com pessoas para estimar a probabilidade de que algo ruim aconteça com base nas informações que elas são capazes de acessar. Utilizar números reais com frequência ajuda as pessoas a verem que, em muitos casos, a chance é muito menor do que elas pensavam. Lidar com a segurança significa dar um passo atrás e colocar o que aconteceu com você em um contexto maior. Quantas vezes você saiu de casa ou dirigiu naquela estrada sem que nada de ruim acontecesse? De quantas festas você já participou nas quais nada de ruim aconteceu durante ou depois? Quantas tempestades ou enchentes ocorreram em sua área na última década que deixaram sua casa e seus entes queridos seguros e intactos? O fato de que uma vez algo ruim aconteceu, embora incrivelmente trágico, não aumenta as chances gerais de que isso aconteça de novo. Também é possível que você desenvolva maior atenção a eventos traumáticos nas notícias, que antes poderia ter ignorado. Sua percepção da probabilidade de que esses eventos ocorram é maior, não porque as taxas subiram, mas porque você está prestando mais atenção a eventos semelhantes aos seus. Na verdade, se esses eventos fossem muito comuns, eles não apareceriam no noticiário.

> Roberto era um veterano que sofreu vários traumas de combate. Antes de desenvolver TEPT, ele gostava de ir a clubes e *shows* para ouvir música com sua esposa. No entanto, há alguns anos, ele começou a ver cada vez mais notícias sobre tiroteios em *shows*. Ele formou os pontos de bloqueio "não é seguro ir a *shows*" e "se formos a um *show*, seremos fuzilados". Ele tinha algumas evidências para esses pensamentos. O tiroteio em Las Vegas em 2017 foi o tiroteio em massa mais mortal cometido por um indivíduo na história dos Estados Unidos. Sessenta pessoas morreram e 411 ficaram feridas. O pânico que se seguiu aumentou para 867 o número de feridos. Roberto e seu terapeuta analisaram os números de perto. Vinte e duas mil pessoas assistiram ao concerto. Roberto puxou a calculadora do celular. Se 60 das 22 mil pessoas foram baleadas, isso significava que, se ele estivesse naquele *show*, teria um risco de 0,0027 de ser baleado. Isso é bem menos de 1% de chance, mesmo que ele estivesse no *show*. Calculando a chance de se machucar, ele viu que havia cerca de 2% de chance de ser ferido diretamente no tiroteio e cerca de 4% de chance de se machucar durante o momento de pânico caso estivesse presente. De fato, foi uma experiência aterrorizante para as pessoas que estavam lá.
>
> Roberto e seu terapeuta pensaram mais nisso. Quantos outros concertos houve por todo o país nesse fim de semana nos quais nada disso tinha ocorrido? Quantos concertos houve desde então nos quais nada aconteceu? Na verdade, havia centenas, com multidões que variavam de algumas centenas a vários milhares. Pensando dessa forma, Roberto percebeu que, se tivesse ido a um *show* em algum lugar dos Estados Unidos no fim de semana do tiroteio em 2017, teria menos de

uma chance em um milhão de ser baleado ou ferido. Se ele tivesse ido a um *show* no fim de semana anterior, ele teria zero por cento de chance, pois não encontrou nenhuma notícia de qualquer tiroteio em *shows* naquele fim de semana de primavera. Assim, Roberto passou algum tempo pensando se, pelo risco muito pequeno de estar em um *show* no qual houvesse um tiroteio, valia a pena abrir mão do prazer que ele e sua esposa experimentaram por tantos anos, quando saíam para ouvir música ao vivo juntos.

É importante lembrar que eventos perigosos ocorrem em todo o mundo, mas com que frequência eles acontecem com você, no local onde você está?

💬 Reflexão

Qual é a probabilidade de que, em um dia específico, algo ruim aconteça com você na situação em que está vivendo agora? Se precisar, verifique as estatísticas criminais reais da área em que você mora ou de determinada loja ou restaurante. Você está superestimando a probabilidade de perigo? Se houve um crime ou um evento, qual foi a natureza dele? Alguém foi ferido fisicamente? Se ocorreram crimes ou pessoas foram feridas, quantas foram àquele lugar ao longo do ano passado e saíram ilesas ou não sofreram trauma enquanto estiveram lá? Quantas vezes você já esteve lá e *não* passou por um evento traumático? Anote o que concluiu:

_____
_____
_____
_____

Agora que você já pensou nas probabilidades de algo ruim ocorrer em um lugar, uma atividade ou uma situação que você tem evitado, é importante pensar *quanto está lhe custando viver como se a probabilidade de ter algum dano fosse muito alta*. Há custos em termos de nossas reações físicas e de nossa saúde, bem como em termos de nossa qualidade de vida.

Primeiro, vamos pensar nos custos físicos. Você está agindo e sentindo como se algo ruim fosse acontecer a qualquer momento por que os gatilhos lembram o evento e você sente medo? Reações de luta–fuga–congelamento podem auxiliar quando estamos em perigo extremo, mas não em pequenos eventos do dia a dia. A pesquisa mostrou que essas reações desligam o sistema imunológico e podem levar a processos de doenças. Pessoas com TEPT não tratado podem ter maiores problemas cardíacos, bem como outros distúrbios físicos. Por isso, é importante entender quando você *não* está em perigo. Pare e pense antes de evitar, correr ou lutar. Se nenhum perigo real estiver presente, olhe ao redor e observe se houve algo que desencadeou pensamentos e emoções automáticos. Faça uma Planilha de Pensamentos Alternativos (ver páginas 168–174) sobre a situação e o ponto de bloqueio o mais rápido possível.

Um provável ponto de bloqueio poderia ser "se houver alguma chance de isso acontecer de novo, devo estar sempre alerta". Você terá que considerar se essa crença é realista e se é assim que você quer viver sua vida, por causa das consequências físicas da ansiedade e da hipervigilância.

Há outros custos para tomar decisões com base no seu julgamento a respeito da segurança. Algumas dessas decisões acabam mantendo ou reforçando seus pontos de bloqueio sobre segurança. Comportamentos de evitação e fuga podem ser um problema real quando se trata de bloqueios referentes à segurança. Se você começar a sentir medo devido a alguma lembrança, seu raciocínio emocional pode entrar em ação, e você pode dizer a si mesmo: "sinto medo, então devo estar em perigo". Você sai da situação e pensa que escapou de uma situação perigosa (que, na verdade, pode ter sido perfeitamente segura). No entanto, como você escapou ou evitou, não soube que a situação era segura. Seu pensamento pode ser "acabei de me salvar fugindo", e seu medo diminui temporariamente. Sua evitação reforça seus pontos de bloqueio, e aqueles com relação à segurança são inalterados ou até aumentados.

Como outro exemplo, se você se encontra dizendo que "multidões são perigosas" e evita multidões, nunca saberá que, muitas vezes, multidões não são perigosas. Você assume que, ao evitar multidões, apenas se esquivou do perigo. Como Roberto, antes de começar a TPC, você pode não ter notado que nada de ruim aconteceu hoje com alguém em um evento esportivo ou um *show*. Você vê as notícias na TV sobre algo que ocorreu em outro lugar e pensa: "veja como o mundo é muito perigoso". Você percebe apenas o que está no noticiário, mas é isso que o torna notícia, o fato de ser notável. Os locutores do noticiário não dizem quantos milhares de eventos não tiveram nada de ruim acontecendo naquele dia. Isso não seria novidade, seria o normal. Milhões de pessoas voam com segurança todos os dias, e isso não é noticiado. Os noticiários mostram apenas a situação inusitada, a única queda de avião comercial entre milhões de voos todos os anos em todo o mundo. Esse acidente em específico não torna mais perigoso voar — as estatísticas, as probabilidades, não mudaram —, apenas nos lembrou que coisas assim são *possíveis*. Vivenciar um crime não significa que o mundo é mais perigoso; na verdade, o índice de criminalidade pode ter caído naquele ano. Aconteceu que, infelizmente, você foi uma das vítimas.

Outro custo para tomar decisões com base no risco superestimado é o custo para sua qualidade de vida. Quando você evita situações que geralmente são seguras, pode estar renunciando a atividades de que costumava gostar. Você recebeu *feedback* de familiares ou amigos de que eles gostariam que você passasse mais tempo com eles ou que fizesse coisas com eles que costumava fazer? O que está custando para eles quando você decide continuar evitando? Se você tem filhos, que lições eles estão aprendendo sobre o mundo? Eles vão crescer aprendendo a experimentar coisas novas?

Estar atento ao seu entorno é muito diferente de ser hipervigilante. A hipervigilância é realmente ruim para sua saúde e não impede os eventos. Na verdade, se você está sempre "em guarda", é mais difícil saber se está em perigo real, pois passa a desconfiar de suas próprias reações. É como colocar o detector de fumaça em sua casa em um nível tão sensível que, toda vez que você liga o fogão, o alarme toca e o caminhão de bombeiros aparece. Na verdade, isso não está te deixando mais seguro. Em vez disso, você pode trabalhar na regulagem do sistema de alarme. Pode ser útil fazer planilhas sobre pontos de bloqueio como "se eu sair à noite, serei agredido" ou "é perigoso ir a festas" ou o que quer que você esteja pensando a respeito de segurança. Quando você está olhando para as evidências, pode obter informações para saber se diferentes atividades ou áreas da cidade são seguras ou não.

Ao trabalhar em suas planilhas, você pode ter começado a perceber que estar ansioso ou com medo e em sobreaviso não impede que coisas ruins aconteçam. Tendo medo ou não, o evento traumático teria acontecido mesmo assim? Parte da recuperação é trabalhar para se concentrar menos nas preocupações com os eventos futuros e, em vez disso, praticar a cautela-padrão e enfrentar situações que provavelmente são seguras, mas que você tem evitado. Se não houver como evitar o evento, seu medo não fará diferença; acontecerá de qualquer jeito, com ou sem medo.

Você também pode descobrir quais são as precauções-padrão observando o que as pessoas ao seu redor, que não têm TEPT, fazem para ter cuidado. Por exemplo, o que seus colegas que trabalham no turno da noite com você fazem para tomar precauções sem exageros? Uma precaução razoável pode ser estacionar perto da segurança, sob um poste com iluminação pública, ou pedir a alguém que o leve até seu carro no estacionamento quando você trabalhar até tarde da noite. Pode ser um exagero sempre pegar uma carona para o trabalho se houve poucos crimes ou mesmo nenhum crime registrado naquele estacionamento nos últimos meses ou anos. O que está custando aos seus amigos ou a seus familiares em termos de, digamos, conveniência, dinheiro com gasolina ou sono perdido para lhe dar uma carona e buscá-lo todas as noites? Como isso ajudará você a começar a basear suas decisões nos fatos em torno do que é seguro, em vez de nos seus pontos de bloqueio?

> Roberto continuou trabalhando em seus pontos de bloqueio relacionados à segurança após descobrir as probabilidades. O risco de ser prejudicado se fosse a um concerto ou a um clube para ouvir música não era zero, mas era menor do que pensava. Começou a pensar no que lhe custava evitar essas coisas. Ele não só estava fazendo coisas de que gostava e notando que seu humor muitas vezes diminuía como resultado, mas também estava causando alguns problemas com sua família. Sua esposa sentia falta de fazer essas coisas com ele. Essa era uma forma de se conectarem em torno de um interesse comum e terem algum tempo juntos longe do trabalho e das crianças. Agora, eles raramente saíam, e ela se sentia triste e ressentida com isso.
>
> Roberto também viu como sua filha ficou decepcionada quando ele não assistiu à apresentação de dança dela. Ele se sentia ansioso demais, e tinha pontos de bloqueio como "algo ruim pode acontecer em um lugar tão cheio de gente". Então, em vez de assistir à apresentação da filha, ele esperou do lado de fora e ficou observando na entrada para tentar garantir que ninguém com uma arma entrasse

no auditório, mas a filha havia notado que ele não estava lá e ela se sentiu muito magoada com sua ausência.

Seu filho mais novo estava começando a dizer que talvez não fosse seguro brincar no parquinho, pois tinha ouvido Roberto falando sobre como o mundo era inseguro. Roberto percebeu que seus medos estavam custando muito, não só a si mesmo, mas também à sua família. Ele decidiu que, para evitar um risco de dano tão pequeno, não valia a pena renunciar ao tipo de vida que ele e sua família queriam levar. Aos poucos, Roberto começou a sair para ouvir música com a esposa, e ele fez uma planilha antes da próxima apresentação da filha, depois entrou no auditório e assistiu a tudo. Levou o filho ao parquinho e o incentivou a se divertir. Roberto percebeu o quanto se sentia melhor e o quanto significava para sua família que ele começasse a enfrentar seus medos.

Reflexão

O que tem custado a você e à sua família evitar atividades que começou a considerar menos seguras após um trauma? Do que você abriu mão? Valeu a pena limitar suas atividades e seu tempo com sua família? Isso o impediu de desenvolver ou manter amizades?

_____
_____
_____
_____

Além da segurança, também é importante pensar na autossegurança. Desde o(s) evento(s) traumático(s), você decidiu que está desamparado ou que é incapaz de se proteger ou reduzir o risco de eventos ruins acontecerem? Esse tipo de pensamento pode deixá-lo ansioso e afastado dos outros também. Isso pode causar evitação de quaisquer pessoas ou situações que você acha que podem ser perigosas, pois duvida de sua capacidade de reagir adequadamente às situações. Pense de novo no evento traumático. Houve algumas coisas que você fez para ajudar a si mesmo ou aos outros durante o evento? É possível que, como apenas uma imagem vem à mente quando você se lembra do evento, tenha esquecido de olhar para o contexto inteiro do evento. Se você se arrisca excessivamente ou se é excessivamente cauteloso, pode ter pontos de bloqueio de autossegurança sobre os quais precisa pensar a respeito.

> ☑ **PRINCIPAIS PONTOS SOBRE SEGURANÇA**
> O trauma pode afetar a forma como você pensa sobre sua própria segurança e até que ponto os outros e o mundo são seguros.

Crenças de segurança relacionadas ao eu

Seu senso de autossegurança gira em torno da crença de que você pode se proteger de danos e ter algum controle sobre os eventos. Em resposta a eventos traumáticos, você pode ficar ansioso, preocupado com a segurança ou hipervigilante.

Suas experiências anteriores podem influenciar o modo como você reagiu ao trauma.

- Se você cresceu se sentindo seguro e que poderia se proteger de danos, o evento traumático pode ter abalado essa crença.

- Em contrapartida, se cresceu em um ambiente inseguro, no qual as coisas pareciam perigosas e incontroláveis, você pode ter desenvolvido crenças negativas sobre sua capacidade de se manter seguro e se proteger. O evento traumático pode ter servido para confirmar essas crenças.

A seguir, estão alguns exemplos de como suas crenças podem ter mudado e alguns exemplos de novos pensamentos que podem surgir à medida que você avalia cuidadosamente seus próprios pontos de bloqueio relacionados à autossegurança.

Crença pré-trauma	Ponto de bloqueio pós-trauma	Possível pensamento equilibrado/alternativo
Eu sei como me proteger.	Não consigo me manter seguro.	Há coisas que posso fazer para me proteger, mesmo que não haja garantias de que estarei 100% seguro, pois não posso controlar tudo o que acontece.
Nunca estou seguro.	Nunca estarei seguro.	Algumas situações são mais seguras do que outras, e há algumas precauções que eu posso tomar em muitas situações.
Geralmente estou seguro.	Acontecerá comigo novamente.	Algo ruim pode acontecer novamente, mas, se eu viver meu dia a dia como se algo ruim fosse acontecer, vou perder muitas coisas que desejo experimentar e serei infeliz.

Crenças de segurança relacionadas a outras pessoas

As crenças de segurança se concentram em saber se as outras pessoas são confiáveis ou perigosas e se a intenção dos outros é causar danos, sofrimentos ou perdas. Como resultado de suas experiências e suas crenças, você pode ficar mais isolado ou retraído em resposta ao trauma, ou, então, você pode estar mais irritado e agressivo, na defensiva.

Suas experiências anteriores também podem ter moldado sua resposta ao trauma.

- Se você teve experiências em que as pessoas foram gentis e confiáveis estando por perto, você pode ter formado uma crença de que a maioria das pessoas são confiáveis e bem intencionadas. Um evento traumático pode quebrar essa crença.

- Se você cresceu em um ambiente perigoso, ou experimentou ou testemunhou violência ou perigo constantemente, outros eventos traumáticos que você experimenta podem parecer confirmar a crença de que outras pessoas não são confiáveis ou que não é seguro estar perto delas, ou que o mundo em geral é perigoso.

A seguir, estão alguns exemplos de como suas crenças podem ter mudado e alguns exemplos de novos pensamentos que podem surgir à medida que você avalia cuidadosamente seus outros pontos de bloqueio de segurança relacionados às outras pessoas.

Crença pré-trauma	Ponto de bloqueio pós-trauma	Possível pensamento equilibrado/alternativo
Em geral, é seguro estar com os outros e passar tempo com eles.	As pessoas são perigosas. Você nunca sabe quem vai lhe prejudicar.	Pode haver algumas pessoas que prejudicarão as outras, mas não é realista esperar que qualquer uma que eu encontre desejará me prejudicar.
Os outros lá fora querem me prejudicar.	Nunca posso baixar a guarda.	Faz sentido tomar algumas precauções com pessoas e situações que eu não conheço, mas há pessoas em que posso confiar.
O mundo é um lugar seguro.	O mundo é perigoso. Cabe a mim proteger os outros.	É claro que faz sentido tentar garantir que meus filhos estejam em situações seguras, mas também tenho que perceber que não posso controlar todas as situações e que existem compensações ao controlar as situações, para que todos nos sintamos seguros. Quero que meus filhos tenham experiências típicas de infância, e mantê-los em casa ou ficar em torno deles tornará isso impossível.

▶▶ Para assistir a um vídeo (em inglês) que revise o que você acabou de ler aqui sobre segurança, acesse a CPT Whiteboard Video Library (*http://cptforptsd.com/cpt-resources*) e assista ao vídeo chamado *CPT Safety* (Segurança na TPC).

✐ Tarefa prática

Olhe para o seu Registro de Pontos de Bloqueio (página 64) para escolher os pontos de bloqueio que se referem à segurança própria ou alheia. Se você tem problemas com a segurança própria ou alheia, preencha as Planilhas de Pensamentos Alternativos sobre eles (ver páginas 168–174). Observe também se você ainda tem algum ponto de bloqueio relacionado à segurança a respeito de por que o trauma ocorreu — por exemplo, "eu deveria ter ficado mais atento". Se sim, foque nisso primeiro.

Com relação aos pontos de bloqueio sobre segurança, você precisa incluir *todas* as evidências, não apenas fatos ou pensamentos que apoiam seu ponto de bloqueio.

Quais são as probabilidades **reais** de que o evento ou algo semelhante aconteça de novo? Inclua todos os dias antes e desde o(s) seu(s) trauma(s) em sua perspectiva.

Quando você preencher uma planilha que tenha um bom pensamento alternativo, leia essa planilha todos os dias para que o novo pensamento se torne seu novo hábito.

Por favor, preencha as Planilhas de Pensamentos Alternativos (páginas 168–174) sobre seus pontos de bloqueio e concentre-se sobretudo nos relacionados à segurança.

Solução de problemas

Ainda estou travado. Tenho dificuldade para deixar de lado minhas crenças sobre segurança.

Se você está tendo dificuldade para deixar de lado suas crenças sobre segurança, como "eu devo estar sempre alerta", considere se você ainda tem alguma *crença de segurança relacionada ao motivo para o evento traumático ter ocorrido*; se sim, faça isso primeiro. Por exemplo, se você ainda está pensando "o trauma aconteceu porque eu não estava alerta" ou "se eu tivesse sido mais vigilante, poderia ter evitado o trauma", não é surpresa que você ainda pense ser importante estar superalerta o tempo todo. No entanto, reconsidere os fatos do trauma. O trauma aconteceu porque você não estava alerta, ou foi devido a algo fora de seu controle, como um acidente, ou por que alguém decidiu machucá-lo? Será que todos os eventos podem ser evitados? Volte e faça uma Planilha de Pensamentos Alternativos sobre o ponto de bloqueio referente à segurança, evidenciando por que o trauma aconteceu. Depois, veja se você pode progredir nos pontos mais gerais sobre a segurança no seu dia a dia.

Se você cresceu em um ambiente perigoso, com violência constante, as crenças sobre segurança podem ter se tornado centrais. Você pode até não pensar mais em periculosidade, mas simplesmente supor que todo e qualquer lugar é perigoso. Se essa é uma crença central, talvez seja necessário fazer muitas planilhas antes de começar a aliviar essas suposições.

Mesmo que haja uma chance em um milhão, eu não quero arriscar.

É compreensível que, se você passou por um trauma, nunca mais queira passar por algo assim. É sua escolha se quiser continuar com seus comportamentos de segurança, como hipervigilância, mas é importante considerar como isso afeta sua capacidade de se mover em direção aos seus objetivos. Todos enfrentamos riscos quando não sabemos o que acontecerá no futuro, mas qual é a qualidade de sua vida agora, e como poderia ser se você fosse capaz de se envolver em algumas atividades de baixo risco? Além disso, há algum ponto de bloqueio por trás dessa afirmação indicando que você acha que não poderia tolerar que algo ruim acontecesse com você no futuro? Infelizmente, não há garantias de que algo ruim não acontecerá, mesmo que você se isole ou fique em casa o tempo todo. E o que você tem sacrificado para tentar se proteger de qualquer resultado negativo?

Planilha de Pensamentos Alternativos

A. Situação	B. Ponto de bloqueio	C. Emoção(ões)	D. Explorando pensamentos	E. Padrões de pensamento	F. Pensamento(s) alternativo(s)	G. Reavaliação do ponto de bloqueio original	H. Emoção(ões)
Descreva o evento que leva ao ponto de bloqueio ou a emoções desagradáveis	Escreva seu ponto de bloqueio relacionado à situação na coluna A. Avalie sua crença nesse ponto de bloqueio, de zero a 100%. (O quanto você acredita nesse pensamento?)	Especifique sua(s) emoção(ões) (triste, zangado, etc.) e avalie a intensidade de cada uma delas, de zero a 100%.	Use as **perguntas exploratórias** para examinar seu pensamento automático da coluna B. Considere se o pensamento é equilibrado e factual ou extremo. Evidência contra? Que informações não estão incluídas? Tudo ou nada? Afirmações extremas? Focando em apenas uma parte do evento? Fonte de informação questionável? Confundindo possível com improvável? Com base em sentimentos ou em fatos?	Use os **padrões de pensamento** para decidir se este é um dos padrões e explique por quê. Tirar conclusões precipitadas: Ignorar partes importantes: Simplificar/generalizar: Leitura mental: Raciocínio emocional:	O que mais você pode dizer no lugar do pensamento na coluna B? De que outra forma você pode interpretar o evento que não seja a partir desse pensamento? Avalie sua crença no(s) pensamento(s) alternativo(s) de zero a 100%.	Reavalie o quanto você agora acredita no ponto de bloqueio na coluna B, de zero a 100%.	Como você se sente agora? Avalie de zero a 100%.

De *Vencendo o transtorno de estresse pós-traumático com a terapia de processamento cognitivo*, de Resick, Stirman e LoSavio. Artmed, 2025. Os compradores deste livro podem baixar cópias adicionais desta planilha na página do livro em loja.grupoa.com.br.

Planilha de Pensamentos Alternativos

A. Situação	B. Ponto de bloqueio	C. Emoção(ões)	D. Explorando pensamentos	E. Padrões de pensamento	F. Pensamento(s) alternativo(s)	G. Reavaliação do ponto de bloqueio original	H. Emoção(ões)
Descreva o evento que leva ao ponto de bloqueio ou a emoções desagradáveis	Escreva seu ponto de bloqueio relacionado à situação na coluna A. Avalie sua crença nesse ponto de bloqueio, de zero a 100%. (O quanto você acredita nesse pensamento?)	Especifique sua(s) emoção(ões) (triste, zangado, etc.) e avalie a intensidade de cada uma delas, de zero a 100%.	Use as **perguntas exploratórias** para examinar seu pensamento automático da coluna B. Considere se o pensamento é equilibrado e factual ou extremo.	Use os **padrões de pensamento** para decidir se este é um dos padrões e explique por quê.	O que mais você pode dizer no lugar do pensamento na coluna B? De que outra forma você pode interpretar o evento que não seja a partir desse pensamento? Avalie sua crença no(s) pensamento(s) alternativo(s) de zero a 100%.	Reavalie o quanto você agora acredita no ponto de bloqueio na coluna B, de zero a 100%.	Como você se sente agora? Avalie de zero a 100%.
			Evidência contra?	Tirar conclusões precipitadas:			
			Que informações não estão incluídas?	Ignorar partes importantes:			
			Tudo ou nada? Afirmações extremas?	Simplificar/generalizar:			
			Focando em apenas uma parte do evento?				
			Fonte de informação questionável?	Leitura mental:			
			Confundindo possível com improvável?	Raciocínio emocional:			
			Com base em sentimentos ou em fatos?				

De *Vencendo o transtorno de estresse pós-traumático com a terapia de processamento cognitivo*, de Resick, Stirman e LoSavio. Artmed, 2025. Os compradores deste livro podem baixar cópias adicionais desta planilha na página do livro em loja.grupoa.com.br.

Planilha de Pensamentos Alternativos

A. Situação	B. Ponto de bloqueio	D. Explorando pensamentos	E. Padrões de pensamento	F. Pensamento(s) alternativo(s)
Descreva o evento que leva ao ponto de bloqueio ou a emoções desagradáveis	Escreva seu ponto de bloqueio relacionado à situação na coluna A. Avalie sua crença nesse ponto de bloqueio, de zero a 100%. (O quanto você acredita nesse pensamento?)	Use as **perguntas exploratórias** para examinar seu pensamento automático da coluna B. Considere se o pensamento é equilibrado e factual ou extremo.	Use os **padrões de pensamento** para decidir se este é um dos padrões e explique por quê.	O que mais você pode dizer no lugar do pensamento na coluna B? De que outra forma você pode interpretar o evento que não seja a partir desse pensamento? Avalie sua crença no(s) pensamento(s) alternativo(s) de zero a 100%.
		Evidência contra?	Tirar conclusões precipitadas:	
		Que informações não estão incluídas?	Ignorar partes importantes:	
	C. Emoção(ões) Especifique sua(s) emoção(ões) (triste, zangado, etc.) e avalie a intensidade de cada uma delas, de zero a 100%.	Tudo ou nada? Afirmações extremas?	Simplificar/generalizar:	**G. Reavaliação do ponto de bloqueio original** Reavalie o quanto você agora acredita no ponto de bloqueio na coluna B, de zero a 100%.
		Focando em apenas uma parte do evento?		
		Fonte de informação questionável?	Leitura mental:	
		Confundindo possível com improvável?	Raciocínio emocional:	**H. Emoção(ões)** Como você se sente agora? Avalie de zero a 100%.
		Com base em sentimentos ou em fatos?		

De *Vencendo o transtorno de estresse pós-traumático com a terapia de processamento cognitivo*, de Resick, Stirman e LoSavio. Artmed, 2025. Os compradores deste livro podem baixar cópias adicionais desta planilha na página do livro em loja.grupoa.com.br.

Planilha de Pensamentos Alternativos

A. Situação	B. Ponto de bloqueio	C. Emoção(ões)	D. Explorando pensamentos	E. Padrões de pensamento	F. Pensamento(s) alternativo(s)	G. Reavaliação do ponto de bloqueio original	H. Emoção(ões)
Descreva o evento que leva ao ponto de bloqueio ou a emoções desagradáveis	Escreva seu ponto de bloqueio relacionado à situação ra coluna A. Avalie sua crença nesse ponto de bloqueio, de zero a 100%. (O quanto você acredita nesse pensamento?)	Especifique sua(s) emoção(ões) (triste, zangado, etc.) e avalie a intensidade de cada uma delas, de zero a 100%.	Use as **perguntas exploratórias** para examinar seu pensamento automático da coluna B. Considere se o pensamento é equilibrado e factual ou extremo.	Use os **padrões de pensamento** para decidir se este é um dos padrões e explique por quê.	O que mais você pode dizer no lugar do pensamento na coluna B? De que outra forma você pode interpretar o evento que não seja a partir desse pensamento? Avalie sua crença no(s) pensamento(s) alternativo(s) de zero a 100%.	Reavalie o quanto você agora acredita no ponto de bloqueio na coluna B, de zero a 100%.	Como você se sente agora? Avalie de zero a 100%.
			Evidência contra?	Tirar conclusões precipitadas:			
			Que informações não estão incluídas?				
			Tudo ou nada? Afirmações extremas?	Ignorar partes importantes:			
			Focando em apenas uma parte do evento?	Simplificar/generalizar:			
			Fonte de informação questionável?	Leitura mental:			
			Confundindo possível com improvável?	Raciocínio emocional:			
			Com base em sentimentos ou em fatos?				

De *Vencendo o transtorno de estresse pós-traumático com a terapia de processamento cognitivo*, de Resick, Stirman e LoSavio. Artmed, 2025. Os compradores deste livro podem baixar cópias adicionais desta planilha na página do livro em loja.grupoa.com.br.

Planilha de Pensamentos Alternativos

A. Situação	B. Ponto de bloqueio	C. Emoção(ões)	D. Explorando pensamentos	E. Padrões de pensamento	F. Pensamento(s) alternativo(s)
Descreva o evento que leva ao ponto de bloqueio ou a emoções desagradáveis	Escreva seu ponto de bloqueio relacionado à situação na coluna A. Avalie sua crença nesse ponto de bloqueio, de zero a 100%. (O quanto você acredita nesse pensamento?)		Use as **perguntas exploratórias** para examinar seu pensamento automático da coluna B. Considere se o pensamento é equilibrado e factual ou extremo.	Use os **padrões de pensamento** para decidir se este é um dos padrões e explique por quê.	O que mais você pode dizer no lugar do pensamento na coluna B? De que outra forma você pode interpretar o evento que não seja a partir desse pensamento? Avalie sua crença no(s) pensamento(s) alternativo(s) de zero a 100%.
			Evidência contra?	Tirar conclusões precipitadas:	
			Que informações não estão incluídas?		
		Especifique sua(s) emoção(ões) (triste, zangado, etc.) e avalie a intensidade de cada uma delas, de zero a 100%.	Tudo ou nada? Afirmações extremas?	Ignorar partes importantes:	
			Focando em apenas uma parte do evento?	Simplificar/generalizar:	G. Reavaliação do ponto de bloqueio original
			Fonte de informação questionável?	Leitura mental:	Reavalie o quanto você agora acredita no ponto de bloqueio na coluna B, de zero a 100%.
			Confundindo possível com improvável?	Raciocínio emocional:	
			Com base em sentimentos ou em fatos?		H. Emoção(ões)
					Como você se sente agora? Avalie de zero a 100%.

De *Vencendo o transtorno de estresse pós-traumático com a terapia de processamento cognitivo*, de Resick, Stirman e LoSavio. Artmed, 2025. Os compradores deste livro podem baixar cópias adicionais desta planilha na página do livro em loja.grupoa.com.br.

Planilha de Pensamentos Alternativos

A. Situação	B. Ponto de bloqueio	C. Emoção(ões)	D. Explorando pensamentos	E. Padrões de pensamento	F. Pensamento(s) alternativo(s)	G. Reavaliação do ponto de bloqueio original	H. Emoção(ões)
Descreva o evento que leva ao ponto de bloqueio ou a emoções desagradáveis	Escreva seu ponto de bloqueio relacionado à situação na coluna A. Avalie sua crença nesse ponto de bloqueio, de zero a 100%. (O quanto você acredita nesse pensamento?)	Especifique sua(s) emoção(ões) (triste, zangado, etc.) e avalie a intensidade de cada uma delas, de zero a 100%.	Use as **perguntas exploratórias** para examinar seu pensamento automático da coluna B. Considere se o pensamento é equilibrado e factual ou extremo. Evidência contra? Que informações não estão incluídas? Tudo ou nada? Afirmações extremas? Focando em apenas uma parte do evento? Fonte de informação questionável? Confundindo possível com improvável? Com base em sentimentos ou em fatos?	Use os **padrões de pensamento** para decidir se este é um dos padrões e explique por quê. Tirar conclusões precipitadas: Ignorar partes importantes: Simplificar/generalizar: Leitura mental: Raciocínio emocional:	O que mais você pode dizer no lugar do pensamento na coluna B? De que outra forma você pode interpretar o evento que não seja a partir desse pensamento? Avalie sua crença no(s) pensamento(s) alternativo(s) de zero a 100%.	Reavalie o quanto você agora acredita no ponto de bloqueio na coluna B, de zero a 100%.	Como você se sente agora? Avalie de zero a 100%.

De *Vencendo o transtorno de estresse pós-traumático com a terapia de processamento cognitivo*, de Resick, Stirman e LoSavio. Artmed, 2025. Os compradores deste livro podem baixar cópias adicionais desta planilha na página do livro em loja.grupoa.com.br.

Planilha de Pensamentos Alternativos

A. Situação	B. Ponto de bloqueio	D. Explorando pensamentos	E. Padrões de pensamento	F. Pensamento(s) alternativo(s)
Descreva o evento que leva ao ponto de bloqueio ou a emoções desagradáveis	Escreva seu ponto de bloqueio relacionado à situação na coluna A. Avalie sua crença nesse ponto de bloqueio, de zero a 100%. (O quanto você acredita nesse pensamento?)	Use as **perguntas exploratórias** para examinar seu pensamento automático da coluna B. Considere se o pensamento é equilibrado e factual ou extremo.	Use os **padrões de pensamento** para decidir se este é um dos padrões e explique por quê.	O que mais você pode dizer no lugar do pensamento na coluna B? De que outra forma você pode interpretar o evento que não seja a partir desse pensamento? Avalie sua crença no(s) pensamento(s) alternativo(s) de zero a 100%.
		Evidência contra?	Tirar conclusões precipitadas:	
		Que informações não estão incluídas?		
	C. Emoção(ões) Especifique sua(s) emoção(ões) (triste, zangado, etc.) e avalie a intensidade de cada uma delas, de zero a 100%.	Tudo ou nada? Afirmações extremas?	Ignorar partes importantes:	
		Focando em apenas uma parte do evento?	Simplificar/generalizar:	**G. Reavaliação do ponto de bloqueio original** Reavalie o quanto você agora acredita no ponto de bloqueio na coluna B, de zero a 100%.
		Fonte de informação questionável?	Leitura mental:	
		Confundindo possível com improvável?	Raciocínio emocional:	**H. Emoção(ões)** Como você se sente agora? Avalie de zero a 100%.
		Com base em sentimentos ou em fatos?		

De Vencendo o transtorno de estresse pós-traumático com a terapia de processamento cognitivo, de Resick, Stirman e LoSavio. Artmed, 2025. Os compradores deste livro podem baixar cópias adicionais desta planilha na página do livro em loja.grupoa.com.br.

Entendo logicamente que as chances são baixas, mas ainda sinto medo.

Faz sentido sentir algum grau de medo reconhecendo o fato de que o risco de algo acontecer nunca é zero. Dito isso, lembre-se da nossa velha inimiga: a evitação. Se o seu hábito era fugir quando sentia medo, esse pode ser um raciocínio emocional, e você não teve a chance de aprender que, em muitas situações, você poderia realmente não ter sofrido danos se não tivesse fugido. Se enfrentar situações seguras, mas que você tem evitado, o medo acabará diminuindo à medida que você se permitir experimentá-las.

E se eu morar em um bairro perigoso/estiver em uma situação perigosa?

É importante reconhecer que alguns lugares e situações de fato são menos seguros do que outros. No entanto, se você estiver em um lugar ou uma situação menos segura, dê uma olhada de perto. O perigo é constante, durante o dia todo, ou há momentos mais ou menos perigosos? Mesmo em zonas de guerra, há áreas e horários do dia mais ou menos perigosos. Enquanto isso, há uma diferença entre ser cauteloso e ser hipervigilante. Olhe ou converse com os vizinhos que não tiveram problemas no bairro e veja o que eles se sentem confortáveis em fazer e quais precauções eles tomam. Qual é a sensação de perigo que eles sentem a respeito do bairro? Existem coisas sob seu controle que podem tornar sua casa ou seu trabalho mais seguros?

Se você está vivendo em uma situação perigosa, como em um caso em que há violência doméstica, pode haver entidades que possam ajudá-lo. Se você tem acesso a suporte ou a recursos para trabalhar e viver em um ambiente mais seguro, pode ser útil criar um plano, mesmo que seja de longo prazo. Você tem familiares ou amigos que podem ajudar? Você pode desenvolver um plano de segurança para poder sair de casa com aquilo de que precisa já pronto e com um lugar seguro para ir.

* * *

Continue acompanhando seu progresso preenchendo a Lista de Verificação do TEPT novamente e utilizando o Gráfico para acompanhar suas pontuações semanais, encontrado na página 29. Lembre-se de que, quando sua pontuação ficar abaixo de 20, você poderá avaliar se já trabalhou em todos os pontos necessários e se está pronto para avançar para o encerramento. Sempre que estiver pronto, você pode ir para a parte "Planejamento para a conclusão da TPC", na página 299. Caso contrário, continue trabalhando em seus pontos de bloqueio. Se você se sentir bloqueado, consulte "Se você não está percebendo mudança", na seção "Refletindo sobre seu progresso", do Capítulo 10 (páginas 179–182) e releia as seções anteriores deste livro, conforme a necessidade.

Lista de Verificação do TEPT

Preencha a Lista de Verificação do TEPT para acompanhar seus sintomas enquanto lê este livro. Não se esqueça de preencher esta medição com base no mesmo evento central todas as vezes. Quando as instruções e as perguntas se referirem a uma "experiência estressante", lembre-se de que esse é o seu evento central — o pior evento, no qual você está trabalhando primeiro.

Escreva aqui o trauma em que você está trabalhando primeiro: _____

Preencha esta Lista de Verificação do TEPT com referência a esse evento.

Instruções: A seguir está uma lista de problemas que as pessoas às vezes têm em resposta a uma experiência muito estressante. Por favor, leia cada problema com atenção e, em seguida, circule um dos números à direita para indicar o quanto você foi incomodado por esse problema **no último mês**.

No último mês, quanto você foi incomodado por:	De modo nenhum	Um pouco	Moderadamente	Muito	Extremamente
1. Lembranças indesejáveis, perturbadoras e repetitivas da experiência estressante?	0	1	2	3	4
2. Sonhos perturbadores e repetitivos com a experiência estressante?	0	1	2	3	4
3. De repente, sentindo ou agindo como se a experiência estressante estivesse, de fato, acontecendo de novo (como se *você estivesse revivendo-a, de verdade, lá no passado*)?	0	1	2	3	4
4. Sentir-se muito chateado quando algo lembra você da experiência estressante?	0	1	2	3	4
5. Ter reações físicas intensas quando algo lembra você da experiência estressante (*por exemplo, coração apertado, dificuldade para respirar, suor excessivo*)?	0	1	2	3	4
6. Evitar lembranças, pensamentos, ou sentimentos relacionados à experiência estressante?	0	1	2	3	4
7. Evitar lembranças externas da experiência estressante (*por exemplo, pessoas, lugares, conversas, atividades, objetos ou situações*)?	0	1	2	3	4
8. Não conseguir se lembrar de partes importantes da experiência estressante?	0	1	2	3	4
9. Ter crenças negativas intensas sobre você, outras pessoas ou o mundo (*por exemplo, ter pensamentos tais como:* "Eu sou ruim", "existe algo seriamente errado comigo", "ninguém é confiável", "o mundo todo é perigoso")?	0	1	2	3	4

(Continua)

(Continuação)

No último mês, quanto você foi incomodado por:	De modo nenhum	Um pouco	Moderadamente	Muito	Extremamente
10. Culpar a si mesmo ou aos outros pela experiência estressante ou pelo que aconteceu depois dela?	0	1	2	3	4
11. Ter sentimentos negativos intensos como medo, pavor, raiva, culpa ou vergonha?	0	1	2	3	4
12. Perder o interesse em atividades que você costumava apreciar?	0	1	2	3	4
13. Sentir-se distante ou isolado das outras pessoas?	0	1	2	3	4
14. Dificuldades para vivenciar sentimentos positivos (*por exemplo, ser incapaz de sentir felicidade ou sentimentos amorosos por pessoas próximas a você*)?	0	1	2	3	4
15. Comportamento irritado, explosões de raiva ou agir agressivamente?	0	1	2	3	4
16. Correr muitos riscos ou fazer coisas que podem lhe causar algum mal?	0	1	2	3	4
17. Ficar "super" alerta, vigilante ou de sobreaviso?	0	1	2	3	4
18. Sentir-se apreensivo ou assustado facilmente?	0	1	2	3	4
19. Ter dificuldades para se concentrar?	0	1	2	3	4
20. Problemas para adormecer ou continuar dormindo?	0	1	2	3	4

Calcule a soma e a escreva aqui: _____

Extraído de PTSD Checklist for DSM-5 (PCL-5), de Weathers, Litz, Keane, Palmieri, Marx e Schnurr (2013). Disponível no National Center for PTSD, em www.ptsd.va.gov; em domínio público. Adaptação no Brasil: Lima Osório, F., Da Silva, T. D. A., Santos, R. G., Chagas, M. H. N., Chagas, N. M. S., Sanches, R. F., & De Souza Crippa, J. A. (2017). Posttraumatic stress disorder checklist for DSM-5 (PCL-5): Transcultural adaptation of the Brazilian version. *Revista de Psiquiatria Clínica*, 44(1), 10–19. https://doi.org/10.1590/0101-60830000000107. Reproduzido em *Vencendo o transtorno de estresse pós-traumático com a terapia de processamento cognitivo*. Os compradores deste livro podem baixar cópias adicionais desta planilha na página do livro em loja.grupoa.com.br.

12

Confiança

Eventos traumáticos podem ter impacto profundo sobre seu senso de confiança. Se você cresceu acreditando que os outros são basicamente confiáveis, pode ter notado que o trauma virou essa crença de cabeça para baixo, e você pode ter formado um ponto de bloqueio como "eu não posso confiar em ninguém". Especialmente se alguém em quem confiava o magoou ou traiu, você também pode ter desenvolvido crenças diferentes a respeito de poder confiar em si mesmo ou em seu próprio julgamento. Assim como você provavelmente precisa trabalhar para regular a sensibilidade do seu alarme quando se trata de segurança, pode precisar regular seu senso de confiança.

No entanto, um dos maiores problemas é que a palavra *confiança* é muito vaga e muito ampla. O que você quer dizer com confiança? Ao pensar em confiança atualmente, você pode estar pensando nela apenas em relação à sua vida ou no tocante a confiar que alguém não vai traí-lo. Porém, há muitos tipos de confiança, sendo impossível confiar nas pessoas de várias maneiras possíveis, mas isso não significa que você não deva confiar em alguém de forma alguma. O truque é descobrir de que *maneiras* você confia em alguém e *o quanto* quer deixar essa pessoa entrar em sua vida dessa forma.

Você pode pensar que há apenas duas opções, confiar e não confiar. Às vezes, só é necessário confiar em alguém de um modo. Por exemplo, a pessoa que corta seu cabelo faz isso bem, então você confia nela para fazer isso, mas pode não lhe confiar um segredo, ou que ela lhe pagará de volta algum dinheiro que você a emprestou, pois isso pode não importar para o tipo de relacionamento que você tem com ela. A confiança também não é tudo ou nada, mas cai ao longo de um espectro entre pouco e muito. Para diversas coisas, você pode realmente não ter informações suficientes para saber se pode confiar em alguém de alguma forma específica. Pode haver coisas que você não sabe por que não teve a oportunidade de descobrir. Você pode precisar conhecer mais a pessoa para descobrir o quão confiável ela é de algum modo, ou pode nunca precisar saber, dependendo do tipo de relacionamento que tem com ela.

Há muitos tipos diferentes de confiança. A seguir, estão apenas alguns exemplos, embora existam muitos outros.

EXEMPLOS DE TIPOS DE CONFIANÇA

- Guardar um segredo
- Não usará informações sobre você para prejudicá-lo
- Que o outro estará no horário (ou, para algumas pessoas, você pode confiar que elas sempre estarão atrasadas!)
- Que, se você emprestar dinheiro para alguém, irá recebê-lo de volta
- Que você pode falar com alguém quando tiver um problema
- Que o seu médico cuidará da sua saúde
- Que o seu mecânico consertará o seu carro
- Que seu parceiro será fiel a você
- Que o outro é confiável; que fará o que diz que vai fazer
- Que determinada pessoa cuidará bem de seus filhos ou de seus animais de estimação
- Que você pode confiar no seu próprio julgamento ou na sua tomada de decisão

Que outros tipos de confiança você pode pensar que são importantes para você?

_____
_____
_____
_____

A ESTRELA DA CONFIANÇA

O objetivo da Folha de Exercícios da Estrela da Confiança (página 215) é ajudar a pensar na confiança não como um tudo ou nada ("ou confio em você ou não confio"), mas considerar **até que ponto você confia em alguém e em quais aspectos.** Você pode trabalhar nas estrelas da confiança para pensar em sua confiança consigo mesmo ou com outra pessoa na qual confia pelo menos de alguma forma. Siga estas instruções:

1. Liste todos os diferentes tipos de confiança que você pode imaginar. Você pode utilizar os tipos de confiança já listados ou qualquer um que você tenha pensado desde então. Tente pensar em alguns que se aplicam sobretudo à pessoa que você quer avaliar.

2. Coloque um asterisco em três ou quatro itens mais importantes para você e comece com eles na Folha de Exercícios da Estrela da Confiança, na página 215. Você também pode baixar e imprimir esse exercício na página do livro em loja.grupoa.com.br.

3. Escolha uma pessoa em sua vida que você acha que pode ser confiável em pelo menos algumas áreas. Talvez haja alguém em quem você sabe que pode

confiar para dirigir com segurança e cuidar de seus filhos, seus animais de estimação ou de sua propriedade, ou alguém com quem você sabe que pode conversar sobre como está se sentindo.

4. Cada linha na estrela representa um tipo de confiança. Você notará que as linhas têm uma escala de "−" a "+" para indicar o quanto você confia em uma pessoa em cada área. Se você confia completamente na pessoa de alguma forma, coloque um "X" no final da linha com o sinal de +. Se você confia nela de maneira parcial, coloque o X ao longo da linha para indicar aproximadamente o quanto você confia nela. Por exemplo, se alguém não é confiável de um modo específico, você pode classificá-lo do lado com o sinal de menos. Se você não tiver nenhuma informação sobre se pode confiar na pessoa naquela área específica, coloque um X na parte do meio, indicando nenhuma informação. Em seguida, faça isso com outros tipos de confiança.

5. Agora veja como você avaliou essa pessoa. Você pode confiar nela sobretudo com os tipos importantes de confiança? Se sim, é alguém com quem você pode querer ficar perto ou desenvolver um relacionamento mais profundo. Se a pessoa está principalmente no lado negativo, você pode não querer tê-la em sua vida ou limitar seu contato com ela a atividades mais superficiais.

Um exemplo de preenchimento da Folha de Exercícios da Estrela da Confiança pode ser encontrado na página 214, e uma versão em branco para seu uso está na página 215.

> ▶▶ Para assistir a um vídeo (em inglês) que revise o que você acabou de ler sobre a Estrela da Confiança, acesse a CPT Whiteboard Video Library (*http://cptforptsd.com/cpt-resources*) e assista ao vídeo chamado *Trust I: How Do I Know If I Can Trust Someone?* (Confiança I: como saber se posso confiar em alguém?).

Iryna completou a Estrela da Confiança utilizando como exemplo sua amiga de infância Tamara. Ela observou que sua amiga era especialmente confiável nas áreas de apoio emocional e segurança. Durante toda a vida, Tamara demonstrou um padrão de cuidado para com Iryna, mostrando respeito e bondade. Quando Iryna teve sua filha, Tamara foi útil muitas vezes, cuidando da criança enquanto Iryna trabalhava. No entanto, mesmo uma amiga solidária e prestativa como Tamara não era uma pessoa perfeita. Iryna observou que Tamara frequentemente se atrasava por se perder em sonhar acordada e ficar presa a conversas e livros. Embora ela sempre aparecesse, às vezes chegava a atrasar uma hora. No início de seu relacionamento, às vezes esse comportamento irritava Iryna, e uma vez ela discutiu com Tamara sobre isso, quando ela deveria ficar com a criança e Iryna acabou se atrasando para uma reunião importante no trabalho. Tamara pediu desculpas, e Iryna sabia que ela era sincera, mas Tamara ainda se atrasava às vezes. Iryna passou a entender esse fato sobre a amiga e simplesmente adaptou-se para que, se Tamara não chegasse a tempo, ela não dependesse da sua chegada. Iryna também refletiu que havia alguns tipos de confiança que nunca fizeram parte de seu relacionamento. Por exemplo, Iryna nunca havia emprestado dinheiro a Tamara, então ela não tinha ideia se Tamara se lembraria de devolver o dinheiro. Como isso não fazia parte do relacionamento delas, não era importante considerar esse tipo de confiança. No entanto, Iryna sentiu-se confiante de que continuaria a ter ajuda de Tamara para obter apoio emocional e sentir-se segura em deixar a filha sob os seus cuidados. Na verdade, esse tipo de confiança era o mais importante para Iryna.

O que você tirou da Folha de Exercícios da Estrela da Confiança?
_____
_____
_____
_____

LIÇÕES SOBRE CONFIANÇA

- Confiança não é uma coisa. Existem muitas maneiras diferentes de confiar (p. ex., confiar em alguém para dizer a verdade, ser solidário quando você compartilha informações pessoais, cumprir um horário, devolver dinheiro, cuidar de seus animais de estimação).
- Confiança não é tudo ou nada. Está em uma sequência contínua, uma escala.
- A experiência nos mostra o quanto uma pessoa é confiável. Com base em suas ações, podemos decidir confiar mais ou menos nessa pessoa para certo tipo de confiança.
- Começar por baixo ajuda. Se você quiser descobrir se pode confiar que uma pessoa devolverá um dinheiro, comece emprestando-lhe uma pequena soma, não muito. Com o tempo, você pode estar mais disposto a emprestar quantias maiores, se ela provar ser confiável no pagamento.
- Devemos começar supondo que não temos informações suficientes sobre alguém. Elas não são nem completamente confiáveis nem totalmente indignas de confiança até descobrirmos mais. Confiar completamente em alguém antes de ter muita experiência com a pessoa pode gerar decepções. Já manter as pessoas a distância sem nunca lhes dar uma chance, ou "testá-las" de maneira repetitiva, pode levar à perda de bons relacionamentos.
- Certas pessoas podem quebrar acordos de confiança, mas, de modo geral, se alguém decepcioná-lo em uma área, você pode conversar com ele e explicar como suas ações o afetaram e pedir mudanças. Aqueles que mudam de modo voluntário são exatamente o tipo de pessoa que queremos em nossas vidas.

Exemplo de Folha de Exercícios da Estrela da Confiança

Há muitos tipos diferentes de confiança (p. ex., guardar segredos, ser confiável). Nos espaços em branco a seguir, liste todos os diferentes tipos de confiança que você pode imaginar. Depois pense em uma pessoa em especial. Escreva aqui sua relação com essa pessoa: _____amigo de infância_____. Se você não consegue pensar em alguém da família ou em um amigo, pense em alguém em quem você deve depositar sua confiança, como um médico, um mecânico ou um motorista de ônibus. Coloque uma estrela nos tipos de confiança mais importantes para essa pessoa. Em seguida, preencha a estrela escrevendo um tipo de confiança na linha ao longo dela e colocando um "X" na posição da linha que indica o quanto você acredita nela nesse tipo de confiança. Se você não sabe, coloque o "X" apenas no círculo "sem informação" (p. ex., "devolver o dinheiro"). Essa pessoa precisa ser confiável em *todos* os sentidos? E nos tipos mais importantes? Você confiaria nessa pessoa para arrancar seu dente, cortar seu cabelo, consertar seu carro?

Tipos de confiança

Mantém informações privadas*	Confiança com minha filha*	Devolver o dinheiro
Confiável	Pontual	Dar apoio*
Protetor*	Competente	Fiel
Não faz fofoca	Mantém-me fisicamente seguro*	

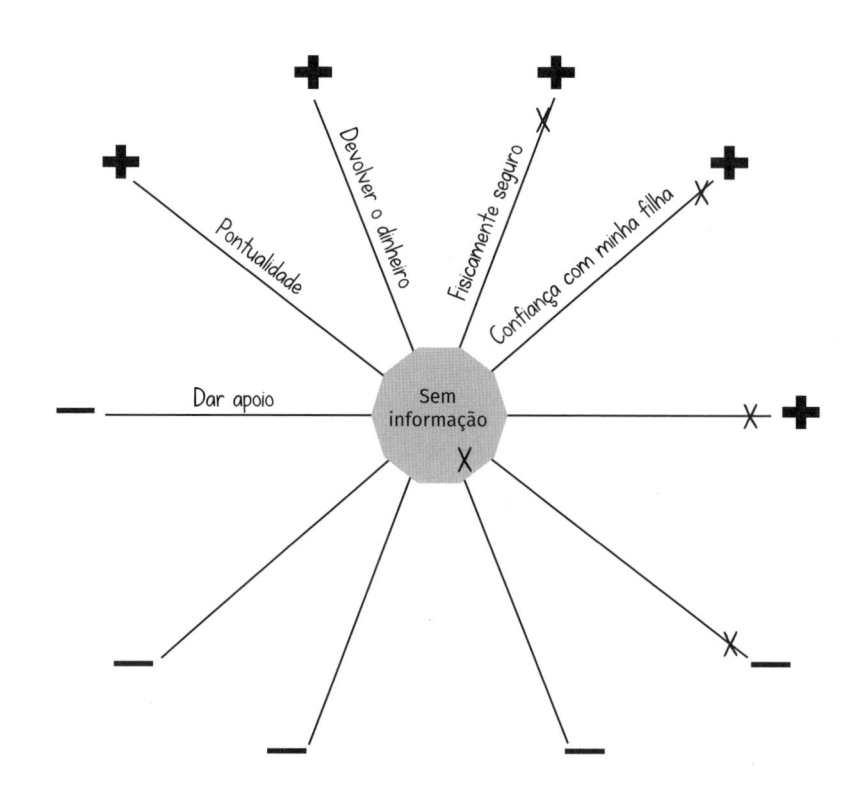

Folha de Exercícios da Estrela da Confiança

Há muitos tipos diferentes de confiança (p. ex., guardar segredos, ser confiável). Nos espaços em branco a seguir, liste todos os diferentes tipos de confiança que você pode imaginar. Depois pense em uma pessoa em especial. Escreva aqui sua relação com essa pessoa: _____. Se você não consegue pensar em alguém da família ou em um amigo, pense em alguém em quem você deve depositar sua confiança, como um médico, um mecânico ou um motorista de ônibus. Coloque uma estrela nos tipos de confiança mais importantes para essa pessoa. Em seguida, preencha a estrela escrevendo um tipo de confiança na linha ao longo dela e colocando um "X" na posição da linha que indica o quanto você acredita nela nesse tipo de confiança. Se você não sabe, coloque o "X" apenas no círculo "sem informação" (p. ex., "devolver o dinheiro"). Essa pessoa precisa ser confiável em *todos* os sentidos? E nos tipos mais importantes? Você confiaria nessa pessoa para arrancar seu dente, cortar seu cabelo, consertar seu carro?

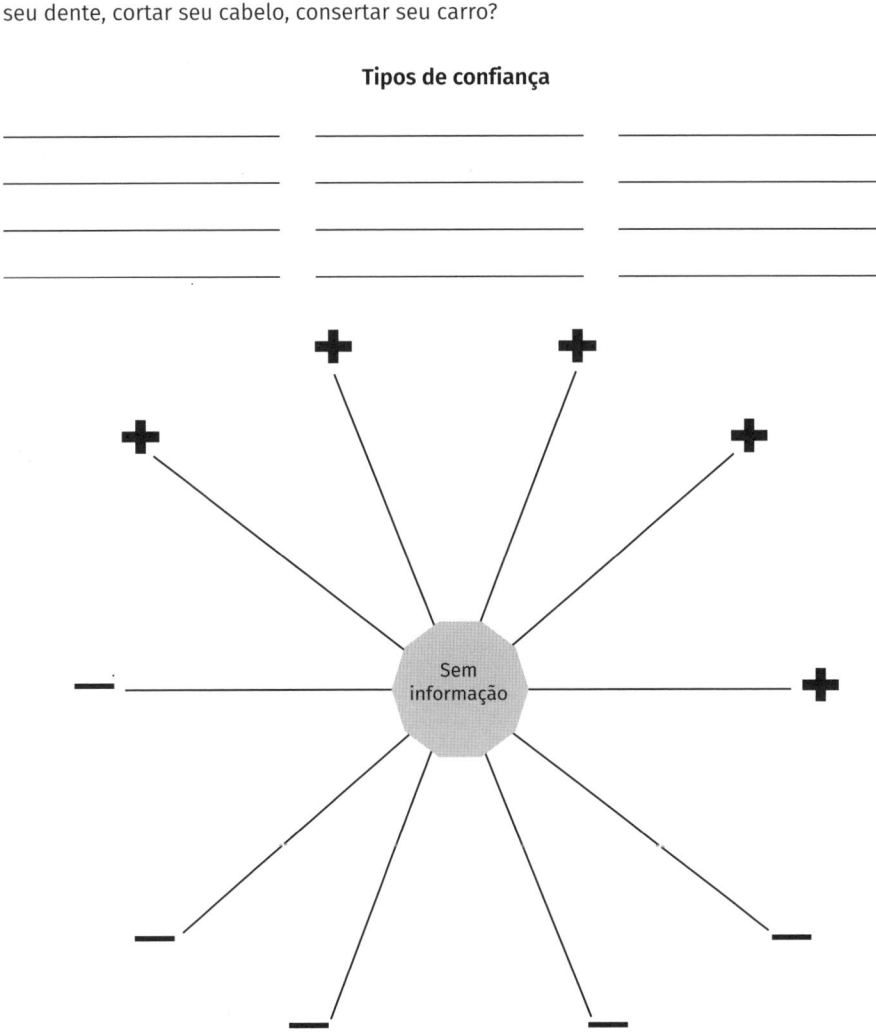

Tipos de confiança

De *Vencendo o transtorno de estresse pós-traumático com a terapia de processamento cognitivo*, de Resick, Stirman e LoSavio. Artmed, 2025. Os compradores deste livro podem baixar cópias adicionais desta folha de exercícios na página do livro em loja.grupoa.com.br.

No entanto, se a pessoa não mudar, não é sensato continuar confiando nela nessa área.
- As pessoas podem ser mais confiáveis em algumas áreas do que em outras, e isso não significa que você precise descartá-las. Você pode considerar em que situações confia nelas.

Atenção: A Estrela da Confiança pode ser utilizada para qualquer um dos cinco temas abordados neste livro: segurança, confiança, poder/controle, estima e intimidade. Todos esses tópicos envolvem pensar sobre diferentes categorias e considerá-las em uma escala contínua (p. ex., diferentes tipos e graus de intimidade).

CRIANDO CONFIANÇA

Agora que você fez esse exercício, pode ver que há algumas maneiras pelas quais você confia mais em algumas pessoas em sua vida do que em outras. Você pode tomar decisões sobre o quanto confiar nelas com base nessa visão mais equilibrada, em vez de tomar uma decisão de tudo ou nada. Se você não sabe muito sobre uma pessoa, existem outras formas de obter informações sobre ela. Faz sentido levar algum tempo e descobrir mais sobre elas antes de tomar decisões sobre o quanto confiar nelas. Uma abordagem equilibrada para confiar em alguém novo é começar sendo bastante neutro: não confiar completamente de imediato, mas também não decidir imediatamente que você não confia (comece de uma posição sem informação). Aprendemos com nossas experiências, e você não tem nenhuma com alguém que acabou de conhecer. Você também pode observar as pessoas e ver como elas se comportam com as outras pessoas em suas vidas. Elas guardam segredos ou os espalham com facilidade? Elas mostram respeito às outras pessoas? Elas chegam na hora e cumprem suas responsabilidades e obrigações? O que as outras pessoas dizem sobre elas?

Você também pode correr algum risco confiando em alguém com algo pequeno — talvez emprestando-lhe uma pequena quantia de dinheiro, se lhe pedirem (p. ex., se acidentalmente deixou a carteira em casa e lhe pedir 30 reais emprestados para o almoço) ou contando-lhe algo que não pareça muito pessoal sobre você e vendo como reagem ou se contam aos outros, em vez de começar contando sobre seu histórico de trauma. Com o tempo, você pode decidir se pode confiar nelas mais ou menos em diferentes áreas, com base em suas experiências com elas.

COMEÇANDO EM "SEM INFORMAÇÃO"

Muitas pessoas com quem trabalhamos nos disseram que começam supondo que as pessoas não são completamente confiáveis. Se alguém entra na vida dessas pessoas ou está interessado em ser seu amigo ou namorá-las, elas erguem paredes e podem colocar as pessoas à prova e fazê-las provar seu valor repetidamente antes de dar a elas uma chance real em suas vidas. Um problema com essa abordagem é que ela pode eliminar algumas pessoas de fato ótimas, com as quais você pode ter um relacionamento satisfatório. Alguém realmente respeitoso com as outras pessoas não vai ficar por aí jogando, pois se você disser: "não, eu não confio em você", elas dirão: "tudo bem, eu entendo; vou deixá-lo em paz". Em outras palavras, as pessoas que respeitam os limites das outras não vão pressioná-lo e, portanto, você pode não ter a chance de conhecê-las se suas paredes forem erguidas muito alto. Em contrapartida, algumas pessoas podem pressioná-lo para baixar a guarda, aparentemente ganhando sua confiança, dando-lhe muita atenção e sendo muito persistentes. Essas pessoas podem ou não vir a ser o tipo que você quer ter em sua vida. Portanto, tente considerar "ainda não tenho informações sobre essa pessoa" e não formar ainda um julgamento de confiança ou de desconfiança.

SEGUNDAS CHANCES

Ao trabalhar para criar confiança, lembre-se de que as pessoas não são perfeitas. Assim como você pode querer ou precisar de uma segunda chance de pessoas em sua vida quando comete um erro, também pode achar que é importante dar aos outros uma segunda chance em algumas circunstâncias. Às vezes, as pessoas cometem erros e podem ferir seus sentimentos ou decepcioná-lo de algum modo. Elas podem nem perceber que fizeram isso. Se você não gosta de como alguém se comportou, diga-lhe de forma assertiva, mas não agressiva. Pode levar tempo para você reconstruir a confiança nessa pessoa, por meio de ações consistentes, que mostrem que ela pode ser confiável novamente, sobretudo se tiver traído sua confiança de maneira fundamental, como por meio de infidelidade conjugal ou exploração financeira. Você pode decidir se os esforços dela para mudar são suficientes para se sentir confortável em confiar nela nessas áreas de novo. Se ela o prejudicou de maneira que, na sua opinião, é imperdoável, ou se houver evidências de que confiar nela novamente não é do seu interesse, você pode decidir ter pouco ou nenhum relacionamento com ela daí em diante. No entanto, em alguns relacionamentos, você pode decidir limitar sua confiança futura apenas a determinadas áreas, com base nas evidências que você observa sobre sua confiabilidade nessas áreas individuais.

RECONSTRUINDO A CONFIANÇA APÓS UM ERRO

Vejamos um exemplo em que alguém trai a sua confiança ao contar a outra pessoa um segredo que você lhe confidenciou. Como é possível lidar com isso de forma que lhes dê a chance de reconstruir a confiança sem correr um risco muito grande? Primeiro, lembre-se de que a pessoa pode não saber que algo que você lhe contou era confidencial, caso não lhe tenha dito para não contar aos outros. Ela pode ter entendido que, como você lhe contou, essa informação é aberta. Se ela sabia ou não, você pode dizer algo como: "quando divulgou o que eu compartilhei com você, me senti traído. Por favor, não faça isso novamente. Também farei questão de avisá-lo quando algo tiver que ficar somente entre nós." Se a pessoa pedir desculpas e disser que não fará isso de novo, você pode trabalhar para reconstruir lentamente a confiança, não lhe dizendo coisas que sejam grandes segredos até que ela tenha sido confiável com seus menores segredos. Se essa pessoa não trair sua confiança novamente, ela pode muito bem ser alguém que você queira manter em sua vida. Essa pessoa mudou de atitude para com você e mostrou que quer e pode ser confiável. Ao seguir esse processo, você acabará descobrindo com quem pode querer ter uma amizade casual, apenas conversar às vezes, passar mais tempo juntos, esforçar-se para ajudar ou confiar-lhe informações confidenciais.

Maria migrou para os Estados Unidos com sua família quando tinha 12 anos de idade. Ela era visada por ser diferente de seus colegas de classe, e algumas crianças chegaram a tocá-la fisicamente e ameaçá-la. Ela não acreditava que pessoas com autoridade se importariam ou a ajudariam, desde que o diretor se recusou a punir as crianças na escola por zombar de seu sotaque e agarrar seus seios no parquinho, e um professor a havia isolado e zombado dela com insultos e estereótipos sobre sua cultura. Como resultado, ela era muito cautelosa e lenta para fazer amizades. Quando estava no colégio, presenciou o irmão ser espancado e quase morto em um crime de ódio, e, quando a polícia chegou ao local, demorou a intervir, porque o pai de um dos criminosos era um político de destaque na pequena cidade. Depois disso, Maria saía dos empregos rapidamente durante todo o ensino médio, pois temia que seus chefes não a defenderiam se os clientes a tratassem com nomes desrespeitosos. Ela também achava que não podia confiar em ninguém que conhecia, já que tinha visto como seus colegas de classe se tornavam cada vez mais abusivos com ela e com seu irmão à medida que cresciam. Como resultado, ela tinha pouquíssimos amigos.

Quando Maria se mudou de casa, ela começou a namorar e fazer amizade com pessoas de origens semelhantes às dela, mas ela entrava em relacionamentos de modo muito rápido, compartilhando muito sobre si mesma e seu passado antes de realmente conhecer bem seu parceiro. Ela supunha que eles a entenderiam e protegeriam seus sentimentos, pois entendiam o que era ter experiências como as dela. No entanto, alguns parceiros se afastaram ou terminaram bruscamente o relacionamento, o que reforçou sua crença de que ela de fato não poderia confiar em ninguém para cuidar de seus sentimentos. Ao examinar seus pontos de bloqueio sobre confiança, ela começou a reconhecer que supor que poderia confiar 100% nas pessoas com seus segredos e seus sentimentos não era mais saudável do que presumir que não podia confiar em ninguém. Ela começou a compartilhar coisas sobre si mesma com mais cautela e prestou atenção em como as pessoas reagiam. Ela utilizou suas reações como evidência em suas planilhas sobre confiança. Ela fez listas que iam desde o compartilhamento de informações de baixo custo/baixa vulnerabilidade até informações de maior vulnerabilidade (como revelar a agressão sofrida por seu irmão e memórias difíceis sobre sua infância).

Maria decidiu que tipos de reações precisaria perceber nas pessoas para poder compartilhar mais informações, à medida que começava a revelar memórias e detalhes mais difíceis sobre sua vida. Dessa forma, ela pôde utilizar as informações que estava coletando para decidir se compartilharia mais ou se aproximaria mais das pessoas. Ao entrar em um relacionamento amoroso, ela também contava ao parceiro quando as coisas que ele dizia machucavam seus sentimentos ou a deixavam nervosa, e ela pedia que ele ficasse mais atento. Seu parceiro reagiu positivamente e ajustou seu comportamento. Com o tempo, eles desenvolveram uma relação saudável e conectada.

Não considere que, para ter dificuldade de confiar nas pessoas, você precise ter sido enganado por alguém conhecido. Ouvimos muitas pessoas dizerem sobre agressões de estranhos: "isso significa que não posso confiar em ninguém". Claro, as perguntas que um terapeuta pode fazer são "o que um ataque de um estranho tem a ver com confiança? Você precisava que confiar no estranho para a pessoa te machucar?".

CONFIANDO INFORMAÇÕES SOBRE SEU TRAUMA E O TEPT

É importante que você saiba que não tem obrigação de compartilhar informações ou detalhes sobre seu trauma com alguém com quem não se sinta confortável para fazê-lo. Na verdade, pode ser melhor escolher de maneira cuidadosa a quem você conta e que nível de detalhe você compartilha, pois nem todo mundo sabe como ser solidário ou está disposto a isso (sobretudo se a pessoa tiver a tendência a culpá-lo devido às próprias crenças do mundo justo). Você pode optar por não dizer nada a algumas pessoas. Se os outros precisarem saber algo (p. ex., se o seu empregador precisa saber que você faz terapia), você pode compartilhar simplesmente que passou por um trauma. Outros, ainda, podem lhe dar apoio ou podem ser capazes de se relacionar, e você pode achar seguro entrar em mais detalhes sobre o que aconteceu, mas cabe a você decidir isso. Ao compartilhar gradualmente informações com pessoas que parecem apoiar ou ser compreensivas, você pode encontrar indivíduos aos quais, afinal, você poderá confiar mais seus sentimentos e suas memórias e que serão capazes de apoiá-lo.

Se você achar que as pessoas não são úteis ou não mostram apoio em como respondem a suas informações, poderá dar *feedback* a elas. Você pode ajustar o quanto compartilha ou o tanto de tempo que passa com elas com base em como elas reagem a esse *feedback*. Alguns indivíduos podem acreditar tão fortemente na crença do mundo justo que podem continuar culpando e sendo pouco solidários, por isso, não há problema em se distanciar deles. Outros podem não ser capazes ou não saber como apoiá-lo, e podem não ser muito úteis, mas são gentis ou agradáveis para se passar algum tempo de outras maneiras. Nesses casos, você pode optar por limitar suas interações com essas pessoas a atividades e tópicos com os quais se sinta emocionalmente mais seguro.

☑ PRINCIPAIS PONTOS SOBRE CONFIANÇA

Crenças de segurança relacionadas ao eu

As crenças relacionadas ao eu giram em torno do quanto você acredita que pode confiar ou contar com suas próprias percepções ou julgamentos. A capacidade de confiar em si mesmo é a chave para o seu senso de eu, podendo ajudar a se proteger de fazer coisas que não parecem certas para você ou evitando que se aproveitem de você ou que se machuque emocionalmente.

Suas experiências anteriores também moldaram seu senso de confiança após o trauma.

- Se você cresceu acreditando que tinha bom senso e confiando em seus instintos e em sua avaliação das pessoas e situações, o trauma pode ter virado essa crença de cabeça para baixo.
- Já se você foi frequentemente culpado quando as coisas deram errado, ou se foi ferido por pessoas em quem confiava, pode ter começado a acreditar que não pode tomar boas decisões e que não é um bom juiz de caráter. O trauma pode ter confirmado essa crença em sua mente.

Como resultado desses padrões, você pode ser ansioso e ter muitas dúvidas ou críticas, e muitas vezes pode se perceber indeciso. Você pode sentir uma grande sensação de traição por coisas que os outros talvez não se incomodem tanto, como quando alguém cancela um plano ou se atrasa.

Crença pré-trauma	Ponto de bloqueio pós-trauma	Possível pensamento equilibrado/alternativo
Eu posso confiar em mim para tomar boas decisões.	Eu tomo más decisões. Nunca deveria confiar em meus instintos.	Eu nunca poderia ter previsto o que aconteceria com base nas informações que tinha. Fiz o melhor que pude em uma situação imprevisível. As pessoas podem cometer erros, mas ainda fazem um bom julgamento. Na verdade, todos cometemos erros às vezes. Mesmo quando cometo erros, isso não significa que não posso confiar em mim de forma alguma.
Sou um péssimo juiz de caráter e tomo más decisões.	Não posso confiar em mim de forma alguma.	Eu tomei as melhores decisões que pude com as informações que tinha. Nem sempre posso saber como as coisas vão se desenrolar, e nem sempre posso prever o que os outros farão. Posso ter começado a duvidar de mim devido às mensagens que recebi dos outros quando era jovem, mas, quando paro e penso nisso, acertei às vezes e tomei decisões melhores do que eu mesmo acreditava que pudesse.

(Continua)

(Continuação)

Crença pré-trauma	Ponto de bloqueio pós-trauma	Possível pensamento equilibrado/alternativo
Eu posso confiar nos meus instintos.	Sempre tenho que confiar no meu instinto, ou então serei prejudicado.	Às vezes, uma pessoa ou uma situação pode realmente estar "desligada". Posso utilizar as habilidades da TPC que aprendi para descobrir se esse é um alarme falso e decidir quando confiar nesses sentimentos.

Crenças de segurança relacionadas aos outros

A confiança é a crença de que se pode confiar nas promessas de outras pessoas ou grupos em termos de comportamento futuro. Começamos a aprender a confiar ou a desconfiar dos outros muito cedo na vida. Com o tempo, o ideal é que as pessoas aprendam um equilíbrio saudável entre confiança e desconfiança, e quando é apropriado confiar nos outros ou ser cauteloso.

Suas experiências anteriores também podem ter moldado sua resposta ao trauma.

- Se você teve boas experiências com pessoas enquanto crescia, pode ter chegado a acreditar que todas as pessoas (ou a maioria delas) podem ser confiáveis. O evento traumático pode fazer você duvidar disso.

- Se você experimentou traição ou negligência mais cedo na vida, talvez tenha chegado a acreditar que não pode confiar em ninguém. Pode parecer que o trauma tenha confirmado isso, sobretudo se você foi prejudicado por algum conhecido.

Se, após os eventos traumáticos, as pessoas nas quais você confiava o culparam, criticaram ou se distanciaram (talvez porque não sabiam o que dizer ou como ajudar), ou não apoiaram de alguma forma, você pode ter sentido desilusão, irritação ou traição, e talvez tenha concluído que não pode confiar nem mesmo em pessoas que acreditava serem confiáveis.

Como resultado dos padrões que você experimenta, poderá se tornar extremamente cauteloso. Você pode se sentir irritado e desconfiado sobre os comportamentos dos outros. Você pode se encontrar evitando relacionamentos próximos ou acreditando que algo aparentemente pequeno é a prova de que você de fato não pode confiar em alguém. Você pode achar que muitas vezes tem medo de ser traído.

Crença pré-trauma	Ponto de bloqueio pós-trauma	Possível pensamento equilibrado/alternativo
Eu posso confiar em meus amigos e em minha família.	Cedo ou tarde, todos vão traí-lo.	Algumas pessoas podem me fazer mal, mas isso não quer dizer que não posso confiar naquelas em quem confiava. Mesmo que alguém me faça mal de algum modo, posso lhe dizer como me senti mal e dar-lhe outra chance. É isso que eu desejaria se fizesse mal a alguém com quem me importo.

(Continua)

(Continuação)

Crença pré-trauma	Ponto de bloqueio pós-trauma	Possível pensamento equilibrado/alternativo
As pessoas geralmente merecem confiança.	Não se pode confiar em ninguém.	Alguns podem ser mais confiáveis do que outros, e posso confiar em algumas pessoas com coisas como dinheiro, ou para ajudar com meus filhos, mas não com outras questões, como segredos. Posso ver como as pessoas respondem a pedidos de *feedback* e coisas razoáveis, para decidir o quanto devo interagir com elas.
Tome cuidado. Não se pode confiar nas pessoas.	Se alguém me machucou, a culpa é minha por ter confiado.	A confiança envolve alguns riscos, mas posso me proteger desenvolvendo confiança lentamente e baseando-a no que descubro sobre essa pessoa à medida que a conheço. Não posso prever completamente o que as pessoas farão, mas o custo de não confiar em ninguém é sentir solidão e isolamento.

TRAIÇÃO DA CONFIANÇA

Seja sobre o trauma ou referente a outros relacionamentos que você teve, muitas pessoas pressupõem que confiar na outra pessoa foi a razão pela qual tiveram um resultado ruim. Pode ser útil fazer a si mesmo perguntas como as seguintes: por que você inicialmente confiou nessa pessoa? Era óbvio, então, que ela seria prejudicial para você, ou parecia confiável na época? Muitas pessoas com quem trabalhamos nos disseram que uma pessoa que eventualmente abusava delas no início foi gentil e as fez se sentirem especiais. Essa pessoa pode ter lhe dado muita atenção e prometido ser boa para você. Quando você se lembra de como a pessoa inicialmente o tratou, faz sentido que tenha confiado nela? Pode até ser algo bom a seu respeito que você esteve aberto e deu uma chance a alguém?

Às vezes, as pessoas relembram o fato e dizem a si mesmas: "eu deveria ter visto os sinais". Por exemplo, elas olham para trás e veem que alguém que veio a se tornar um abusador as estava controlando ou às vezes as colocava para baixo. Se foi esse o caso, o que você achou na época? Que isso levaria ao que aconteceu (p. ex., violência física ou sexual)? O que você estava esperando? Pediram desculpas e disseram que melhorariam? Você esperava que elas fossem se tratar e que a relação melhorasse? Essa pessoa lhe disse que você era o único que poderia ajudá-la? Se sim, faz sentido que você lhe tenha dado outra chance? E se ela de fato tivesse se saído melhor e começado a tratá-lo melhor, você estaria olhando em retrospectiva e lamentando por ter lhe dado outra chance?

Além disso, às vezes as pessoas olham para trás e se lembram de ter um sentimento desconfortável sobre alguém. Algumas dizem que tinham um "instinto" ou uma "intuição" que ignoraram. Mesmo que você tivesse uma sensação, esta lhe disse exatamente o que fazer e quando? Você já teve uma sensação ruim, mas deu tudo certo? Mesmo que você tivesse uma sensação, havia algum motivo para você não ouvi-la? Por exemplo, você teve experiências anteriores que o fizeram questionar seus próprios sentimentos e julgamentos?

Por fim, às vezes as pessoas olham para trás e veem que muitas outras pessoas as machucaram e concluem que deve ser por causa delas. Na verdade, é muito comum que os indivíduos sejam revitimizados durante sua vida. Às vezes, as pessoas até atormentam outras que já foram feridas antes, mas isso diz mais sobre você ou sobre o outro? Se você soubesse que alguém já havia sido vítima de um crime ou de um abuso antes, isso faria querer se aproveitar dela ou ajudá-la?

▶▶ Para retomar o que você acabou de ler aqui sobre confiança, acesse a CPT Whiteboard Video Library (*http://cptforptsd.com/cpt-resources*) e assista ao vídeo (em inglês) chamado *Trust II: Self and Others* (Confiança II: eu e os outros).

✍ Tarefa prática

Analise seu Registro de Pontos de Bloqueio (página 64) para escolher os pontos relacionados com a confiança consigo mesmo ou com os outros. Se você tiver problemas com essa questão, preencha as Planilhas de Pensamentos Alternativos sobre confiança (ver páginas 227–233). Observe também se você ainda tem algum ponto de bloqueio sobre por que o trauma aconteceu em relação à confiança — por exemplo, "o trauma aconteceu porque eu confiei naquela pessoa" ou "aconteceu porque fiz um mau julgamento". Nesse caso, trabalhe nisso primeiro.

🔧 Solução de problemas

Ainda estou preso. Estou tendo dificuldade em renunciar às minhas crenças de confiança.

Se você está tendo dificuldade em deixar de lado suas crenças de confiança, como "se eu confiar em alguém, vou me machucar", considere se ainda tem alguma *crença de confiança relacionada a por que seu evento traumático ocorreu* e, em caso afirmativo, trabalhe nisso primeiro. Por exemplo, se você ainda está pensando "o trauma aconteceu porque eu confiei naquela pessoa" ou "se eu tivesse feito um julgamento melhor, o trauma não teria acontecido", então faria sentido que ainda estivesse pensando "eu não posso confiar em ninguém" ou "eu não posso confiar no meu julgamento". Contudo, reconsidere os fatos do trauma: aconteceu porque você confiou em alguém ou aconteceu porque essa pessoa escolheu machucá-lo? O trauma aconteceu porque você fez um julgamento ruim, ou há uma explicação melhor para o motivo pelo qual isso ocorreu, como alguém se esforçou para enganá-lo e fazê-lo pensar que era confiável apenas para que pudesse machucá-lo? Volte e preencha uma Planilha de Pensamentos Alternativos (páginas 168–174) sobre o motivo pelo qual o trauma aconteceu. Depois, veja se você pode fazer mais progresso nos pontos mais gerais sobre confiança.

Vale a pena voltar a confiar em alguém?

Como as coisas seriam diferentes em sua vida se você deixasse alguém se aproximar de você? E se essa pessoa não acabasse lhe traindo? Teria valido a pena confiar nela? É provável que muitas boas experiências possam vir do aumento de confiança e da construção de novos relacionamentos. No entanto, lembre-se de que há pouquíssimas pessoas (se houver alguma) nas quais podemos confiar em absolutamente todos os sentidos, então não pense nisso como ter que confiar em alguém completamente. Elas podem pilotar um avião, realizar uma cirurgia em seus olhos, fazer um bolo gostoso ou ser uma boa companhia? Uma delas pode ser tudo o que você precisa para confiar, com base no tipo de relacionamento que você tem. Confiamos em pessoas diferentes com coisas diferentes e aplicamos diversos níveis de confiança. Tipos de confiança importantes podem levar muito tempo para crescer e, na verdade, pode haver pessoas em sua vida das quais você tenha desconfiado quando não precisaria, e simplesmente não lhes deu uma chance. Há pessoas que não precisam de muita confiança para que você as envolva em suas atividades. Você não precisa confiar seus segredos mais profundos a alguém para poder sair e jantar ou praticar um esporte juntos. Aprenda sobre alguém por meio de suas experiências com essa pessoa e observe como ela trata os outros, estranhos, amigos e familiares. Outras pessoas gostam dela e parecem confiar nela?

Como saber quando dar uma segunda chance às pessoas ou quando se afastar delas?

Se alguém cometer um erro, como dizer a outra pessoa algo que você lhe contou, pense se você disse a ela que isso era confidencial. Se você o fez e ela traiu sua confiança, então você pode conversar com ela sobre isso e dar-lhe mais uma chance (com algo menor, talvez). Se ela trair sua confiança de novo, você pode até não ter que tirá-la de sua vida, mas não vai querer mais contar outros segredos a ela. Se você já sofreu outros tipos de traição de confiança, como um parceiro romântico ser infiel, ser enganado repetidas vezes ou alguém explorar você financeiramente, talvez seja necessário considerar fatores como o contexto, as circunstâncias, a probabilidade de que isso continue ocorrendo e se você deseja tentar permitir que a confiança seja reconstruída. Essas são decisões muito pessoais, que dependem de diversos fatores. Quanto mais experiência você tiver com uma pessoa, mais você poderá movê-la para cima e para baixo na Estrela da Confiança (veja a página 215), dependendo de como ela se comporta em relação a você.

A única exceção é a violência. Daqui para frente, é preciso ter uma política de tolerância zero com a violência. Se alguma pessoa é violenta ou verbalmente abusiva com você ou com sua família, uma ofensa é suficiente para decidir que ela não deve mais ser uma parte significativa de sua vida. Dependendo das circunstâncias, você pode cortar o contato ou, pelo menos (no caso de pessoas com quem pode precisar ter algum contato, como o pai ou a mãe do seu filho), limitar drasticamente o contato com essa pessoa. Nesses casos, obter a ajuda de um terapeuta ou de uma organização que trata de violência doméstica pode ser útil para determinar se é possível e como manter contato de forma segura.

As pessoas me dizem que eu preciso perdoar as pessoas que me prejudicaram, mas não consigo fazer isso.

Suas crenças sobre o perdão provavelmente são influenciadas pelo que sua educação, e talvez sua religião, lhe disseram. No entanto, o perdão é uma decisão altamente pessoal. Só você é quem pode decidir se e quando perdoar, e pode tomar essa decisão no seu próprio tempo e após considerar suas próprias crenças e seus valores. Uma pergunta a se fazer é se a pessoa que o ofendeu já pediu perdão. Reserve algum tempo para considerar o que o perdão significa para você e como passou a acreditar no que faz a respeito do perdão.

Se a pessoa que lhe magoou não demonstra remorso nem tenta mudar, ela não está necessariamente demonstrando que está disposta a fazer o que for preciso para reconstruir a confiança ou ter um relacionamento com você. Às vezes, o mal que as pessoas fizeram é muito grande para que o perdão pareça possível. Nesses casos, a aceitação pode ser um objetivo melhor para se trabalhar. Você pode aceitar que isso ocorreu sem perdoar e ainda seguir em frente em sua recuperação.

Você também pode decidir perdoar alguém, mas não confiar nele de todo, ou de forma alguma, se a realidade é que ele não se mostrou confiável. Você pode se sentir mais disposto a perdoar em um dia e depois se ver com raiva dessa pessoa no outro dia. Isso é natural, e não significa que você não está progredindo em direção à cura. Considere se você tem algum ponto de bloqueio em torno do perdão que precisa trabalhar, como "se eu não perdoá-lo, é porque sou uma pessoa ruim" ou "se eu não perdoá-lo, não posso seguir em frente com a minha vida", ou "se eu perdoá-lo, isso significa que o que ele me fez foi algo certo". Lembre-se de que você também pode perdoar sem acreditar que o que ele fez foi certo; na verdade, o perdão não seria necessário se ele não tivesse feito algo errado! Você pode fazer uma Planilha de Pensamentos Alternativos (páginas 168–174) se tiver algum ponto de bloqueio referente ao perdão.

Mas se alguém me traiu, eu não deveria manter distância?

Isso depende e, em última análise, depende de você. As perguntas a serem consideradas são: você conversou com essa pessoa sobre a traição? A traição foi acidental ou intencional? Mostrou arrependimento e nunca mais o fez? Se ela mudou para com você, ou se está trabalhando para mudar, pode ser alguém que você queira manter em sua vida. Também depende da gravidade da quebra de confiança e do tipo de relacionamento que você quer com essa pessoa. Há muitos tipos de relacionamentos, que vão desde conhecidos até amigos próximos e parceiros íntimos. Você pode ter diferentes tipos de relacionamentos com os membros da sua família, e pode estar mais próximo ou mais distante deles, dependendo de como eles o tratam e se eles mudam ao longo do tempo.

Não consigo deixar de lado a ideia de que, se eu não tivesse confiado naquela pessoa, isso não teria acontecido.

Volte às perguntas do Capítulo 7 (páginas 91–95) sobre culpar-se pelo evento. Você já preencheu uma Planilha de Pensamentos Alternativos sobre esse ponto de bloqueio? Se não, faça isso agora. Também pode ser útil preencher uma novamente, mesmo que já o tenha feito. O que sua confiança na pessoa tem a ver com ela te prejudicar? Ela poderia ter te prejudicado de qualquer maneira, mesmo que você não tivesse confiado nela? O problema foi você ter confiado nela ou ela ter traído sua confiança? Você tinha algum motivo para não confiar nessa pessoa antes de o evento traumático ocorrer? Quem teve a intenção de fazer o que aconteceu quando o evento traumático ocorreu?

* * *

Continue acompanhando seu progresso preenchendo a Lista de Verificação do TEPT mais uma vez e utilizando o Gráfico para acompanhar suas pontuações semanais, encontrado na página 29. Lembre-se de que, quando sua pontuação ficar abaixo de 20, poderá avaliar se já trabalhou em todos os pontos necessários e se está pronto para avançar para o encerramento. Sempre que estiver pronto, você pode ir para a seção "Planejamento para a conclusão da TPC", na página 299. Caso contrário, continue trabalhando em seus pontos de bloqueio. Se você se sentir bloqueado ou travado, consulte a seção "Se você não está percebendo mudança", na parte "Refletindo sobre seu progresso", do Capítulo 10 (páginas 179–182), e releia as seções anteriores do livro, conforme a necessidade.

Planilha de Pensamentos Alternativos

A. Situação	B. Ponto de bloqueio	D. Explorando pensamentos	E. Padrões de pensamento	F. Pensamento(s) alternativo(s)
Descreva o evento que leva ao ponto de bloqueio ou a emoções desagradáveis	Escreva seu ponto de bloqueio relacionado à situação na coluna A. Avalie sua crença nesse ponto de bloqueio, de zero a 100%. (O quanto você acredita nesse pensamento?)	Use as **perguntas exploratórias** para examinar seu pensamento automático da coluna B. Considere se o pensamento é equilibrado e factual ou extremo.	Use os **padrões de pensamento** para decidir se este é um dos padrões e explique por quê.	O que mais você pode dizer no lugar do pensamento na coluna B? De que outra forma você pode interpretar o evento que não seja a partir desse pensamento? Avalie sua crença no(s) pensamento(s) alternativo(s) de zero a 100%.
		Evidência contra?	Tirar conclusões precipitadas:	
		Que informações não estão incluídas?		
	C. Emoção(ões)	Tudo ou nada? Afirmações extremas?	Ignorar partes importantes:	
	Especifique sua(s) emoção(ões) (triste, zangado, etc.) e avalie a intensidade de cada uma delas, de zero a 100%.	Focando em apenas uma parte do evento?	Simplificar/generalizar:	**G. Reavaliação do ponto de bloqueio original**
		Fonte de informação questionável?	Leitura mental:	Reavalie o quanto você agora acredita no ponto de bloqueio na coluna B, de zero a 100%.
		Confundindo possível com improvável?	Raciocínio emocional:	**H. Emoção(ões)**
		Com base em sentimentos ou em fatos?		Como você se sente agora? Avalie de zero a 100%.

De Vencendo o transtorno de estresse pós-traumático com a terapia de processamento cognitivo, de Resick, Stirman e LoSavio. Artmed, 2025. Os compradores deste livro podem baixar cópias adicionais desta planilha na página do livro em loja.grupoa.com.br.

Planilha de Pensamentos Alternativos

A. Situação	B. Ponto de bloqueio	D. Explorando pensamentos	E. Padrões de pensamento	F. Pensamento(s) alternativo(s)
Descreva o evento que leva ao ponto de bloqueio ou a emoções desagradáveis	Escreva seu ponto de bloqueio relacionado à situação na coluna A. Avalie sua crença nesse ponto de bloqueio, de zero a 100%. (O quanto você acredita nesse pensamento?)	Use as **perguntas exploratórias** para examinar seu pensamento automático da coluna B. Considere se o pensamento é equilibrado e factual ou extremo.	Use os **padrões de pensamento** para decidir se este é um dos padrões e explique por quê.	O que mais você pode dizer no lugar do pensamento na coluna B? De que outra forma você pode interpretar o evento que não seja a partir desse pensamento? Avalie sua crença no(s) pensamento(s) alternativo(s) de zero a 100%.
		Evidência contra?	Tirar conclusões precipitadas:	
		Que informações não estão incluídas?		
		Tudo ou nada? Afirmações extremas?	Ignorar partes importantes:	
	C. Emoção(ões)	Focando em apenas uma parte do evento?	Simplificar/generalizar:	**G. Reavaliação do ponto de bloqueio original**
	Especifique sua(s) emoção(ões) (triste, zangado, etc.) e avalie a intensidade de cada uma delas, de zero a 100%.	Fonte de informação questionável?	Leitura mental:	Reavalie o quanto você agora acredita no ponto de bloqueio na coluna B, de zero a 100%.
		Confundindo possível com improvável?	Raciocínio emocional:	**H. Emoção(ões)**
		Com base em sentimentos ou em fatos?		Como você se sente agora? Avalie de zero a 100%.

De *Vencendo o transtorno de estresse pós-traumático com a terapia de processamento cognitivo*, de Resick, Stirman e LoSavio. Artmed, 2025. Os compradores deste livro podem baixar cópias adicionais desta planilha na página do livro em loja.grupoa.com.br.

Planilha de Pensamentos Alternativos

A. Situação	B. Ponto de bloqueio	C. Emoção(ões)	D. Explorando pensamentos	E. Padrões de pensamento	F. Pensamento(s) alternativo(s)	G. Reavaliação do ponto de bloqueio original	H. Emoção(ões)
Descreva o evento que leva ao ponto de bloqueio ou a emoções desagradáveis	Escreva seu ponto de bloqueio relacionado à situação na coluna A. Avalie sua crença nesse ponto de bloqueio, de zero a 100%. (O quanto você acredita nesse pensamento?)	Especifique sua(s) emoção(ões) (triste, zangado, etc.) e avalie a intensidade de cada uma delas, de zero a 100%.	Use as **perguntas exploratórias** para examinar seu pensamento automático da coluna B. Considere se o pensamento é equilibrado e factual ou extremo. Evidência contra? Que informações não estão incluídas? Tudo ou nada? Afirmações extremas? Focando em apenas uma parte do evento? Fonte de informação questionável? Confundindo possível com improvável? Com base em sentimentos ou em fatos?	Use os **padrões de pensamento** para decidir se este é um dos padrões e explique por quê. Tirar conclusões precipitadas: Ignorar partes importantes: Simplificar/generalizar: Leitura mental: Raciocínio emocional:	O que mais você pode dizer no lugar do pensamento na coluna B? De que outra forma você pode interpretar o evento que não seja a partir desse pensamento? Avalie sua crença no(s) pensamento(s) alternativo(s) de zero a 100%.	Reavalie o quanto você agora acredita no ponto de bloqueio na coluna B, de zero a 100%.	Como você se sente agora? Avalie de zero a 100%.

De *Vencendo o transtorno de estresse pós-traumático com a terapia de processamento cognitivo*, de Resick, Stirman e LoSavio. Artmed, 2025. Os compradores deste livro podem baixar cópias adicionais desta planilha na página do livro em loja.grupoa.com.br.

Planilha de Pensamentos Alternativos

A. Situação	B. Ponto de bloqueio	D. Explorando pensamentos	E. Padrões de pensamento	F. Pensamento(s) alternativo(s)
Descreva o evento que leva ao ponto de bloqueio ou a emoções desagradáveis	Escreva seu ponto de bloqueio relacionado à situação na coluna A. Avalie sua crença nesse ponto de bloqueio, de zero a 100%. (O quanto você acredita nesse pensamento?)	Use as **perguntas exploratórias** para examinar seu pensamento automático da coluna B. Considere se o pensamento é equilibrado e factual ou extremo.	Use os **padrões de pensamento** para decidir se este é um dos padrões e explique por quê.	O que mais você pode dizer no lugar do pensamento na coluna B? De que outra forma você pode interpretar o evento que não seja a partir desse pensamento? Avalie sua crença no(s) pensamento(s) alternativo(s) de zero a 100%.
		Evidência contra?	Tirar conclusões precipitadas:	
		Que informações não estão incluídas?		
		Tudo ou nada? Afirmações extremas?	Ignorar partes importantes:	
	C. Emoção(ões)	Focando em apenas uma parte do evento?	Simplificar/generalizar:	**G. Reavaliação do ponto de bloqueio original**
	Especifique sua(s) emoção(ões) (triste, zangado, etc.) e avalie a intensidade de cada uma delas, de zero a 100%.	Fonte de informação questionável?	Leitura mental:	Reavalie o quanto você agora acredita no ponto de bloqueio na coluna B, de zero a 100%.
		Confundindo possível com improvável?	Raciocínio emocional:	**H. Emoção(ões)**
		Com base em sentimentos ou em fatos?		Como você se sente agora? Avalie de zero a 100%.

De *Vencendo o transtorno de estresse pós-traumático com a terapia de processamento cognitivo*, de Resick, Stirman e LoSavio. Artmed, 2025. Os compradores deste livro podem baixar cópias adicionais desta planilha na página do livro em loja.grupoa.com.br.

Planilha de Pensamentos Alternativos

A. Situação	B. Ponto de bloqueio	D. Explorando pensamentos	E. Padrões de pensamento	F. Pensamento(s) alternativo(s)
Descreva o evento que leva ao ponto de bloqueio ou a emoções desagradáveis	Escreva seu ponto de bloqueio relacionado à situação na coluna A. Avalie sua crença nesse ponto de bloqueio, de zero a 100%. (O quanto você acredita nesse pensamento?)	Use as **perguntas exploratórias** para examinar seu pensamento automático da coluna B. Considere se o pensamento é equilibrado e factual ou extremo.	Use os **padrões de pensamento** para decidir se este é um dos padrões e explique por quê.	O que mais você pode dizer no lugar do pensamento na coluna B? De que outra forma você pode interpretar o evento que não seja a partir desse pensamento? Avalie sua crença no(s) pensamento(s) alternativo(s) de zero a 100%.
		Evidência contra?	Tirar conclusões precipitadas:	
		Que informações não estão incluídas?		
	C. Emoção(ões)	Tudo ou nada? Afirmações extremas?	Ignorar partes importantes:	**G. Reavaliação do ponto de bloqueio original**
	Especifique sua(s) emoção(ões) (triste, zangado, etc.) e avalie a intensidade de cada uma delas, de zero a 100%.	Focando em apenas uma parte do evento?	Simplificar/generalizar:	Reavalie o quanto você agora acredita no ponto de bloqueio na coluna B, de zero a 100%.
		Fonte de informação questionável?	Leitura mental:	
		Confundindo possível com improvável?	Raciocínio emocional:	**H. Emoção(ões)**
		Com base em sentimentos ou em fatos?		Como você se sente agora? Avalie de zero a 100%.

Planilha de Pensamentos Alternativos

A. Situação	B. Ponto de bloqueio	D. Explorando pensamentos	E. Padrões de pensamento	F. Pensamento(s) alternativo(s)
Descreva o evento que leva ao ponto de bloqueio ou a emoções desagradáveis	Escreva seu ponto de bloqueio relacionado à situação na coluna A. Avalie sua crença nesse ponto de bloqueio, de zero a 100%. (O quanto você acredita nesse pensamento?)	Use as **perguntas exploratórias** para examinar seu pensamento automático da coluna B. Considere se o pensamento é equilibrado e factual ou extremo.	Use os **padrões de pensamento** para decidir se este é um dos padrões e explique por quê.	O que mais você pode dizer no lugar do pensamento na coluna B? De que outra forma você pode interpretar o evento que não seja a partir desse pensamento? Avalie sua crença no(s) pensamento(s) alternativo(s) de zero a 100%.
		Evidência contra?	Tirar conclusões precipitadas:	
		Que informações não estão incluídas?	Ignorar partes importantes:	
	C. Emoção(ões)	Tudo ou nada? Afirmações extremas?	Simplificar/generalizar:	**G. Reavaliação do ponto de bloqueio original**
	Especifique sua(s) emoção(ões) (triste, zangado, etc.) e avalie a intensidade de cada uma delas, de zero a 100%.	Focando em apenas uma parte do evento?		Reavalie o quanto você agora acredita no ponto de bloqueio na coluna B, de zero a 100%.
		Fonte de informação questionável?	Leitura mental:	
		Confundindo possível com improvável?	Raciocínio emocional:	**H. Emoção(ões)**
		Com base em sentimentos ou em fatos?		Como você se sente agora? Avalie de zero a 100%.

De Vencendo o transtorno de estresse pós-traumático com a terapia de processamento cognitivo, de Resick, Stirman e LoSavio. Artmed, 2025. Os compradores deste livro podem baixar cópias adicionais desta planilha na página do livro em loja.grupoa.com.br.

Planilha de Pensamentos Alternativos

A. Situação	B. Ponto de bloqueio	C. Emoção(ões)	D. Explorando pensamentos	E. Padrões de pensamento	F. Pensamento(s) alternativo(s)	G. Reavaliação do ponto de bloqueio original	H. Emoção(ões)
Descreva o evento que leva ao ponto de bloqueio ou a emoções desagradáveis	Escreva seu ponto de bloqueio relacionado à situação na coluna A. Avalie sua crença nesse ponto de bloqueio, de zero a 100%. (O quanto você acredita nesse pensamento?)	Especifique sua(s) emoção(ões) (triste, zangado, etc.) e avalie a intensidade de cada uma delas, de zero a 100%.	Use as **perguntas exploratórias** para examinar seu pensamento automático da coluna B. Considere se o pensamento é equilibrado e factual ou extremo. Evidência contra? Que informações não estão incluídas? Tudo ou nada? Afirmações extremas? Focando em apenas uma parte do evento? Fonte de informação questionável? Confundindo possível com improvável? Com base em sentimentos ou em fatos?	Use os **padrões de pensamento** para decidir se este é um dos padrões e explique por quê. Tirar conclusões precipitadas: Ignorar partes importantes: Simplificar/generalizar: Leitura mental: Raciocínio emocional:	O que mais você pode dizer no lugar do pensamento na coluna B? De que outra forma você pode interpretar o evento que não seja a partir desse pensamento? Avalie sua crença no(s) pensamento(s) alternativo(s) de zero a 100%.	Reavalie o quanto você agora acredita no ponto de bloqueio na coluna B, de zero a 100%.	Como você se sente agora? Avalie de zero a 100%.

De Vencendo o transtorno de estresse pós-traumático com a terapia de processamento cognitivo, de Resick, Stirman e LoSavio. Artmed, 2025. Os compradores deste livro podem baixar cópias adicionais desta planilha na página do livro em loja.grupoa.com.br.

Lista de Verificação do TEPT

Preencha a Lista de Verificação do TEPT para acompanhar seus sintomas enquanto lê este livro. Não se esqueça de preencher esta medição com base no mesmo evento central todas as vezes. Quando as instruções e as perguntas se referirem a uma "experiência estressante", lembre-se de que esse é o seu evento central — o pior evento, no qual você está trabalhando primeiro.

Escreva aqui o trauma em que você está trabalhando primeiro: _____

Preencha esta Lista de Verificação do TEPT com referência a esse evento.

Instruções: A seguir está uma lista de problemas que as pessoas às vezes têm em resposta a uma experiência muito estressante. Por favor, leia cada problema com atenção e, em seguida, circule um dos números à direita para indicar o quanto você foi incomodado por esse problema **no último mês**.

No último mês, quanto você foi incomodado por:	De modo nenhum	Um pouco	Moderadamente	Muito	Extremamente
1. Lembranças indesejáveis, perturbadoras e repetitivas da experiência estressante?	0	1	2	3	4
2. Sonhos perturbadores e repetitivos com a experiência estressante?	0	1	2	3	4
3. De repente, sentindo ou agindo como se a experiência estressante estivesse, de fato, acontecendo de novo (como se *você estivesse revivendo-a, de verdade, lá no passado*)?	0	1	2	3	4
4. Sentir-se muito chateado quando algo lembra você da experiência estressante?	0	1	2	3	4
5. Ter reações físicas intensas quando algo lembra você da experiência estressante (*por exemplo, coração apertado, dificuldade para respirar, suor excessivo*)?	0	1	2	3	4
6. Evitar lembranças, pensamentos, ou sentimentos relacionados à experiência estressante?	0	1	2	3	4
7. Evitar lembranças externas da experiência estressante (*por exemplo, pessoas, lugares, conversas, atividades, objetos ou situações*)?	0	1	2	3	4
8. Não conseguir se lembrar de partes importantes da experiência estressante?	0	1	2	3	4
9. Ter crenças negativas intensas sobre você, outras pessoas ou o mundo (*por exemplo, ter pensamentos tais como:* "Eu sou ruim", "existe algo seriamente errado comigo", "ninguém é confiável", "o mundo todo é perigoso")?	0	1	2	3	4

(Continua)

(Continuação)

No último mês, quanto você foi incomodado por:	De modo nenhum	Um pouco	Moderadamente	Muito	Extremamente
10. Culpar a si mesmo ou aos outros pela experiência estressante ou pelo que aconteceu depois dela?	0	1	2	3	4
11. Ter sentimentos negativos intensos como medo, pavor, raiva, culpa ou vergonha?	0	1	2	3	4
12. Perder o interesse em atividades que você costumava apreciar?	0	1	2	3	4
13. Sentir-se distante ou isolado das outras pessoas?	0	1	2	3	4
14. Dificuldades para vivenciar sentimentos positivos (*por exemplo, ser incapaz de sentir felicidade ou sentimentos amorosos por pessoas próximas a você*)?	0	1	2	3	4
15. Comportamento irritado, explosões de raiva ou agir agressivamente?	0	1	2	3	4
16. Correr muitos riscos ou fazer coisas que podem lhe causar algum mal?	0	1	2	3	4
17. Ficar "super" alerta, vigilante ou de sobreaviso?	0	1	2	3	4
18. Sentir-se apreensivo ou assustado facilmente?	0	1	2	3	4
19. Ter dificuldades para se concentrar?	0	1	2	3	4
20. Problemas para adormecer ou continuar dormindo?	0	1	2	3	4

Calcule a soma e a escreva aqui: _____

Extraído de PTSD Checklist for DSM-5 (PCL-5), de Weathers, Litz, Keane, Palmieri, Marx e Schnurr (2013). Disponível no National Center for PTSD, em www.ptsd.va.gov; em domínio público. Adaptação no Brasil: Lima Osório, F., Da Silva, T. D. A., Santos, R. G., Chagas, M. H. N., Chagas, N. M. S., Sanches, R. F., & De Souza Crippa, J. A. (2017). Posttraumatic stress disorder checklist for DSM-5 (PCL-5): Transcultural adaptation of the Brazilian version. *Revista de Psiquiatria Clínica, 44*(1), 10–19. https://doi.org/10.1590/0101-60830000000107. Reproduzido em *Vencendo o transtorno de estresse pós-traumático com a terapia de processamento cognitivo*. Os compradores deste livro podem baixar cópias adicionais desta planilha na página do livro em loja.grupoa.com.br.

13

Poder e controle

Poder e controle frequentemente são um tópico muito importante para as pessoas com TEPT. Eventos traumáticos podem desafiar nossas crenças sobre o quanto de controle temos sobre o que acontece conosco. Pode ser assustador pensar que eventos traumáticos podem ocorrer apesar de todos os nossos esforços. Tendo crescido em uma sociedade que perpetua a crença de um mundo justo, você pode ter acreditado que geralmente é capaz de controlar seu próprio destino se esforçando e fazendo as coisas "certas". Durante o evento traumático, é provável que você não tenha tido controle total (ou nenhum) sobre o que aconteceu. Isso interage com a crença de um mundo justo e pode levar a pontos de bloqueio sobre coisas que você fez ou deixou de fazer e que acredita que causaram ou contribuíram para o trauma. Até agora, você passou algum tempo trabalhando em pontos de bloqueio de se culpar sobre o trauma, mas, se você ainda acredita em algum deles, este é um momento importante para revisitá-los e preencher mais Planilhas de Pensamentos Alternativos sobre eles (ver páginas 247–253).

Assim como as pessoas desenvolvem pontos de bloqueio em torno do que deveriam ter feito de diferente no momento do evento traumático, elas podem começar a formar pontos de bloqueio em torno do que precisam fazer no futuro para evitar que coisas ruins aconteçam de novo. Após o evento traumático, você pode ter começado a acreditar que precisa ter certeza de que tem o controle total sobre o que ocorrerá com você no futuro. Isso pode até levá-lo a acreditar que você precisa tentar controlar o que outras pessoas em sua vida fazem, para ajudar a mantê-las ou manter a si mesmo em segurança. Por exemplo, alguns pais que lutam com o TEPT podem limitar estritamente as atividades de seus filhos como forma de tentar mantê-los seguros. Todos esses esforços de controle podem ser bastante desgastantes e prejudiciais ao desenvolvimento infantil!

Faz sentido que as pessoas queiram se sentir no controle se não estiveram no controle durante o trauma. O problema é que, embora tenhamos controle sobre nossos próprios comportamentos e nossas ações na maioria das situações, não podemos controlar todos os fatores que causam ou contribuem para os traumas. Não podemos controlar se haverá um desastre natural ou se alguém decide cometer um crime. Não podemos controlar os comportamentos e as reações das outras pessoas. Não podemos evitar todos os acidentes. Pode ser uma ideia assustadora que não podemos prevenir todos os eventos traumáticos, apesar de nossos maiores esforços.

Assim como seria um exagero dizer: "devo ser capaz de controlar todas as situações a partir de agora", também é exagero mudar sua crença para "se eu não posso controlar tudo ao meu redor, não tenho controle algum sobre o que acontece comigo". O objetivo é desacelerar e compreender de maneira realista o que podemos ou não controlar e o que isso significa para nós. Tentativas de controle total não são bem-sucedidas em longo prazo e contribuirão para o seu TEPT, muitas vezes na forma de outros problemas. Com alguma perspectiva (e algumas Planilhas de Pensamentos Alternativos), você pode se lembrar de que a maioria dos dias não é repleta de eventos traumáticos — são apenas dias comuns, nos quais nada de ruim acontece. É fácil pular os dias em que nada em específico aconteceu como se eles não importassem, mas eles contam tanto quanto os outros. Os outros dias, mas não todos, são especialmente positivos ou marcados pela nossa realização de algum grande objetivo. Conte todos os dias, não apenas os traumáticos, para preencher o quadro da sua vida.

Ao fazer esse trabalho, você pode notar pontos de bloqueio de poder e controle sobre si mesmo que estão indiretamente relacionados ao trauma, como "eu não tenho controle sobre o que acontece comigo" (levando a sentimentos de medo e de impotência) ou "eu tenho que manter minhas emoções sob controle o tempo todo" (levando a sentimentos de raiva de si mesmo quando não pode controlar suas emoções ou a evitar certas situações que podem desencadear memórias e emoções difíceis). Você também pode ter formado pontos de bloqueio relacionados a poder e controle sobre os outros, como "não adianta desafiar pessoas em posições de autoridade, mesmo que elas façam algo errado" ou "as pessoas sempre tentarão me explorar e controlar" (levando à raiva e ao desamparo).

Lembre-se de que o poder e o controle também podem existir em várias áreas: você pode ter muito controle sobre a limpeza da sua casa, sobre quando vai para a cama e sobre o que come, mas menos controle sobre seu horário de trabalho ou sobre o hábito de fumar do seu parceiro. Você pode, no entanto, controlar até certo ponto se decide procurar um emprego diferente e se passa tempo com seu parceiro enquanto ele está fumando. Pensar sobre poder e controle relativos em diferentes áreas pode ajudá-lo a se sentir menos "tudo ou nada" sobre o tanto de poder e controle que você tem, bem como pode ajudá-lo a decidir se há áreas em que pode ser bom abrir mão de algum controle ou retomar algum poder.

Algumas pessoas podem ter vivido em circunstâncias que as fizeram se sentir impotentes mesmo antes do trauma. Por exemplo, as crianças têm muito menos poder e controle do que os adultos e, em situações abusivas, pode haver muito pouco que elas possam fazer. Se isso tiver sido verdade para você, eventos traumáticos posteriores podem ter reforçado a crença de que você não tem controle sobre o que lhe acontece. Esse ponto de bloqueio pode levá-lo a ser menos assertivo ou a estabelecer e manter menos limites com as pessoas em sua vida. Quando isso acontece, você pode acabar em situações que não parecem certas para você e que podem reforçar ainda mais suas crenças de que não tem controle algum.

Há maneiras de as pessoas renunciarem ao poder sem nem mesmo perceber que é isso que estão fazendo. Por exemplo, permitir que uma pessoa que está tentando manipulá-lo "aperte seus botões" significa que você está permitindo que ela controle suas reações. Você pode retomar o poder observando o comportamento dela e fazendo uma pausa sem reagir, preenchendo uma Planilha de Pensamentos Alternativos (ver páginas 227–233) sobre pontos de bloqueio que seu comportamento traz para você, ou trabalhando para permanecer calmo e assertivo enquanto responde a ela. Outra maneira pela qual as pessoas às vezes renunciam ao poder é colocando as necessidades de todos os outros antes das suas ou não pedindo ajuda quando precisam. Embora retomar o poder seja muito importante para as pessoas que estão nessas situações, pode ser preciso praticar um pouco para encontrar as melhores maneiras de fazer isso sem tomar o poder de formas menos saudáveis.

Ser assertivo é um ótimo exemplo de uma forma saudável de exercer poder, enquanto ser agressivo, testar os limites das pessoas, tentar gerenciar as atividades e os comportamentos delas e fazer ultimatos irracionais são exemplos de maneiras não saudáveis de desenvolver um senso de poder e controle. Ser assertivo envolveria declarar suas necessidades e seus desejos de forma clara e respeitosa, e dizer "não" e estabelecer limites quando algo não parece certo para você ou não se encaixa com o que quer fazer. Isso requer honestidade consigo e com os outros. Por exemplo, em vez de deixar suas próprias necessidades e suas obrigações de lado, você poderia dizer a um amigo que pede uma carona que você não pode fazer isso agora, mas poderia fazê-lo se ele pudesse esperar por algumas horas, ou então pode significar dizer à sua família que você não sente vontade de fazer o jantar todas as noites da semana e que gostaria de alguma ajuda em casa.

Às vezes, as pessoas ficam surpresas ou descontentes quando estabelecemos limites, mas isso não significa que não seja a coisa certa a fazermos. Você não precisa justificar ou explicar seus limites para as pessoas que não os respeitam, e não precisa mudar seus limites porque as pessoas não gostam deles. Se você não tem certeza se seus limites são razoáveis, tente completar uma Planilha de Pensamentos Alternativos sobre possíveis pontos de bloqueio que surgem para você, como "eu deveria estar disposto a mudar meus planos para ajudá-los" ou "se eu estabelecer um limite, isso significa que sou egoísta". Lembre-se, também, de que as pessoas às vezes apreciam quando somos honestos com elas ou renunciamos a algum poder pedindo sua ajuda. Se você tem feito muito por outras pessoas, pode fazer com que elas se sintam bem em poder fazer algumas coisas boas para você em troca.

A falta de controle é frequentemente vista como apenas uma coisa negativa — no entanto, você pode abrir mão do poder de formas positivas. Uma pequena maneira de renunciar a algum controle com apostas baixas pode ser dizer ao seu amigo que ele pode escolher o restaurante na próxima vez que vocês saírem. Ele pode apreciar isso se você geralmente é quem decide, e você poupou o tempo que levaria para procurar lugares diferentes, descobrir o que eles servem e se estão abertos. Também pode ser muito libertador perceber que você pode controlar apenas suas próprias ações, suas respostas e seus comportamentos, e que você não é responsável por como os outros se comportam. Isso não significa que precisa mudar seu comportamento se eles reagirem mal aos seus esforços para se afirmar, apenas indica que eles escolheram reagir mal, mas você pode permanecer firme sobre o que sabe que é certo para você. Também pode ser gratificante compartilhar a si mesmo, incluindo seus pensamentos e seus sentimentos, com outra pessoa como parte do dar e receber natural em um relacionamento saudável. Pode ser bom ajudar os outros sem esperar nada em troca. Esses são exemplos de renunciar a algum poder de forma positiva e saudável.

Outra forma de abrir mão de algum poder e controle de forma saudável é renunciar ao perfeccionismo. Às vezes, você pode assumir muitas responsabilidades (cozinhar, limpar) porque acha que tudo tem que ser feito de maneira perfeita, e outras pessoas em sua vida nem sempre fazem as coisas da maneira que você faria. Nesses casos, você pode abrir mão de algum controle e não tentar fazer tudo "com perfeição".

À medida que você preencher as planilhas sobre poder e controle, talvez note que está ficando melhor em fazer isso. Você também pode descobrir que há diferentes maneiras de avaliar um único ponto de bloqueio, como reformulá-lo ou focar em uma palavra diferente no ponto de bloqueio. Por exemplo, talvez você tenha se concentrado na palavra *controle* no ponto de bloqueio "se eu não tiver o controle total sobre meu cônjuge, algo ruim acontecerá com ele". Você pode ter considerado diferentes tipos de controle e se cada tipo é necessário para a segurança ou ter focado em se você precisa ter controle *por completo*. No entanto, você também pode examinar o ponto de bloqueio concentrando-se na segunda metade do ponto, de que "algo ruim acontecerá com ele", considerando como esse trecho leva para conclusões precipitadas e exagera a probabilidade de danos. Você também pode desenvolver vários pensamentos alternativos que podem ser escolhidos para levar a um pensamento mais equilibrado e a emoções menos intensas. Em outras palavras, você pode preencher várias planilhas sobre o mesmo ponto de bloqueio.

> Cynthia, que sofreu várias agressões sexuais na adolescência e na vida adulta, após uma história de abuso sexual quando criança, acreditava há muito tempo que ninguém a ouviria se ela se afirmasse. Ela achava muito difícil estabelecer limites com os homens com os quais namorava, alguns deles eram verbalmente abusivos ou infiéis. Sentia-se infeliz, insegura e explorada em seus relacionamentos. Com seu trabalho utilizando as habilidades e as atividades da TPC, Cynthia percebeu que os pontos de bloqueio de poder e controle não afetavam apenas seus relacionamentos com homens ("ele não vai me levar a sério se eu pedir para que pare de flertar com outras mulheres, então eu só preciso conviver com isso"), mas também seu trabalho. Ela identificou pontos de bloqueio como "meus colegas de trabalho e meus supervisores não me levam a sério" e "não adianta causar

confusão" ao dizer "não" quando as pessoas lhe pediam para assumir funções que não faziam parte de seu trabalho. Como resultado, ela se sentia cada vez mais desmoralizada. Isso tornava difícil pedir ao seu supervisor que atribuísse algumas de suas funções a outros ou pedir um aumento ou uma promoção.

Após Cynthia trabalhar com seus pontos de bloqueio de poder e controle relacionados ao evento traumático em si, ela começou a trabalhar com os pontos de bloqueio em outras áreas de sua vida, como namoro e trabalho, e começou a retomar uma sensação de poder e controle. Ela se tornou mais assertiva em seus relacionamentos, distanciando-se de pessoas que não respeitavam os limites razoáveis que ela estabeleceu. Ela trabalhou nos pontos de bloqueio que surgiram à medida que dava esses passos importantes, e isso a ajudou a permanecer resolvida quando duvidava de si mesma (o que muitas vezes é um hábito para pessoas que tiveram experiências como as de Cynthia). Ela também conversou com seu chefe sobre a mudança de suas funções de trabalho e sua remuneração, e descobriu que ele foi receptivo aos seus pedidos e às suas sugestões. Ela descobriu que se sentia mais forte e mais no controle quando expunha seus limites, suas restrições e seus pedidos aos outros com calma e assertividade. Mesmo quando as pessoas não respondiam da maneira que ela esperava, Cynthia reconhecia que tinha escolhas sobre o que poderia fazer quando sabia quais eram suas reações.

☑ PRINCIPAIS PONTOS SOBRE PODER E CONTROLE

Assim como os pontos de segurança e confiança podem ocorrer em relação a nós mesmos e aos outros e em diversas situações, as crenças sobre poder e controle também o podem. Considere as maneiras pelas quais suas crenças passadas relacionadas a poder e controle podem ter moldado como você reage às situações atuais.

Poder e controle relacionados ao eu

Poder e controle em relação a si mesmo é a crença de que você pode enfrentar os desafios que surgem e resolver problemas sem ser completamente dependente dos outros.

- ⊃ Se você cresceu acreditando que poderia lidar com problemas e que tinha controle sobre o que aconteceu com você, o evento traumático pode ter interrompido essa crença.
- ⊃ Já se você cresceu em uma situação na qual não tinha muito controle, ou na qual experimentou eventos traumáticos repetidos e contínuos, pode ter desenvolvido a crença de que o mundo é caótico e incontrolável, que você está desamparado e que muitos problemas não podem ser resolvidos por meio dos seus próprios esforços.

Como resultado, você pode se sentir embotado, passivo, sem esperança ou deprimido, e pode evitar situações e relacionamentos que parecem ser incontroláveis. Você também pode se envolver em alguns comportamentos autodestrutivos (p. ex., uso de substâncias, problemas alimentares, gastos descontrolados) que lhe dão uma sensação temporária de controle ou uma sensação temporária de estar dando um tempo nas situações estressantes e incontroláveis. Você também pode se sentir com raiva, rancor ou desamparo quando as pessoas não o ouvem ou não se comportam da maneira como você deseja.

Crença pré-trauma	Ponto de bloqueio pós-trauma	Possível pensamento equilibrado/alternativo
Tenho controle sobre o que acontece comigo.	Não pude controlar essa situação, então preciso me esforçar mais para manter tudo sob controle.	Embora eu não esteja desamparado ou impotente, nem sempre posso controlar totalmente as outras pessoas ou os eventos.
Tenho controle sobre mim mesmo.	Preciso ter controle completo sobre minhas emoções e reações.	Nem sempre acontecem coisas ruins quando não estou no controle completo. Embora eu não esteja desamparado ou impotente, nem sempre posso controlar totalmente minhas reações (sobretudo em situações extremas).
Não tenho controle sobre o que acontece comigo.	Não há sentido em tentar mudar o que acontece comigo.	Não posso controlar tudo, sobretudo as outras pessoas, mas posso controlar alguns aspectos do que acontece. Posso decidir ficar longe de pessoas não confiáveis. Posso tomar precauções e estabelecer limites.
Estou desamparado.	Não tenho controle sobre coisa nenhuma.	Eu tomo muitas decisões no meu dia a dia, e muitas são boas. Posso me esforçar para ter mais controle, ser assertivo e fazer o que acho que é correto para mim.

Crenças de poder e controle relacionadas aos outros

Essas crenças giram em torno da ideia de que você pode controlar os outros ou os eventos futuros relacionados às outras pessoas, incluindo aquelas com alguma forma de poder ou autoridade. Também inclui pontos de bloqueio sobre o tanto de poder e controle que as pessoas têm sobre você.

- Se você teve experiências antigas em que poderia influenciar o resultado dos eventos, ou se teve experiências positivas com outras pessoas e se não foi maltratado por outras pessoas que estavam em alguma posição de poder ou autoridade, você pode ter acreditado que era possível influenciar outras pessoas ou eventos. O(s) evento(s) traumático(s) que você vivenciou pode(m) tê-lo(a) levado a acreditar, em vez disso, que, como você não poderia controlar o resultado do(s) evento(s), então não tem controle ou influência sobre as pessoas ou os eventos.
- Se você teve experiências anteriores com outras pessoas que o levaram a acreditar que você era impotente em relação aos outros, ou que outras pessoas vão abusar do poder e da autoridade e prejudicá-lo, o evento traumático pode ter parecido confirmar essas crenças.

Você pode ter chegado a acreditar que as pessoas sempre tentarão controlá-lo ou que não adianta rechaçar as pessoas que abusam do poder. Como resultado, você pode se ver em uma posição de passividade ou de submissão, não sendo assertivo ou incapaz de manter relacionamentos porque não permite que os outros exerçam qualquer controle no relacionamento. Ou, em vez disso, você pode se enfurecer quando vê abusos de poder.

Crença pré-trauma	Ponto de bloqueio pós-trauma	Possível pensamento equilibrado/alternativo
Tenho controle sobre ser maltratado ou não.	Preciso estar preparado e no controle com os outros, para que não me maltratem ou tirem proveito de mim.	Posso tomar medidas para tentar evitar ser maltratado, mas não posso controlar o comportamento ou as escolhas dos outros. Posso optar por limitar ou encerrar meu contato com pessoas que me tratam mal se elas não forem receptivas ao meu *feedback* sobre isso.
Tenho controle sobre o que acontece nos meus relacionamentos.	Não há sentido em tentar ter controle sobre o modo como sou tratado. Sou impotente.	Mesmo que nem sempre eu consiga tudo o que quero em um relacionamento ou possa controlar a forma como os outros me tratam, posso influenciar os outros defendendo de forma assertiva os meus direitos e pedindo o que quero ou preciso. Um relacionamento saudável é aquele em que as pessoas compartilham e equilibram o poder. Se não estiver equilibrado, posso exercer meu controle nesse relacionamento, encerrando-o, se for preciso. Posso conviver com a decepção e seguir em frente, em busca de um relacionamento mais saudável, quando estiver pronto.
Não tenho que me preocupar sobre desequilíbrios de poder e controle nos meus relacionamentos.	Preciso controlar o que acontece em todos os meus relacionamentos, para não me ferir.	Mesmo que eu não consiga tudo o que quero ou preciso de um relacionamento, posso me afirmar e pedir o que preciso. Pode ser normal permitir que outros tenham parte do poder em um relacionamento. Pode até ser útil que outras pessoas assumam a responsabilidade por algumas das coisas que precisam ser feitas.

(Continua)

(Continuação)

Crença pré-trauma	Ponto de bloqueio pós-trauma	Possível pensamento equilibrado/alternativo
As pessoas com autoridade me ferirão (ou não).	As pessoas com autoridade sempre abusarão de seu poder e me ferirão ou tirarão proveito de mim.	Algumas pessoas abusarão de seu poder. Também tenho exemplos de pessoas que não o fazem. Se vejo ou sofro abusos de poder, tenho algumas escolhas sobre o que fazer, como defender, organizar ou lutar pela mudança e ter um plano sobre o que fazer se algo acontecer comigo (como se eu for ferido, maltratado ou detido).

▶▶ Para assistir a um vídeo (em inglês) que revise o que você acabou de ler aqui sobre poder e controle, acesse a CPT Whiteboard Video Library (*http://cptforptsd.com/cpt-resources*) e assista aos vídeos chamados *Power and control related to self* (Poder e controle relacionados ao eu) e *Power and control related to others* (Poder e controle relacionados aos outros).

✎ Tarefa prática

Analise o seu Registro de Pontos de Bloqueio, na página 64, para escolher os pontos de bloqueio relacionados ao poder ou controle, seja próprio ou dos outros. Se você tiver problemas com poder ou controle, preencha as Planilhas de Pensamentos Alternativos sobre eles (ver páginas 227–233). Observe também se você ainda tem algum ponto de bloqueio sobre por que o trauma aconteceu em relação a poder/controle — por exemplo, "eu deveria ter estado mais no controle". Se sim, trabalhe nisso primeiro.

🔧 Solução de problemas

Ainda estou preso. Estou tendo dificuldade em renunciar às minhas crenças de poder/controle.

Se você está tendo dificuldade de deixar de lado suas crenças de poder/controle, como "se eu não estiver no controle total, algo terrível acontecerá", considere se você ainda tem alguma *crença de poder/controle relacionada a por que seu evento traumático ocorreu* e, em caso afirmativo, trabalhe nisso primeiro. Por exemplo, se você ainda estiver pensando "eu deveria estar mais no controle" ou "aconteceu porque eu abri mão do meu controle", faria sentido que você ainda estivesse pensando "eu deveria estar sempre no controle". No entanto, reconsidere os fatos do trauma: aconteceu porque você renunciou ao controle? Alguém consegue estar no controle 100% do tempo? Coisas ruins podem acontecer mesmo quando pensamos que estamos no controle? As pessoas podem não ter controle total e ainda assim estar seguras? O que de fato precisa existir para tornar uma situação perigosa? Volte e preencha uma Planilha de Pensamentos Alternativos sobre o ponto de bloqueio de poder/controle sobre por que o trauma aconteceu. Em seguida, veja se você pode fazer mais progresso nos pontos de bloqueio gerais sobre poder e controle.

Também pode ser útil se perguntar o que está custando a você tentar permanecer no controle total. Isso está limitando o que está fazendo no seu dia a dia? Isso afeta seus relacionamentos com os outros? O que significaria para você renunciar a um pouco de controle, em uma situação na qual você tem certeza (após preencher algumas planilhas) de que seria seguro fazê-lo?

Tenho dificuldade em pedir ajuda às pessoas.

Qual é o seu ponto de vista sobre isso? Que eles vão se recusar? Que isso significará que você é fraco? Que lhes deve algo? Que alguém vai abusar de você? O primeiro passo é descobrir por que você tem dificuldade em pedir ajuda às pessoas. O que está dizendo a si mesmo? Que resultados espera? Descubra seus pontos de bloqueio e, em seguida, utilize uma Planilha de Pensamentos Alternativos para explorá-los. Se você puder criar um pensamento alternativo em que possa acreditar, ficará mais fácil pedir ajuda às pessoas quando precisar. Considere também os resultados positivos que podem resultar de pedir ajuda.

É muito difícil deixar de lado os impulsos para me prejudicar.

Esses tipos de impulsos são viciantes porque funcionam em curto prazo, bem como podem ser suas formas prejudiciais de enfrentamento. Algumas pessoas se prejudicam em um esforço para desligar as emoções. Se você se lembra do início deste livro, há um ciclo de *feedback* entre a parte emocional do cérebro e a parte pensante. Ao se comprometer com o preenchimento de uma planilha quando você tem desejo de se prejudicar, você está ativando a parte do pensamento, o que resulta em funcionamento reduzido na parte emocional do seu cérebro, e, por consequência, na redução da intensidade das suas emoções e, portanto, menos vontade de se prejudicar. Se você tiver um impulso, pegue uma planilha e não faça nada até que tenha preenchido sobre o que está incomodando você. É possível também procurar pontos de bloqueio como "eu não tenho controle sobre o que faço quando tenho impulsos para me prejudicar".

Tenho dificuldade em dizer "não". Se eu me afirmar, tenho medo de ser ferido.

Ferido por quem? Por alguém em específico ou por todo mundo? Você aprendeu na infância que não podia dizer "não" aos adultos? Essa é uma crença central ou vem de eventos da vida adulta? Se você foi vítima de repetidos abusos, faz sentido que você tenha medo de se afirmar. No entanto, se você agora está seguro e longe de seu abusador, pode examinar esse ponto de bloqueio com uma planilha e, em seguida, coletar evidências tentando pequenas maneiras de dizer "não" (p. ex., sobre a qual programa de TV você quer assistir ou que você prefere ir a um restaurante diferente para almoçar com os colegas de trabalho). Observe como as pessoas reagem de forma inofensiva. Eles o feriram? Eles o rejeitaram?

Você pode precisar fazer algumas planilhas sobre os pontos de bloqueio que surgem quando é assertivo. Você pode perceber o que acontece quando você se afirma de forma calma, mas firmemente ("não me sinto confortável em fazer isso"). No entanto, é importante lembrar que, se as pessoas reagem de maneira negativa aos seus limites, isso não significa que você estava errado ao estabelecer limites. Isso pode significar que essas são pessoas que não estão dispostas a respeitar seus limites, e essa informação é importante para você decidir se pode se sentir seguro em confiar ou passar um tempo com elas. Você não precisa se explicar ou se justificar quando é assertivo sobre seus limites. Também não precisa recuar e fazer coisas com as quais não se sinta confortável ou que não são justas para você fazer com eles ou para eles. Se os outros não respeitam seus limites, essa é uma informação valiosa sobre se são pessoas que farão bem à sua vida. Se elas estão acostumadas a pressioná-lo a fazer o que elas querem, pois você sempre cede, pode levar algum tempo e persistência para estabelecer limites antes que elas entendam exatamente o que você quer dizer, mas seja firme e notará mudanças na forma como as pessoas o tratam ao longo do tempo!

Como saber a quantidade certa de controle que se deve ter?

Há muitas coisas que você controla todos os dias, desde se deve acionar o despertador até o que comer no café da manhã, e assim por diante — centenas ou até milhares de opções das quais você tem controle. Contudo, você não pode controlar outras pessoas, assim como não pode controlar o tempo. Não há "quantidade certa de controle", mas preste atenção nas emoções que você sente e como seus níveis de controle estão afetando seus relacionamentos. Essas podem ser dicas para saber se você está renunciando a muito controle ou tentando estar muito no controle.

De que adianta me defender se não tenho controle sobre os acontecimentos?

Seu ponto de partida é que você não tem controle sobre os eventos. Primeiro, pode ser útil perceber que você de fato toma milhares de decisões todos os dias, sobre as quais tem controle. Se você não acredita nisso, comece a listar suas decisões amanhã, começando com quando decidir sair da cama. Se você está se referindo a não ter controle sobre potenciais eventos traumáticos futuros, pode não controlar sua ocorrência, mas você pode ter algum controle no evento. Se sua casa pegasse fogo, você poderia chamar o Corpo de Bombeiros, pegar alguns objetos de valor ou alertar outras pessoas. Tudo esses seriam indicadores de ter algum controle em uma situação fora de controle.

* * *

Continue acompanhando seu progresso preenchendo a Lista de Verificação do TEPT novamente e utilizando o Gráfico para acompanhar suas pontuações semanais, na página 29. Lembre-se de que, quando sua pontuação ficar abaixo de 20, poderá avaliar se já trabalhou em todos os pontos necessários e se está pronto para avançar para o encerramento. Sempre que estiver pronto, você pode ir para a seção "Planejamento para a conclusão da TPC", na página 299. Caso contrário, continue trabalhando em seus pontos de bloqueio. Se você se sentir travado, consulte a seção "Se você não está percebendo mudança", na parte "Refletindo sobre seu progresso" do Capítulo 10 (páginas 179-182) e releia as seções anteriores do livro, conforme a necessidade.

Planilha de Pensamentos Alternativos

A. Situação	B. Ponto de bloqueio	D. Explorando pensamentos	E. Padrões de pensamento	F. Pensamento(s) alternativo(s)
Descreva o evento que leva ao ponto de bloqueio ou a emoções desagradáveis	Escreva seu ponto de bloqueio relacionado à situação na coluna A. Avalie sua crença nesse ponto de bloqueio, de zero a 100%. (O quanto você acredita nesse pensamento?)	Use as **perguntas exploratórias** para examinar seu pensamento automático da coluna B. Considere se o pensamento é equilibrado e factual ou extremo.	Use os **padrões de pensamento** para decidir se este é um dos padrões e explique por quê.	O que mais você pode dizer no lugar do pensamento na coluna B? De que outra forma você pode interpretar o evento que não seja a partir desse pensamento? Avalie sua crença no(s) pensamento(s) alternativo(s) de zero a 100%.
		Evidência contra?	Tirar conclusões precipitadas:	
		Que informações não estão incluídas?		
	C. Emoção(ões) Especifique sua(s) emoção(ões) (triste, zangado, etc.) e avalie a intensidade de cada uma delas, de zero a 100%.	Tudo ou nada? Afirmações extremas?	Ignorar partes importantes:	
		Focando em apenas uma parte do evento?	Simplificar/generalizar:	**G. Reavaliação do ponto de bloqueio original** Reavalie o quanto você agora acredita no ponto de bloqueio na coluna B, de zero a 100%.
		Fonte de informação questionável?	Leitura mental:	
		Confundindo possível com improvável?	Raciocínio emocional:	**H. Emoção(ões)** Como você se sente agora? Avalie de zero a 100%.
		Com base em sentimentos ou em fatos?		

De *Vencendo o transtorno de estresse pós-traumático com a terapia de processamento cognitivo*, de Resick, Stirman e LoSavio. Artmed, 2025. Os compradores deste livro podem baixar cópias adicionais desta planilha na página do livro em lojagrupoa.com.br.

Planilha de Pensamentos Alternativos

A. Situação	B. Ponto de bloqueio	C. Emoção(ões)	D. Explorando pensamentos	E. Padrões de pensamento	F. Pensamento(s) alternativo(s)	G. Reavaliação do ponto de bloqueio original	H. Emoção(ões)
Descreva o evento que leva ao ponto de bloqueio ou a emoções desagradáveis	Escreva seu ponto de bloqueio relacionado à situação na coluna A. Avalie sua crença nesse ponto de bloqueio, de zero a 100%. (O quanto você acredita nesse pensamento?)	Especifique sua(s) emoção(ões) (triste, zangado, etc.) e avalie a intensidade de cada uma delas, de zero a 100%.	Use as **perguntas exploratórias** para examinar seu pensamento automático da coluna B. Considere se o pensamento é equilibrado e factual ou extremo. *Evidência contra?* *Que informações não estão incluídas?* *Tudo ou nada? Afirmações extremas?* *Focando em apenas uma parte do evento?* *Fonte de informação questionável?* *Confundindo possível com improvável?* *Com base em sentimentos ou em fatos?*	Use os **padrões de pensamento** para decidir se este é um dos padrões e explique por quê. *Tirar conclusões precipitadas:* *Ignorar partes importantes:* *Simplificar/generalizar:* *Leitura mental:* *Raciocínio emocional:*	O que mais você pode dizer no lugar do pensamento na coluna B? De que outra forma você pode interpretar o evento que não seja a partir desse pensamento? Avalie sua crença no(s) pensamento(s) alternativo(s) de zero a 100%.	Reavalie o quanto você agora acredita no ponto de bloqueio na coluna B, de zero a 100%.	Como você se sente agora? Avalie de zero a 100%.

De Vencendo o transtorno de estresse pós-traumático com a terapia de processamento cognitivo, de Resick, Stirman e LoSavio. Artmed, 2025. Os compradores deste livro podem baixar cópias adicionais desta planilha na página do livro em loja.grupoa.com.br.

Planilha de Pensamentos Alternativos

A. Situação	B. Ponto de bloqueio	D. Explorando pensamentos	E. Padrões de pensamento	F. Pensamento(s) alternativo(s)
Descreva o evento que leva ao ponto de bloqueio ou a emoções desagradáveis	Escreva seu ponto de bloqueio relacionado à situação na coluna A. Avalie sua crença nesse ponto de bloqueio, de zero a 100%. (O quanto você acredita nesse pensamento?)	Use as **perguntas exploratórias** para examinar seu pensamento automático da coluna B. Considere se o pensamento é equilibrado e factual ou extremo.	Use os **padrões de pensamento** para decidir se este é um dos padrões e explique por quê.	O que mais você pode dizer no lugar do pensamento na coluna B? De que outra forma você pode interpretar o evento que não seja a partir desse pensamento? Avalie sua crença no(s) pensamento(s) alternativo(s) de zero a 100%.
		Evidência contra?	Tirar conclusões precipitadas:	
		Que informações não estão incluídas?		
	C. Emoção(ões)	Tudo ou nada? Afirmações extremas?	Ignorar partes importantes:	
	Especifique sua(s) emoção(ões) (triste, zangado, etc.) e avalie a intensidade de cada uma delas, de zero a 100%.	Focando em apenas uma parte do evento?	Simplificar/generalizar:	**G. Reavaliação do ponto de bloqueio original**
		Fonte de informação questionável?	Leitura mental:	Reavalie o quanto você agora acredita no ponto de bloqueio na coluna B, de zero a 100%.
		Confundindo possível com improvável?	Raciocínio emocional:	**H. Emoção(ões)**
		Com base em sentimentos ou em fatos?		Como você se sente agora? Avalie de zero a 100%.

De Vencendo o transtorno de estresse pós-traumático com a terapia de processamento cognitivo, de Resick, Stirman e LoSavio. Artmed, 2025. Os compradores deste livro podem baixar cópias adicionais desta planilha na página do livro em loja.grupoa.com.br.

Planilha de Pensamentos Alternativos

A. Situação	B. Ponto de bloqueio	D. Explorando pensamentos	E. Padrões de pensamento	F. Pensamento(s) alternativo(s)
Descreva o evento que leva ao ponto de bloqueio ou a emoções desagradáveis	Escreva seu ponto de bloqueio relacionado à situação na coluna A. Avalie sua crença nesse ponto de bloqueio, de zero a 100%. (O quanto você acredita nesse pensamento?)	Use as **perguntas exploratórias** para examinar seu pensamento automático da coluna B. Considere se o pensamento é equilibrado e factual ou extremo.	Use os **padrões de pensamento** para decidir se este é um dos padrões e explique por quê.	O que mais você pode dizer no lugar do pensamento na coluna B? De que outra forma você pode interpretar o evento que não seja a partir desse pensamento? Avalie sua crença no(s) pensamento(s) alternativo(s) de zero a 100%.
		Evidência contra?	Tirar conclusões precipitadas:	
		Que informações não estão incluídas?		
		Tudo ou nada? Afirmações extremas?	Ignorar partes importantes:	
	C. Emoção(ões)	Focando em apenas uma parte do evento?	Simplificar/generalizar:	G. Reavaliação do ponto de bloqueio original
	Especifique sua(s) emoção(ões) (triste, zangado, etc.) e avalie a intensidade de cada uma delas, de zero a 100%.	Fonte de informação questionável?	Leitura mental:	Reavalie o quanto você agora acredita no ponto de bloqueio na coluna B, de zero a 100%.
		Confundindo possível com improvável?	Raciocínio emocional:	H. Emoção(ões)
		Com base em sentimentos ou em fatos?		Como você se sente agora? Avalie de zero a 100%.

De *Vencendo o transtorno de estresse pós-traumático com a terapia de processamento cognitivo*, de Resick, Stirman e LoSavio. Artmed, 2025. Os compradores deste livro podem baixar cópias adicionais desta planilha na página do livro em loja.grupoa.com.br.

Planilha de Pensamentos Alternativos

A. Situação	B. Ponto de bloqueio	D. Explorando pensamentos	E. Padrões de pensamento	F. Pensamento(s) alternativo(s)
Descreva o evento que leva ao ponto de bloqueio ou a emoções desagradáveis	Escreva seu ponto de bloqueio relacionado à situação na coluna A. Avalie sua crença nesse ponto de bloqueio, de zero a 100%. (O quanto você acredita nesse pensamento?)	Use as **perguntas exploratórias** para examinar seu pensamento automático da coluna B. Considere se o pensamento é equilibrado e factual ou extremo.	Use os **padrões de pensamento** para decidir se este é um dos padrões e explique por quê.	O que mais você pode dizer no lugar do pensamento na coluna B? De que outra forma você pode interpretar o evento que não seja a partir desse pensamento? Avalie sua crença no(s) pensamento(s) alternativo(s) de zero a 100%.
		Evidência contra?	Tirar conclusões precipitadas:	
		Que informações não estão incluídas?		
	C. Emoção(ões) Especifique sua(s) emoção(ões) (triste, zangado, etc.) e avalie a intensidade de cada uma delas, de zero a 100%.	Tudo ou nada? Afirmações extremas?	Ignorar partes importantes:	**G. Reavaliação do ponto de bloqueio original** Reavalie o quanto você agora acredita no ponto de bloqueio na coluna B, de zero a 100%.
		Focando em apenas uma parte do evento?	Simplificar/generalizar:	
		Fonte de informação questionável?	Leitura mental:	
		Confundindo possível com improvável?	Raciocínio emocional:	**H. Emoção(ões)** Como você se sente agora? Avalie de zero a 100%.
		Com base em sentimentos ou em fatos?		

De Vencendo o transtorno de estresse pós-traumático com a terapia de processamento cognitivo, de Resick, Stirman e LoSavio. Artmed, 2025. Os compradores deste livro podem baixar cópias adicionais desta planilha na página do livro em loja.grupoa.com.br.

Planilha de Pensamentos Alternativos

A. Situação	B. Ponto de bloqueio	C. Emoção(ões)	D. Explorando pensamentos	E. Padrões de pensamento	F. Pensamento(s) alternativo(s)	G. Reavaliação do ponto de bloqueio original	H. Emoção(ões)
Descreva o evento que leva ao ponto de bloqueio ou a emoções desagradáveis	Escreva seu ponto de bloqueio relacionado à situação na coluna A. Avalie sua crença nesse ponto de bloqueio, de zero a 100%. (O quanto você acredita nesse pensamento?)	Especifique sua(s) emoção(ões) (triste, zangado, etc.) e avalie a intensidade de cada uma delas, de zero a 100%.	Use as **perguntas exploratórias** para examinar seu pensamento automático da coluna B. Considere se o pensamento é equilibrado e factual ou extremo. Evidência contra? Que informações não estão incluídas? Tudo ou nada? Afirmações extremas? Focando em apenas uma parte do evento? Fonte de informação questionável? Confundindo possível com improvável? Com base em sentimentos ou em fatos?	Use os **padrões de pensamento** para decidir se este é um dos padrões e explique por quê. Tirar conclusões precipitadas: Ignorar partes importantes: Simplificar/generalizar: Leitura mental: Raciocínio emocional:	O que mais você pode dizer no lugar do pensamento na coluna B? De que outra forma você pode interpretar o evento que não seja a partir desse pensamento? Avalie sua crença no(s) pensamento(s) alternativo(s) de zero a 100%.	Reavalie o quanto você agora acredita no ponto de bloqueio na coluna B, de zero a 100%.	Como você se sente agora? Avalie de zero a 100%.

De *Vencendo o transtorno de estresse pós-traumático com a terapia de processamento cognitivo*, de Resick, Stirman e LoSavio. Artmed, 2025. Os compradores deste livro podem baixar cópias adicionais desta planilha na página do livro em loja.grupoa.com.br.

Planilha de Pensamentos Alternativos

A. Situação	B. Ponto de bloqueio	C. Emoção(ões)	D. Explorando pensamentos	E. Padrões de pensamento	F. Pensamento(s) alternativo(s)	G. Reavaliação do ponto de bloqueio original	H. Emoção(ões)
Descreva o evento que leva ao ponto de bloqueio ou a emoções desagradáveis	Escreva seu ponto de bloqueio relacionado à situação na coluna A. Avalie sua crença nesse ponto de bloqueio, de zero a 100%. (O quanto você acredita nesse pensamento?)	Especifique sua(s) emoção(ões) (triste, zangado, etc.) e avalie a intensidade de cada uma delas, de zero a 100%.	Use as **perguntas exploratórias** para examinar seu pensamento automático da coluna B. Considere se o pensamento é equilibrado e factual ou extremo. Evidência contra? Que informações não estão incluídas? Tudo ou nada? Afirmações extremas? Focando em apenas uma parte do evento? Fonte de informação questionável? Confundindo possível com improvável? Com base em sentimentos ou em fatos?	Use os **padrões de pensamento** para decidir se este é um dos padrões e explique por quê. Tirar conclusões precipitadas: Ignorar partes importantes: Simplificar/generalizar: Leitura mental: Raciocínio emocional:	O que mais você pode dizer no lugar do pensamento na coluna B? De que outra forma você pode interpretar o evento que não seja a partir desse pensamento? Avalie sua crença no(s) pensamento(s) alternativo(s) de zero a 100%.	Reavalie o quanto você agora acredita no ponto de bloqueio na coluna B, de zero a 100%.	Como você se sente agora? Avalie de zero a 100%.

De *Vencendo o transtorno de estresse pós-traumático com a terapia de processamento cognitivo*, de Resick, Stirman e LoSavio. Artmed, 2025. Os compradores deste livro podem baixar cópias adicionais desta planilha na página do livro em loja.grupoa.com.br.

Lista de Verificação do TEPT

Preencha a Lista de Verificação do TEPT para acompanhar seus sintomas enquanto lê este livro. Não se esqueça de preencher esta medição com base no mesmo evento central todas as vezes. Quando as instruções e as perguntas se referirem a uma "experiência estressante", lembre-se de que esse é o seu evento central — o pior evento, no qual você está trabalhando primeiro.

Escreva aqui o trauma em que você está trabalhando primeiro: _____

Preencha esta Lista de Verificação do TEPT com referência a esse evento.

Instruções: A seguir está uma lista de problemas que as pessoas às vezes têm em resposta a uma experiência muito estressante. Por favor, leia cada problema com atenção e, em seguida, circule um dos números à direita para indicar o quanto você foi incomodado por esse problema **no último mês**.

No último mês, quanto você foi incomodado por:	De modo nenhum	Um pouco	Moderadamente	Muito	Extremamente
1. Lembranças indesejáveis, perturbadoras e repetitivas da experiência estressante?	0	1	2	3	4
2. Sonhos perturbadores e repetitivos com a experiência estressante?	0	1	2	3	4
3. De repente, sentindo ou agindo como se a experiência estressante estivesse, de fato, acontecendo de novo (como se *você estivesse revivendo-a, de verdade, lá no passado*)?	0	1	2	3	4
4. Sentir-se muito chateado quando algo lembra você da experiência estressante?	0	1	2	3	4
5. Ter reações físicas intensas quando algo lembra você da experiência estressante (*por exemplo, coração apertado, dificuldade para respirar, suor excessivo*)?	0	1	2	3	4
6. Evitar lembranças, pensamentos, ou sentimentos relacionados à experiência estressante?	0	1	2	3	4
7. Evitar lembranças externas da experiência estressante (*por exemplo, pessoas, lugares, conversas, atividades, objetos ou situações*)?	0	1	2	3	4
8. Não conseguir se lembrar de partes importantes da experiência estressante?	0	1	2	3	4
9. Ter crenças negativas intensas sobre você, outras pessoas ou o mundo (*por exemplo, ter pensamentos tais como:* "Eu sou ruim", "existe algo seriamente errado comigo", "ninguém é confiável", "o mundo todo é perigoso")?	0	1	2	3	4

(Continua)

(Continuação)

No último mês, quanto você foi incomodado por:	De modo nenhum	Um pouco	Moderadamente	Muito	Extremamente
10. Culpar a si mesmo ou aos outros pela experiência estressante ou pelo que aconteceu depois dela?	0	1	2	3	4
11. Ter sentimentos negativos intensos como medo, pavor, raiva, culpa ou vergonha?	0	1	2	3	4
12. Perder o interesse em atividades que você costumava apreciar?	0	1	2	3	4
13. Sentir-se distante ou isolado das outras pessoas?	0	1	2	3	4
14. Dificuldades para vivenciar sentimentos positivos (*por exemplo, ser incapaz de sentir felicidade ou sentimentos amorosos por pessoas próximas a você*)?	0	1	2	3	4
15. Comportamento irritado, explosões de raiva ou agir agressivamente?	0	1	2	3	4
16. Correr muitos riscos ou fazer coisas que podem lhe causar algum mal?	0	1	2	3	4
17. Ficar "super" alerta, vigilante ou de sobreaviso?	0	1	2	3	4
18. Sentir-se apreensivo ou assustado facilmente?	0	1	2	3	4
19. Ter dificuldades para se concentrar?	0	1	2	3	4
20. Problemas para adormecer ou continuar dormindo?	0	1	2	3	4

Calcule a soma e a escreva aqui: _____

Extraído de PTSD Checklist for DSM-5 (PCL-5), de Weathers, Litz, Keane, Palmieri, Marx e Schnurr (2013). Disponível no National Center for PTSD, em www.ptsd.va.gov; em domínio público. Adaptação no Brasil: Lima Osório, F., Da Silva, T. D. A., Santos, R. G., Chagas, M. H. N., Chagas, N. M. S., Sanches, R. F., & De Souza Crippa, J. A. (2017). Posttraumatic stress disorder checklist for DSM-5 (PCL-5): Transcultural adaptation of the Brazilian version. *Revista de Psiquiatria Clínica*, 44(1), 10–19. https://doi.org/10.1590/0101-60830000000107. Reproduzido em *Vencendo o transtorno de estresse pós-traumático com a terapia de processamento cognitivo*. Os compradores deste livro podem baixar cópias adicionais desta planilha na página do livro em loja.grupoa.com.br.

14
Estima

O trauma e o TEPT podem causar um profundo impacto no senso de autoestima das pessoas, bem como em sua estima ou sua consideração pelos outros. Assim como nas outras áreas que analisamos, o evento traumático pode ter mudado a forma como você se sente em relação a si mesmo ou aos outros, ou pode ter reforçado as crenças negativas que você já tinha. De qualquer forma, seu senso de estima pode afetar como você se sente em relação a si mesmo e aos outros ao interagir com o mundo.

AUTOESTIMA

Com frequência, a autoestima é um problema para as pessoas que passaram por eventos traumáticos. O TEPT e o trauma podem deixar alguém se sentindo inútil ou fragilizado. Algumas pessoas que desempenharam um papel ativo no seu trauma (p. ex., matar alguém em uma missão ou em legítima defesa) podem se julgar e acreditar que não devem estar perto de outras pessoas ou que não merecem ser felizes. Elas podem até ter pontos de bloqueio como "eu sou um monstro" ou "eu sou um assassino". Pessoas que foram agredidas sexualmente às vezes têm pontos de bloqueio como "estou ferido" e "ninguém gostaria de estar comigo se soubesse o que me aconteceu". Às vezes, as pessoas também assumem que seu evento traumático aconteceu com elas devido a algo negativo a respeito delas — por exemplo, ser ruim, estúpido, fraco ou não amável.

Analisando seu Registro de Pontos de Bloqueio (página 64), o que você diz sobre si mesmo como resultado do trauma? Algum desses pontos de bloqueio se aplica a você?

- ☐ Sou inútil.
- ☐ Sou nojento.
- ☐ Sou uma pessoa terrível.
- ☐ Sou frágil.
- ☐ Ninguém vai me querer.
- ☐ Sou incompetente.
- ☐ Sou um fracasso.
- ☐ Não mereço me recuperar.

Se você tinha uma boa autoestima antes do evento traumático, ela pode ter sido prejudicada pelo trauma, sobretudo se você foi maltratado por outras pessoas após o trauma ou se culpou a si mesmo. As pessoas podem passar a culpar a vítima, dizendo que você deveria ter sido mais cuidadoso ou feito algo para evitar ou prevenir o que ocorreu. Isso pode ter deixado você acreditando em coisas negativas a seu respeito. Às vezes, as pessoas que experimentam traumas sexuais pensam que agora estão "sujas" por causa do trauma. Eles pensam em como foram violentadas e sentem que ainda estão "contaminadas" pelo toque daquela pessoa. Embora o nojo seja uma emoção natural sentida por uma pessoa violentada sexualmente, pode ser útil considerar o seguinte: *você é nojento* por causa do que alguém fez com você, ou seu *agressor* é nojento porque fez algo de errado e nojento com você? Às vezes, é importante pensar que o corpo está constantemente em fluxo, e novas células estão morrendo e se soltando o tempo todo. Se já se passaram mais de alguns meses desde o seu trauma, não há mais nenhum lugar em seu corpo, dentro ou fora dele, em que o agressor tocou em você. Suas células se regeneraram, e as antigas se foram.

Se você já tinha baixa autoestima antes mesmo do trauma, este pode ter reforçado o modo como você já pensava a seu respeito. Se você foi abusado física ou sexualmente, ou foi abusado emocionalmente com palavras e ações maldosas por membros da família, é possível que seu comportamento e suas palavras tenham corroído sua autoestima e que os traumas que aconteceram depois parecessem mais uma prova de que você não merecia uma vida feliz ou que se sentisse bem consigo mesmo. Na verdade, no processo de se perguntar por que o evento traumático aconteceu com você, é possível ter assumido que esse acontecimento significou algo sobre você, mas isso pode nos dizer mais sobre o agressor que pretendeu o dano do que sobre você. Foi ele que procurou alguém para prejudicar. Outras pessoas não fariam, e não fizeram isso, então o que isso diz sobre o agressor?

A adolescência é um momento de grandes mudanças e vulnerabilidade, no qual a autoestima muitas vezes é desafiada. Infelizmente, muitos eventos traumáticos (estupros, agressões, acidentes, brigas) ocorrem durante a adolescência, que, psicologicamente, não está completa até por volta dos 24 anos. Desse modo, em um momento em que alguém está tentando descobrir quem é e o que quer fazer com sua vida, um evento traumático pode puxar o tapete da autoestima já abalada e interromper o amadurecimento.

> Kiara tinha um histórico de abuso físico e sexual nas mãos do pai e do irmão mais velho. Quando a mãe descobriu, ela disse a Kiara que ela deveria ter pedido isso, e que deveria ter sido mais modesta e cuidadosa. Em seu trabalho com o trauma, Kiara identificou pontos de bloqueio relacionados à estima, incluindo "aconteceu porque eu não era modesta" e "eu sou nojenta". Ela atribuiu toda a culpa pelo abuso a si mesma. Ela acreditava que, por usar apenas camiseta e calcinha na cama, seu pai e seu irmão se sentiam tentados por sua "falta de modéstia". Ao lidar com seus pontos de bloqueio, ela percebeu que muitas de suas amigas dormiam com

roupas semelhantes e não eram molestadas por seus familiares. Ela não as via como imodestas ou nojentas, e nem ninguém que ela conhecia. Se outras pessoas utilizavam as mesmas coisas e permaneciam seguras, será que foram suas escolhas de roupas que causaram o abuso? Quem tinha decidido fazer essas coisas com ela? Que escolhas e decisões seu pai e seu irmão tomaram? O que dizer a respeito deles por estarem dispostos a fazer essas coisas com uma menina? Com o tempo, as crenças de Kiara começaram a mudar. Ela percebeu que era uma criança típica, que não tinha feito nada de errado e que seu pai e seu irmão foram as pessoas que decidiram prejudicá-la. Talvez não fosse algo sobre ela, exceto que Kiara era a pessoa que estava lá para eles atacarem. Ela também decidiu que o fato de algo terrível ter acontecido com ela, e que estava além de seu controle, não a tornava nojenta. Na verdade, Kiara começou a perceber todas as maneiras pelas quais era resiliente e forte para enfrentar o trauma e continuar tentando seguir em frente.

Lembre-se, também, de que a estima que você tem por si mesmo e pelos outros não é realmente unidimensional. Se você desacelerar e pensar sobre isso, pode encontrar algumas áreas em que tem mais confiança em si mesmo, e outras nas quais você precisa construir estima. Você pode ser capaz de reconhecer que é um talentoso cozinheiro, um cantor, um estudante ou um atleta, ou que, apesar de seu histórico de trauma, você foi capaz de fazer coisas das quais se orgulha, ao mesmo tempo em que reconhece que pode precisar de alguma ajuda para administrar seu dinheiro ou para conversar confortavelmente com pessoas que não conhece bem. Da mesma forma, é provável que outras pessoas com quem você interage não sejam todas boas ou todas ruins — são pessoas com virtudes e defeitos. Trabalhar para ter uma visão equilibrada de si mesmo e dos outros pode ajudá-lo a tomar melhores decisões sobre como e quando interagir com as pessoas em sua vida, além de ajudar a combater o pensamento negativo sobre si mesmo.

Quais são algumas coisas sobre as quais você se sente orgulhoso ou em que acha ser bom?

_____
_____
_____
_____

SE O SEU TRAUMA ENVOLVEU PREJUDICAR ALGUÉM INTENCIONALMENTE (EXCETO EM LEGÍTIMA DEFESA)

E se você teve a intenção de prejudicar alguém, e agora tem TEPT por culpa ou vergonha de suas ações? Analise o contexto do evento. Mesmo que você tenha feito algo que agora considera errado, olhe para trás e considere as circunstâncias da época. Este exercício não tem a intenção de desculpá-lo — a culpa pode muito bem ser a emoção apropriada se você prejudicou alguém com intenção —, mas de ajudá-lo a entender suas ações no contexto em que ocorreram. Chamamos isso de *dimensionamento correto*: alguma culpa ou autocrítica é apropriada quando você pretende machucar alguém, mas precisa se dar a chance de entender o porquê, assim como a forma como você amadureceu depois de não estar mais naquela mesma situação.

💭 Reflexão

Se você pretendia causar prejuízo, reserve um tempo para se fazer as seguintes perguntas e de fato refletir e anotar as respostas:

Quantos anos você tinha? O cérebro das pessoas, sobretudo a parte do raciocínio, não termina de se desenvolver até que elas tenham por volta de 20 e poucos anos. Você era mais novo do que isso? Você era mais impulsivo na época?

_____
_____
_____
_____

Em que condições o evento ocorreu? Você estava perto de pessoas que também estavam fazendo essas coisas, e então parecia normal ou aceitável fazê-las? Teve boas influências e apoio? Você já havia sido vítima de coisas semelhantes no passado? Estava sob a influência de alguma substância? Você foi coagido de alguma forma?

_____
_____
_____
_____

Você continuou fazendo isso? Quando e por que parou? Você tomaria as mesmas decisões atualmente?

_____
_____
_____
_____

Considere todos os outros dias de sua vida: os dias bons, os neutros e os ruins. Sim, alguns dias são mais importantes do que outros, mas todos contam como parte da vida de alguém. Você é a mesma pessoa, com os mesmos valores que tinha na época do evento? Você tomou a decisão de fazer as coisas de forma diferente em algum momento?

___

Se você diz coisas a si mesmo como "eu sou um monstro porque fiz isso" ou "eu sou uma pessoa terrível porque fui capaz de fazer isso", pergunte a si mesmo: "Os monstros sentem remorso? As pessoas que fazem coisas terríveis decidem mudar?"

___

Um dos pensamentos alternativos a considerar é "esse evento não significa que sou uma pessoa má" ou "fiz algo de que me arrependo, mas não continuei a fazer coisas assim por toda a minha vida". Algumas pessoas, como parte de seu compromisso com a mudança, decidem fazer algo para reparar aqueles que prejudicaram. Outras podem ter sofrido consequências jurídicas. Se esse é o seu caso, quanto tempo mais e de que outras formas é realmente necessário continuar pagando pelo que fez? Você está se dando uma sentença de prisão perpétua? Uma coisa importante a considerar é quem você é agora e quem você quer ser. É importante olhar para suas realizações, suas gentilezas e as coisas boas que você fez, todos os dias em que não estava fazendo coisas das quais se arrepende, e seus esforços para mudar, como parte de um todo maior que é a sua vida. Um incidente, ou mesmo um período de sua vida, não define completamente quem você é agora. Um pensamento alternativo pode ser "pessoas boas podem fazer coisas ruins" ou "as pessoas podem mudar, e eu fiz escolhas diferentes desde que fiz essa coisa da qual me arrependo".

ESTIMA PELOS OUTROS

A estima pelos outros tem a ver com sua consideração e suas crenças sobre outras pessoas, muitas vezes grupos inteiros de pessoas. Dizer que "todos os homens são maus" após ter sido violentado por um homem é um exemplo de um ponto de bloqueio de estima pelos outros. A afirmação "todas as pessoas desse país estão tentando nos matar" de um policial cujo colega foi morto em serviço é outro exemplo de um ponto de bloqueio de estima pelos outros. Em ambos os casos, são generalizações excessivas de uma pessoa ou uma situação para todos daquele grupo. Uma exceção provará que a afirmação está incorreta e mostrará que precisamos pensar nas pessoas como indivíduos. Assim como você não pode decidir imediatamente se pode ou não confiar em alguém que acabou de conhecer, não pode decidir se deve manter alguém em alta ou baixa estima até que tenha conhecido mais sobre essa pessoa como indivíduo.

> Maria, sobre quem você leu no Capítulo 12, sobre confiança, compreensivelmente tinha crenças negativas sobre pessoas com autoridade após perceber que as autoridades nem sempre intervinham e ajudavam quando ela ou sua família estavam sendo assediadas ou atacadas. Quando se mudou para uma área diferente de onde cresceu, percebeu que as pessoas tinham uma gama maior de atitudes. Ela viu que alguns de seus chefes eram acolhedores e apreciavam sua contribuição, e que eles colocaram cartazes apoiando os imigrantes em suas janelas durante um momento de controvérsia política em torno de problemas relacionados à imigração. Mesmo sabendo que nem "todas" as autoridades abusavam de seu poder, ela compreensivelmente ainda se sentia ansiosa sobre o que poderia acontecer com ela, e estava tendo *flashes* da agressão de seu irmão, que apareciam em sua cabeça todos os dias, e tinha dificuldade para dormir. Enquanto Maria lidava com seu trauma, ela culpava os autores da agressão de seu irmão, bem como outras pessoas que estavam em posição de autoridade e que não intervieram rapidamente para ajudar. O que ocorreu, e como alguns outros responderam, não foi aceitável. Ela sentia tristeza pelo acontecimento e raiva dos que estavam envolvidos ou não intervieram para ajudar. À medida que processava o evento, as memórias intrusivas apareciam com menos frequência, e ela conseguia se concentrar nas pessoas e nas atividades ao seu redor. Mesmo não confiando cegamente nas autoridades ou supondo que elas não lhe dariam atenção, Maria estava trabalhando na construção de novos relacionamentos em sua vida, fora de sua família, com seu novo chefe e com um professor de um curso de escrita expressiva que ela estava fazendo, que a incentivou a escrever sobre sua história. Ela também desenvolveu um plano de segurança para abordar o que faria se ela, ou alguém com quem se importasse, estivesse em perigo.

CONSTRUINDO ESTIMA

Neste capítulo, além de preencher planilhas sobre seus pontos de bloqueio relacionados à estima, você verá duas atividades para ajudá-lo a construir estima e reunir informações para auxiliá-lo a examinar e mudar seus pontos de bloqueio. Você aprenderá sobre elas após a apresentação dos principais pontos sobre o tópico de estima, mas fique à vontade para pular para a tarefa prática e começar a fazê-la o mais rápido possível. Esperamos que seja um pouco diferente e que seja um bom acréscimo aos seus dias.

☑ PRINCIPAIS PONTOS SOBRE O TÓPICO DE ESTIMA

O trauma pode mudar a estima de alguém por si mesmo ou pelos outros, ou pode reforçar crenças que foram formadas há mais tempo na vida. Considere como os pontos a seguir se relacionam com seu próprio senso de estima.

Crenças de estima relacionadas ao eu

Autoestima é a crença no seu próprio valor. Todos os seres humanos precisam ter um senso de valor próprio e autoestima. Desenvolvemos a autoestima quando nos sentimos compreendidos, respeitados e levados a sério pelas pessoas em nossas vidas.

- Se suas experiências anteriores foram positivas e contribuíram para crenças de autoestima, o evento traumático pode interromper essas crenças e diminuir sua autoestima. Sua confiança em sua capacidade de tomar boas decisões por si só, e sua confiança em suas ideias e opiniões também podem ser alteradas.
- Se você teve experiências anteriores que levaram à dúvida de si mesmo e a um senso ruim de autoestima, eventos traumáticos podem ter confirmado essas crenças negativas sobre si mesmo. Exemplos de experiências de vida que podem ter levado a crenças negativas sobre si mesmo incluem ouvir e acreditar em coisas negativas que outras pessoas disseram para e sobre você, não ter muito cuidado ou apoio de pessoas importantes em sua vida ou ser criticado e culpado por coisas que não foram sua culpa.

Essas experiências podem levar a crenças como "sou mau", "sou prejudicado", "sou inútil" ou "mereço que coisas ruins aconteçam comigo". Esses pontos de bloqueio podem contribuir para sentimentos de depressão, vergonha e culpa, assim como podem levar a comportamentos nocivos ou autodestrutivos.

Crença pré-trauma	Ponto de bloqueio pós-trauma	Possível pensamento equilibrado/alternativo
Coisas ruins não acontecerão comigo porque sou uma boa pessoa.	Fiz algo para merecer isso.	Coisas ruins podem acontecer com qualquer um. O que aconteceu pode não ter nada a ver com o fato de eu ser uma pessoa boa ou ruim.
Sou basicamente uma pessoa digna.	Sou um fracassado. Ninguém vai querer ficar comigo.	As coisas que acontecem comigo têm efeito sobre mim, mas elas não me definem. Muitas pessoas experimentam traumas, e isso não significa que elas são defeituosas ou fracassadas.
Sou uma pessoa indigna.	Não mereço ser bem tratado.	Mesmo que nem sempre consiga que tudo seja como eu quero em um relacionamento, ou que não possa controlar como os outros me tratam, posso influenciar os outros defendendo assertivamente os meus direitos e pedindo o que eu quero ou preciso.

(Continua)

(Continuação)

Crença pré-trauma	Ponto de bloqueio pós-trauma	Possível pensamento equilibrado/ alternativo
Sou uma pessoa digna e merecedora.	Não mereço ter coisas boas na vida.	Não fiz nada que me fizesse ser indigno de amor. Mesmo que eu tenha feito algumas coisas das quais às vezes me arrependo, isso não me torna basicamente não merecedor.

Crenças de estima relacionadas aos outros

As crenças de estima relacionadas aos outros se concentram no quanto você valoriza as outras pessoas ou no respeito que você tem por elas. Ter uma visão realista das pessoas é importante para o modo como você interage com elas e como se comporta nos relacionamentos.

- Se suas experiências anteriores lhe ensinaram que as pessoas geralmente são boas e carinhosas, experiências como o trauma ou as reações das pessoas ao trauma (como culpar e não apoiar) podem ter minado essa crença de maneira significativa.
- Se você teve experiências anteriores nas quais pessoas o exploraram, traíram sua confiança ou o prejudicaram, o trauma pode ter confirmado crenças de que as pessoas são fundamentalmente não confiáveis ou prejudiciais. Se pessoas em posições de autoridade foram as que o prejudicaram ou contribuíram para prejudicá-lo, ou se pessoas de determinada origem, gênero, raça ou etnia o prejudicaram, você pode começar a acreditar que todos assim querem explorá-lo ou prejudicá-lo.

É importante tentar utilizar todas as informações disponíveis para examinar tais crenças e suposições. Crenças rígidas, estereotipadas ou que não podem ser modificadas mesmo com novas informações limitam o tipo e a qualidade dos relacionamentos e podem levar ao cinismo, à suspeita, à amargura, ao conflito, ao afastamento e ao isolamento. Parte da recuperação é considerar os custos de manter velhos padrões e crenças e decidir o que você quer para si mesmo daqui para frente. Quais são os custos de manter essas crenças?

Crença pré-trauma	Ponto de bloqueio pós-trauma	Possível pensamento equilibrado/ alternativo
As pessoas geralmente são boas.	As pessoas não se importam e só pensam em si mesmas.	As pessoas são todas diferentes. Algumas são quase sempre gentis e carinhosas, mas outras não. Se eu agir como se todo mundo não se importasse, poderia perder a oportunidade de ter amizades e relacionamentos saudáveis.

(Continua)

(Continuação)

Crença pré-trauma	Ponto de bloqueio pós-trauma	Possível pensamento equilibrado/ alternativo
Pessoas com autoridade me ferirão (ou não).	Pessoas com autoridade abusarão de seu poder e me ferirão ou tirarão proveito de mim.	Tem gente que vai abusar de seu poder e fazer com que coisas injustas aconteçam. Também tenho exemplos de pessoas que não abusam do poder. Pode fazer sentido ser cauteloso com base em minha experiência passada, mas posso observar como as pessoas com autoridade agem para ver quais são suas intenções.
Pessoas desse gênero/raça/etnia/partido político são ruins.	Elas estão lá para me ferir.	Mesmo que faça sentido ser cauteloso à luz das minhas experiências passadas, preciso analisar o contexto completo de cada pessoa e situação individual, em vez de generalizar sobre todos com essas características.

▶▶ Para assistir a um vídeo (em inglês) que revise o que você acabou de ler aqui sobre estima, acesse a CPT Whiteboard Video Library (*http://cptforptsd.com/cpt-resources*) e assista aos vídeos *Self-esteem* (Autoestima) e *Other-esteem* (Estima pelos outros).

✎ Tarefa prática parte 1: Planilhas de Pensamentos Alternativos

Analise seu Registro de Pontos de Bloqueio, na página 64, para escolher os pontos relacionados com a autoestima ou com a estima pelos outros, para completar as planilhas. Se você tiver problemas com a autoestima ou com a estima pelos outros, preencha as Planilhas de Pensamentos Alternativos sobre isso (ver páginas 274–280). Observe também se você ainda tem algum ponto de bloqueio sobre o motivo pelo qual o trauma aconteceu em relação à estima — por exemplo, "o trauma aconteceu porque eu estava fraco". Se sim, trabalhe nisso primeiro.

✎ Tarefa prática parte 2: fazer algo bom para si mesmo todos os dias

Além disso, comece a fazer uma coisa boa para si mesmo todos os dias. Não precisa ser algo grande ou caro — apenas tire algum tempo para fazer algo de que você goste ou que faça você se sentir bem. Algumas pessoas começam a passar mais tempo com os amigos, fazer uma atividade de que costumavam gostar mas que pararam de fazer, ou comer algo de que gostam.

E se você não tiver muito tempo porque tem responsabilidades com trabalho, estudos ou outras tarefas? O objetivo pode ser apenas ganhar alguns minutos para si mesmo. Algumas pessoas decidem tirar cerca de 15 minutos para ler um livro ou uma revista, ou dar uma caminhada antes de entrar no carro e voltar do trabalho para casa, para alívio da babá. Outros decidem deixar seus filhos assistirem a algo na TV ou jogarem sozinhos por 20 ou 30 minutos, enquanto eles tiram algum tempo para relaxar. Algumas pessoas trabalham com sua rede de amigos e familiares, para organizarem uma ou duas horas de descanso. O que quer que você faça, deve se certificar de que a coisa boa que faz por si mesmo não é algo que você precisa "ganhar" trabalhando o suficiente ou realizando tarefas ou outras obrigações. Isso é algo que você faz por si mesmo, sem condições. Tente ter um plano para cada dia, com uma atividade ou um plano reserva caso o primeiro não dê certo por algum motivo. Coloque um lembrete em seu telefone ou na sua agenda, se precisar, ou peça a alguém que o lembre, para mantê-lo comprometido.

No Registro de coisas boas que eu fiz para mim, na página seguinte, anote algumas coisas legais que você fará por si mesmo e quando. Em seguida, volte e verifique se as fez. Se você notar pontos de bloqueio como "eu não mereço isso" ou "estou perdendo tempo/dinheiro comigo mesmo" (adivinhe), preencha uma planilha sobre esses pontos de bloqueio. Você também pode baixar e imprimir esse registro na página do livro em loja.grupoa.com.br.

✎ Tarefa prática parte 3: dar e receber elogios

Além disso, todos os dias, pratique dar e receber elogios e utilize o Registro de elogios dados e recebidos, na página 268, para acompanhá-los. Você também pode baixar e imprimir esse registro na página do livro em loja.grupoa.com.br. Por que estamos pedindo que faça isso? Pessoas com TEPT muitas vezes se isolam. Isso significa que elas não veem tantas pessoas e podem não estar cientes das reações dos outros para com elas. Se você esteve muito isolado, ou se seus relacionamentos sofreram por causa de seu TEPT, pode levar algum tempo para começar a notar ou receber elogios. Você pode precisar sair mais para o mundo, fazer questão de falar com outras pessoas e fazer coisas que o façam se sentir bem sobre como você está tratando as pessoas. Ao receber elogios, é importante não filtrar ou minimizar as coisas boas que as pessoas dizem para você. Elas podem ser mais objetivas a seu respeito do que você é, e, se rejeitar o elogio, elas podem ser menos propensas a dizer coisas boas para você no futuro, seja porque não querem fazer você se sentir desconfortável ou porque se sentem surpresas ou magoadas por você ter rejeitado um elogio. Se notar algum ponto de bloqueio sobre os elogios que recebe ("elas não querem fazer isso"), adicione-os ao seu Registro de pontos de bloqueio e utilize as Planilhas de Pensamentos Alternativos para avaliá-los. Há diversas dessas planilhas em branco nas páginas 274–280. Pratique apenas dizer "obrigado", em vez de minimizar os elogios! Tente reunir as coisas boas que as outras pessoas dizem sobre você em seu autoconceito.

Registro de coisas boas que eu fiz para mim

Atividade	Data	Concluído?	Pontos de bloqueio?

De *Vencendo o transtorno de estresse pós-traumático com a terapia de processamento cognitivo*, de Resick, Stirman e LoSavio. Artmed, 2025. Os compradores deste livro podem baixar cópias adicionais desta folha de exercícios na página do livro em loja.grupoa.com.br.

Fazer elogios pode ajudá-lo com a estima alheia. Você pode notar novas evidências de que as pessoas estão fazendo coisas boas ou gentis. Para indivíduos que você não conhece bem, tente focar seus elogios no que eles fazem ou naquilo em que são bons, em vez de elogiar aspectos da aparência, o que pode deixar algumas pessoas desconfortáveis em algumas situações. Observe o que as outras pessoas estão fazendo e não as filtre pelo grupo a que pertencem e se estão fazendo algo que merece um elogio. Com frequência, as pessoas fazem coisas boas que passam despercebidas, e essa é uma oportunidade para você olhar em volta e ver quando os outros fazem algo bom ou gentil e reconhecê-lo. Essa é uma forma segura de interagir, e é uma boa maneira de começar a expandir suas interações com outras pessoas.

Você pode utilizar as Planilhas de Pensamentos Alternativos para examinar quaisquer pontos de bloqueio que surjam relacionados a fazer coisas boas para si mesmo, dar ou receber elogios ou outros pontos de bloqueio relacionados à estima. Certifique-se de também usá-los em quaisquer pontos de bloqueio que estejam em seu Registro de pontos de bloqueio que não estejam resolvidos, sobretudo se eles se concentrarem no motivo pelo qual o trauma ocorreu.

🔧 Solução de problemas

Ainda estou preso. Estou tendo dificuldade em renunciar às minhas crenças de estima.

Se você está tendo dificuldade em deixar de lado suas crenças de estima, como "eu sou fraco" ou "eu sou antipático", veja se ainda tem alguma crença de estima relacionada a *por que seu evento traumático ocorreu* e, em caso afirmativo, trabalhe nisso primeiro. Por exemplo, se você ainda está pensando "o trauma aconteceu porque eu não era amável" ou "se eu tivesse sido mais forte, o trauma não teria acontecido", faria sentido que você ainda estivesse pensando "eu sou antipático" e "eu sou fraco". No entanto, reconsidere os fatos do trauma. O trauma aconteceu porque você não foi amável ou porque essa pessoa escolheu machucá-lo? O fato de o trauma ter ocorrido diz mais sobre você ou sobre o agressor, se houve algum? Se não houve um agressor, isso diz mais sobre você ou sobre as circunstâncias? O trauma aconteceu porque você foi fraco ou estúpido, ou há uma explicação melhor para o motivo, por exemplo, se alguém escolheu fazer determinada ação? Volte e preencha uma planilha sobre por que o trauma aconteceu. Depois veja se você consegue progredir mais nos pontos mais genéricos sobre estima.

Minha autoestima não está mudando após preencher as planilhas.

Seja paciente consigo mesmo. Você formou hábitos de pensar a seu respeito que podem ser crenças centrais profundamente enraizadas, e pode levar um tempo para desfazê-las. O primeiro passo é reconhecer esses pontos de bloqueio e fazer os exercícios de maneira regular. Preste mais atenção ao que seus amigos e as pessoas nas quais você confia e respeita dizem do que no que você vem falando a si mesmo há

Registro de elogios dados e recebidos

Data	Elogio	Dado ou recebido?	Pontos de bloqueio?

De *Vencendo o transtorno de estresse pós-traumático com a terapia de processamento cognitivo*, de Resick, Stirman e LoSavio. Artmed, 2025. Os compradores deste livro podem baixar cópias adicionais desta folha de exercícios na página do livro em loja.grupoa.com.br.

tanto tempo. Os pontos de bloqueio de autoestima provavelmente são crenças centrais, por isso terão que ser avaliados em relação não apenas aos eventos traumáticos, mas também aos eventos do dia a dia. Você pode ter um tipo de filtro, como um conjunto de persianas em uma janela, permitindo que você receba apenas informações que correspondam à sua crença central negativa sobre si mesmo. Tudo o que não passa por suas crenças centrais ou retorna ou é distorcido para se ajustar ao seu ponto de bloqueio. Você precisará abrir as persianas e permitir que todas as informações entrem, não apenas os pensamentos filtrados, que correspondem às suas antigas crenças.

Não acredito nas pessoas quando me elogiam.
Elas não conhecem meu verdadeiro eu.

Esse é um ponto de bloqueio. Você tem isso em seu registro? É possível que elas saibam mais sobre seu eu verdadeiro do que você imagina, pois viram como você trata as pessoas e como você age em torno delas. Talvez você tenha tido o hábito de achar que é inútil ou culpável. As pessoas ao seu redor, que podem ver seu comportamento, podem ter uma opinião muito diferente, com base em suas experiências com você. O "verdadeiro" você é como você trata os outros e a si mesmo atualmente.

As pessoas não gostam dos meus elogios.

Se alguém reagiu de modo negativo ao seu elogio, considere o tipo de elogio. Foi sobre a aparência dessa pessoa ou sobre algo que ela fez? Algumas pessoas se sentem desconfortáveis com elogios sobre sua aparência, mas podem gostar de ter seus esforços ou sua gentileza reconhecidos. Ou será que essa pessoa tem problemas de autoestima que possam dificultar a aceitação do elogio? Experimente mais uma vez com outras pessoas e certifique-se de considerar todas as reações delas enquanto continua com este exercício. As pessoas podem nem sempre reagir da maneira que esperamos, mas há muitas razões pelas quais elas podem não reagir positivamente. Observe como pessoas diferentes reagem em vez de se concentrar apenas nos momentos em que as coisas não vão bem. Também preste atenção a quaisquer pontos de bloqueio que surgem para você. Você está tirando conclusões precipitadas sobre o significado das reações das pessoas? Há outras explicações sobre o motivo da reação delas, como seu próprio estado de espírito, pontos de bloqueio ou padrões de pensamento?

Estou tão prejudicado que isso é permanente.

Esse é um ponto de bloqueio muito comum. Espero que a essa altura você esteja começando a questionar esse tipo de pensamento. Pergunte a si mesmo se você de fato acredita que as outras pessoas que experimentaram coisas terríveis sem serem culpadas por isso estão se sentindo prejudicadas ou irrecuperáveis. Se acontecesse com um amigo, você pensaria nele dessa forma? O trauma das pessoas definiu quem elas são? Você realmente acredita que as pessoas precisam estar livres de traumas ou de dificuldades para serem dignas de amor e respeito? Há maneiras pelas quais as pessoas que passaram por eventos traumáticos utilizam a resiliência para sobreviver em sua vida cotidiana? Quais são as outras coisas sobre você além do seu trauma? As pessoas diriam coisas sobre sua bondade, sua ética de trabalho e suas habilidades? Você também pode se perguntar se as consequências do trauma são permanentes e imutáveis. Se você notou mudanças em seus sintomas do TEPT, em seus pontos de bloqueio ou em seu humor, já pode perceber que nada precisa ser permanente. Lembre-se de que você ficou travado em seu TEPT, e que, quando você se desprender dele, estará no caminho para a recuperação.

Não mereço fazer coisas boas para mim.

Esse ponto de bloqueio geralmente segue a culpa ou o luto. Existe alguma parte de um de seus eventos traumáticos pela qual você ainda se culpa e se julga tão duramente que acha que não merece uma vida boa? Dizer isso é um hábito que você desenvolveu porque outras pessoas disseram ou insinuaram que você não merecia nada de bom? Considere de onde vem esse pensamento e quais podem ter sido suas razões para dizer essas coisas.

Um caso especial disso é quando alguém morre no evento traumático. Se alguém com quem você se importava morreu, então você pode ter decidido que seria desleal aproveitar sua vida ou fazer coisas boas para si mesmo, pois essa pessoa não pode mais. Essa ideia pode persistir mesmo que você tenha deixado de lado a culpa e o viés de retrospectiva, de que deveria ter sido capaz de salvar essa pessoa. O que eles desejariam para você? Se a situação fosse invertida, o que você gostaria para eles — que fossem miseráveis para sempre ou que seguissem em frente e tivessem uma vida boa? Ficar preso ao TEPT é a melhor maneira de homenagear alguém? E a forma alternativa de honrar a vida deles, vivendo uma boa vida por ambos? O que você gostaria para os entes queridos que você deixa para trás?

Outro caso especial é ter TEPT ao cometer um crime ou um evento traumático. Se precisar, volte a examinar seu papel no evento no Capítulo 7 (páginas 91–95). Pode ser possível que você ainda esteja assumindo culpas desnecessárias, mas, se teve intenção, então precisa decidir o que fazer com sua culpa. Você pode estar dando a si mesmo uma sentença de prisão perpétua que pode ir muito além do que um juiz daria (ou deu). Você é a mesma pessoa agora que era então? Teve escolha na época? Qual foi o contexto? O próprio fato de você ter tido TEPT é a prova de que não é um "monstro" — um monstro teria arrependimento ou remorso? Nesse ponto, você pode querer se concentrar em não apenas fazer coisas boas para si mesmo, mas para os outros. Considere ser um bom cidadão e retribuir à sua comunidade. O trabalho voluntário, por exemplo, em um abrigo de animais, um hospital ou para moradores de rua, retribui e é uma ação positiva, sobretudo se não for possível corrigir o que foi feito diretamente.

Sei que nem todo mundo é ruim, mas não quero correr o risco.

Você provavelmente explorou pontos de bloqueio semelhantes nos Capítulos 11 e 12, sobre segurança e confiança, respectivamente, e talvez novamente no Capítulo 13, sobre poder e controle. Se você ainda está enfrentando esse ponto de bloqueio com a estima alheia, a questão é por que você condenou um grupo ou uma população inteira pelas ações de uma ou algumas pessoas. O que essa crença central — de que todas as pessoas de determinado grupo são ruins — está lhe custando? Você está ignorando as exceções e nem mesmo dando às pessoas a chance de mostrar que não foi todo o grupo ou toda a população que cometeu o evento traumático? Talvez o grupo nem seja relevante para explicar por que o evento aconteceu. Você está generalizando sobre os membros de um grupo para alcançar esse objetivo impossível de previsão e controle? Esperamos que agora, se seus sintomas do TEPT diminuíram, você possa ver que, se algum outro evento negativo acontecer em sua vida, você poderá superá-lo. Evitar todas as pessoas para potencialmente evitar uma pessoa ruim significa que você perde muitas pessoas maravilhosas que poderiam enriquecer sua vida. Como vimos no Capítulo 11, isso é uma questão de probabilidades e de sua disposição para sacrificar muitos na tentativa de evitar um possível resultado ruim.

Há tanto tempo que penso assim sobre esse grupo de pessoas que é difícil pensar diferente.

Isso é compreensível. Se você diz algo por tempo suficiente, isso parece ser *verdade*, e torna-se um hábito pensar dessa forma. No entanto, é apenas um pensamento automático, e, se você olhar para ele de perto e com frequência, pode começar a mudar de ideia. Esse é um processo que pode exigir muitas Planilhas de Pensamentos Alternativos, em inúmeras situações diferentes. Você provavelmente tem procurado apenas as evidências ou as notícias na TV e na mídia que se encaixam em seu antigo ponto de vista, desconsiderando todas as outras evidências contra seu pensamento. Talvez seja preciso começar a tentar entender mais sobre as pessoas diferentes de você: suas experiências, suas crenças, suas esperanças e suas comunidades. Pode ser preciso praticar muito para mudar de ideia, mas aprender a pensar de forma flexível, ao contrário de rígida, tornará o restante de sua vida muito menos cheio de raiva, culpa ou medo, permitindo que você se volte para seu crescimento, em vez de ficar patinando no mesmo lugar.

🗨 Reflexão

Então, como foi a tarefa de dar e receber elogios e fazer coisas boas para si mesmo?

Como você se sente sobre o que aconteceu quando você fez essas coisas?

_____
_____
_____
_____

Sentiu-se desconfortável ao receber elogios ou duvidou de que fossem verdadeiros? Que pontos de bloqueio apareceram?

_____
_____
_____
_____

Você se sentiu desconfortável em fazer coisas boas para si mesmo? Por quê? Ou por que não?

_____
_____
_____
_____

Você notou novos ou velhos pontos de bloqueio surgindo enquanto fazia essas coisas? Quais?

_____
_____
_____
_____

Se sim, você fez uma Planilha de Pensamentos Alternativos sobre eles?

_____

O que você aprendeu com essas atividades?

_____
_____
_____
_____

Estas são tarefas para a vida inteira. É uma boa ideia praticar ouvir os elogios que você recebe com a mente aberta e perceber quando outras pessoas merecem elogios. Você também deve praticar tirar algum tempo para si mesmo todos os dias e fazer algo de que goste ou que ache que vale a pena. Você pode ter esquecido quais atividades você gosta e como gostaria de gastar seu tempo livre. Experimente novas atividades, que você não tentaria devido ao TEPT, e continue trabalhando com quaisquer pontos de bloqueio que surjam nesse processo.

* * *

Preencha outra Lista de Verificação do TEPT e continue acompanhando seu progresso preenchendo o Gráfico para acompanhar suas pontuações semanais, na página 29. Lembre-se de que, quando sua pontuação ficar abaixo de 20, você poderá avaliar se já trabalhou em todos os pontos necessários e se está pronto para avançar para a conclusão da TPC. Sempre que estiver pronto, você pode ir para a seção "Planejamento para a conclusão da TPC" (página 299). Caso contrário, continue trabalhando em seus pontos de bloqueio. Se você se sentir travado, consulte a seção "Se você não está percebendo mudança", na parte "Refletindo sobre seu progresso", do Capítulo 10 (páginas 179–182), e releia as seções anteriores do livro, conforme a necessidade.

Planilha de Pensamentos Alternativos

A. Situação	B. Ponto de bloqueio	C. Emoção(ões)	D. Explorando pensamentos	E. Padrões de pensamento	F. Pensamento(s) alternativo(s)	G. Reavaliação do ponto de bloqueio original	H. Emoção(ões)
Descreva o evento que leva ao ponto de bloqueio ou a emoções desagradáveis	Escreva seu ponto de bloqueio relacionado à situação na coluna A. Avalie sua crença nesse ponto de bloqueio, de zero a 100%. (O quanto você acredita nesse pensamento?)	Especifique sua(s) emoção(ões) (triste, zangado, etc.) e avalie a intensidade de cada uma delas, de zero a 100%.	Use as **perguntas exploratórias** para examinar seu pensamento automático da coluna B. Considere se o pensamento é equilibrado e factual ou extremo.	Use os **padrões de pensamento** para decidir se este é um dos padrões e explique por quê.	O que mais você pode dizer no lugar do pensamento na coluna B? De que outra forma você pode interpretar o evento que não seja a partir desse pensamento? Avalie sua crença no(s) pensamento(s) alternativo(s) de zero a 100%.	Reavalie o quanto você agora acredita no ponto de bloqueio na coluna B, de zero a 100%.	Como você se sente agora? Avalie de zero a 100%.
			Evidência contra?	Tirar conclusões precipitadas:			
			Que informações não estão incluídas?	Ignorar partes importantes:			
			Tudo ou nada? Afirmações extremas?	Simplificar/generalizar:			
			Focando em apenas uma parte do evento?	Leitura mental:			
			Fonte de informação questionável?	Raciocínio emocional:			
			Confundindo possível com improvável?				
			Com base em sentimentos ou em fatos?				

De *Vencendo o transtorno de estresse pós-traumático com a terapia de processamento cognitivo*, de Resick, Stirman e LoSavio. Artmed, 2025. Os compradores deste livro podem baixar cópias adicionais desta planilha na página do livro em loja.grupoa.com.br.

Planilha de Pensamentos Alternativos

A. Situação	B. Ponto de bloqueio	C. Emoçõc(ões)	D. Explorando pensamentos	E. Padrões de pensamento	F. Pensamento(s) alternativo(s)
Descreva o evento que leva ao ponto de bloqueio ou a emoções desagradáveis	Escreva seu ponto de bloqueio relacionado à situação r a coluna A. Avalie sua crença nesse ponto de bloqueio, de zero a 100%. (O quanto você acredita nesse pensamento?)		Use as **perguntas exploratórias** para examinar seu pensamento automático da coluna B. Considere se o pensamento é equilibrado e factual ou extremo.	Use os **padrões de pensamento** para decidir se este é um dos padrões e explique por quê.	O que mais você pode dizer no lugar do pensamento na coluna B? De que outra forma você pode interpretar o evento que não seja a partir desse pensamento? Avalie sua crença no(s) pensamento(s) alternativo(s) de zero a 100%.
			Evidência contra?	Tirar conclusões precipitadas:	
			Que informações não estão incluídas?		
		C. Emoção(ões) Especifique sua(s) emoção(ões) (triste, zangado, etc.) e avalie a intensidade de cada uma delas, de zero a 100%.	Tudo ou nada? Afirmações extremas?	Ignorar partes importantes:	
			Focando em apenas uma parte do evento?	Simplificar/generalizar:	**G. Reavaliação do ponto de bloqueio original** Reavalie o quanto você agora acredita no ponto de bloqueio na coluna B, de zero a 100%.
			Fonte de informação questionável?	Leitura mental:	
			Confundindo possível com improvável?	Raciocínio emocional:	**H. Emoção(ões)** Como você se sente agora? Avalie de zero a 100%.
			Com base em sentimentos ou em fatos?		

De *Vencendo o transtorno de estresse pós-traumático com a terapia de processamento cognitivo*, de Resick, Stirman e LoSavio. Artmed, 2025. Os compradores deste livro podem baixar cópias adicionais desta planilha na página do livro em loja.grupoa.com.br.

Planilha de Pensamentos Alternativos

A. Situação	B. Ponto de bloqueio		D. Explorando pensamentos	E. Padrões de pensamento	F. Pensamento(s) alternativo(s)
Descreva o evento que leva ao ponto de bloqueio ou a emoções desagradáveis	Escreva seu ponto de bloqueio relacionado à situação na coluna A. Avalie sua crença nesse ponto de bloqueio, de zero a 100%. (O quanto você acredita nesse pensamento?)		Use as **perguntas exploratórias** para examinar seu pensamento automático da coluna B. Considere se o pensamento é equilibrado e factual ou extremo.	Use os **padrões de pensamento** para decidir se este é um dos padrões e explique por quê.	O que mais você pode dizer no lugar do pensamento na coluna B? De que outra forma você pode interpretar o evento que não seja a partir desse pensamento? Avalie sua crença no(s) pensamento(s) alternativo(s) de zero a 100%.
			Evidência contra?	Tirar conclusões precipitadas:	
			Que informações não estão incluídas?		
			Tudo ou nada? Afirmações extremas?	Ignorar partes importantes:	
			Focando em apenas uma parte do evento?	Simplificar/generalizar:	
	C. Emoção(ões)		Fonte de informação questionável?	Leitura mental:	**G. Reavaliação do ponto de bloqueio original**
	Especifique sua(s) emoção(ões) (triste, zangado, etc.) e avalie a intensidade de cada uma delas, de zero a 100%.				Reavalie o quanto você agora acredita no ponto de bloqueio na coluna B, de zero a 100%.
			Confundindo possível com improvável?	Raciocínio emocional:	
			Com base em sentimentos ou em fatos?		**H. Emoção(ões)**
					Como você se sente agora? Avalie de zero a 100%.

De *Vencendo o transtorno de estresse pós-traumático com a terapia de processamento cognitivo*, de Resick, Stirman e LoSavio. Artmed, 2025. Os compradores deste livro podem baixar cópias adicionais desta planilha na página do livro em loja.grupoa.com.br.

Planilha de Pensamentos Alternativos

A. Situação	B. Ponto de bloqueio	C. Emoção(ões)	D. Explorando pensamentos	E. Padrões de pensamento	F. Pensamento(s) alternativo(s)	G. Reavaliação do ponto de bloqueio original	H. Emoção(ões)
Descreva o evento que leva ao ponto de bloqueio ou a emoções desagradáveis	Escreva seu ponto de bloqueio relacionado à situação na coluna A. Avalie sua crença nesse ponto de bloqueio, de zero a 100%. (O quanto você acredita nesse pensamento?)	Especifique sua(s) emoção(ões) (triste, zangado, etc.) e avalie a intensidade de cada uma delas, de zero a 100%.	Use as **perguntas exploratórias** para examinar seu pensamento automático da coluna B. Considere se o pensamento é equilibrado e factual ou extremo.	Use os **padrões de pensamento** para decidir se este é um dos padrões e explique por quê.	O que mais você pode dizer no lugar do pensamento na coluna B? De que outra forma você pode interpretar o evento que não seja a partir desse pensamento? Avalie sua crença no(s) pensamento(s) alternativo(s) de zero a 100%.	Reavalie o quanto você agora acredita no ponto de bloqueio na coluna B, de zero a 100%.	Como você se sente agora? Avalie de zero a 100%.
			Evidência contra?	Tirar conclusões precipitadas:			
			Que informações não estão incluídas?	Ignorar partes importantes:			
			Tudo ou nada? Afirmações extremas?	Simplificar/generalizar:			
			Focando em apenas uma parte do evento?	Leitura mental:			
			Fonte de informação questionável?	Raciocínio emocional:			
			Confundindo possível com improvável?				
			Com base em sentimentos ou em fatos?				

Planilha de Pensamentos Alternativos

A. Situação	B. Ponto de bloqueio	D. Explorando pensamentos	E. Padrões de pensamento	F. Pensamento(s) alternativo(s)
Descreva o evento que leva ao ponto de bloqueio ou a emoções desagradáveis	Escreva seu ponto de bloqueio relacionado à situação na coluna A. Avalie sua crença nesse ponto de bloqueio, de zero a 100%. (O quanto você acredita nesse pensamento?)	Use as **perguntas exploratórias** para examinar seu pensamento automático da coluna B. Considere se o pensamento é equilibrado e factual ou extremo.	Use os **padrões de pensamento** para decidir se este é um dos padrões e explique por quê.	O que mais você pode dizer no lugar do pensamento na coluna B? De que outra forma você pode interpretar o evento que não seja a partir desse pensamento? Avalie sua crença no(s) pensamento(s) alternativo(s) de zero a 100%.
		Evidência contra?	Tirar conclusões precipitadas:	
		Que informações não estão incluídas?	Ignorar partes importantes:	
	C. Emoção(ões) Especifique sua(s) emoção(ões) (triste, zangado, etc.) e avalie a intensidade de cada uma delas, de zero a 100%.	Tudo ou nada? Afirmações extremas?	Simplificar/generalizar:	**G. Reavaliação do ponto de bloqueio original** Reavalie o quanto você agora acredita no ponto de bloqueio na coluna B, de zero a 100%.
		Focando em apenas uma parte do evento?		
		Fonte de informação questionável?	Leitura mental:	
		Confundindo possível com improvável?	Raciocínio emocional:	**H. Emoção(ões)** Como você se sente agora? Avalie de zero a 100%.
		Com base em sentimentos ou em fatos?		

De *Vencendo o transtorno de estresse pós-traumático com a terapia de processamento cognitivo*, de Resick, Stirman e LoSavio. Artmed, 2025. Os compradores deste livro podem baixar cópias adicionais desta planilha na página do livro em loja.grupoa.com.br.

Planilha de Pensamentos Alternativos

A. Situação	B. Ponto de bloqueio	C. Emoção(ões)	D. Explorando pensamentos	E. Padrões de pensamento	F. Pensamento(s) alternativo(s)
Descreva o evento que leva ao ponto de bloqueio ou a emoções desagradáveis	Escreva seu ponto de bloqueio relacionado à situação na coluna A. Avalie sua crença nesse ponto de bloqueio, de zero a 100%. (O quanto você acredita nesse pensamento?)	Especifique sua(s) emoção(ões) (triste, zangado, etc.) e avalie a intensidade de cada uma delas, de zero a 100%.	Use as **perguntas exploratórias** para examinar seu pensamento automático da coluna B. Considere se o pensamento é equilibrado e factual ou extremo.	Use os **padrões de pensamento** para decidir se este é um dos padrões e explique por quê.	O que mais você pode dizer no lugar do pensamento na coluna B? De que outra forma você pode interpretar o evento que não seja a partir desse pensamento? Avalie sua crença no(s) pensamento(s) alternativo(s) de zero a 100%.
			Evidência contra?	Tirar conclusões precipitadas:	
			Que informações não estão incluídas?		
			Tudo ou nada? Afirmações extremas?	Ignorar partes importantes:	
			Focando em apenas uma parte do evento?	Simplificar/generalizar:	G. Reavaliação do ponto de bloqueio original
					Reavalie o quanto você agora acredita no ponto de bloqueio na coluna B, de zero a 100%.
			Fonte de informação questionável?	Leitura mental:	
			Confundindo possível com improvável?	Raciocínio emocional:	H. Emoção(ões)
			Com base em sentimentos ou em fatos?		Como você se sente agora? Avalie de zero a 100%.

De *Vencendo o transtorno de estresse pós-traumático com a terapia de processamento cognitivo*, de Resick, Stirman e LoSavio. Artmed, 2025. Os compradores deste livro podem baixar cópias adicionais desta planilha na página do livro em lojagrupoa.com.br.

Planilha de Pensamentos Alternativos

A. Situação Descreva o evento que leva ao ponto de bloqueio ou a emoções desagradáveis	B. Ponto de bloqueio Escreva seu ponto de bloqueio relacionado à situação na coluna A. Avalie sua crença nesse ponto de bloqueio, de zero a 100%. (O quanto você acredita nesse pensamento?)	D. Explorando pensamentos Use as **perguntas exploratórias** para examinar seu pensamento automático da coluna B. Considere se o pensamento é equilibrado e factual ou extremo.	E. Padrões de pensamento Use os **padrões de pensamento** para decidir se este é um dos padrões e explique por quê.	F. Pensamento(s) alternativo(s) O que mais você pode dizer no lugar do pensamento na coluna B? De que outra forma você pode interpretar o evento que não seja a partir desse pensamento? Avalie sua crença no(s) pensamento(s) alternativo(s) de zero a 100%.
		Evidência contra?	Tirar conclusões precipitadas:	
		Que informações não estão incluídas?	Ignorar partes importantes:	
	C. Emoção(ões) Especifique sua(s) emoção(ões) (triste, zangado, etc.) e avalie a intensidade de cada uma delas, de zero a 100%.	Tudo ou nada? Afirmações extremas?	Simplificar/generalizar:	G. Reavaliação do ponto de bloqueio original Reavalie o quanto você agora acredita no ponto de bloqueio na coluna B, de zero a 100%.
		Focando em apenas uma parte do evento?		
		Fonte de informação questionável?	Leitura mental:	
		Confundindo possível com improvável?	Raciocínio emocional:	H. Emoção(ões) Como você se sente agora? Avalie de zero a 100%.
		Com base em sentimentos ou em fatos?		

De *Vencendo o transtorno de estresse pós-traumático com a terapia de processamento cognitivo*, de Resick, Stirman e LoSavio. Artmed, 2025. Os compradores deste livro podem baixar cópias adicionais desta planilha na página do livro em loja.grupoa.com.br.

Lista de Verificação do TEPT

Preencha a Lista de Verificação do TEPT para acompanhar seus sintomas enquanto lê este livro. Não se esqueça de preencher esta medição com base no mesmo evento central todas as vezes. Quando as instruções e as perguntas se referirem a uma "experiência estressante", lembre-se de que esse é o seu evento central — o pior evento, no qual você está trabalhando primeiro.

Escreva aqui o trauma em que você está trabalhando primeiro: _____

Preencha esta Lista de Verificação do TEPT com referência a esse evento.

Instruções: A seguir está uma lista de problemas que as pessoas às vezes têm em resposta a uma experiência muito estressante. Por favor, leia cada problema com atenção e, em seguida, circule um dos números à direita para indicar o quanto você foi incomodado por esse problema **no último mês**.

No último mês, quanto você foi incomodado por:	De modo nenhum	Um pouco	Moderadamente	Muito	Extremamente
1. Lembranças indesejáveis, perturbadoras e repetitivas da experiência estressante?	0	1	2	3	4
2. Sonhos perturbadores e repetitivos com a experiência estressante?	0	1	2	3	4
3. De repente, sentindo ou agindo como se a experiência estressante estivesse, de fato, acontecendo de novo (como se *você estivesse revivendo-a, de verdade, lá no passado*)?	0	1	2	3	4
4. Sentir-se muito chateado quando algo lembra você da experiência estressante?	0	1	2	3	4
5. Ter reações físicas intensas quando algo lembra você da experiência estressante (*por exemplo, coração apertado, dificuldade para respirar, suor excessivo*)?	0	1	2	3	4
6. Evitar lembranças, pensamentos, ou sentimentos relacionados à experiência estressante?	0	1	2	3	4
7. Evitar lembranças externas da experiência estressante (*por exemplo, pessoas, lugares, conversas, atividades, objetos ou situações*)?	0	1	2	3	4
8. Não conseguir se lembrar de partes importantes da experiência estressante?	0	1	2	3	4
9. Ter crenças negativas intensas sobre você, outras pessoas ou o mundo (*por exemplo, ter pensamentos tais como: "Eu sou ruim", "existe algo seriamente errado comigo", "ninguém é confiável", "o mundo todo é perigoso"*)?	0	1	2	3	4

(Continua)

(Continuação)

No último mês, quanto você foi incomodado por:	De modo nenhum	Um pouco	Moderadamente	Muito	Extremamente
10. Culpar a si mesmo ou aos outros pela experiência estressante ou pelo que aconteceu depois dela?	0	1	2	3	4
11. Ter sentimentos negativos intensos como medo, pavor, raiva, culpa ou vergonha?	0	1	2	3	4
12. Perder o interesse em atividades que você costumava apreciar?	0	1	2	3	4
13. Sentir-se distante ou isolado das outras pessoas?	0	1	2	3	4
14. Dificuldades para vivenciar sentimentos positivos (*por exemplo, ser incapaz de sentir felicidade ou sentimentos amorosos por pessoas próximas a você*)?	0	1	2	3	4
15. Comportamento irritado, explosões de raiva ou agir agressivamente?	0	1	2	3	4
16. Correr muitos riscos ou fazer coisas que podem lhe causar algum mal?	0	1	2	3	4
17. Ficar "super" alerta, vigilante ou de sobreaviso?	0	1	2	3	4
18. Sentir-se apreensivo ou assustado facilmente?	0	1	2	3	4
19. Ter dificuldades para se concentrar?	0	1	2	3	4
20. Problemas para adormecer ou continuar dormindo?	0	1	2	3	4

Calcule a soma e a escreva aqui: _____

Extraído de PTSD Checklist for DSM-5 (PCL-5), de Weathers, Litz, Keane, Palmieri, Marx e Schnurr (2013). Disponível no National Center for PTSD, em www.ptsd.va.gov; em domínio público. Adaptação no Brasil: Lima Osório, F., Da Silva, T. D. A., Santos, R. G., Chagas, M. H. N., Chagas, N. M. S., Sanches, R. F., & De Souza Crippa, J. A. (2017). Posttraumatic stress disorder checklist for DSM-5 (PCL-5): Transcultural adaptation of the Brazilian version. *Revista de Psiquiatria Clínica*, 44(1), 10–19. https://doi.org/10.1590/0101-60830000000107. Reproduzido em *Vencendo o transtorno de estresse pós-traumático com a terapia de processamento cognitivo*. Os compradores deste livro podem baixar cópias adicionais desta planilha na página do livro em loja.grupoa.com.br.

15
Intimidade

O último tema é a intimidade. Isso não significa apenas intimidade física e sexual, mas também uma familiaridade próxima. Isso inclui diversas dimensões, como amizade e intimidade emocional com os outros, além de autoconhecimento, autoconsciência e confiança em si mesmo, em termos de seus desejos, de suas necessidades e de seu senso de quem você é (senso de identidade). O TEPT pode mudar a maneira como você se relaciona e interage consigo mesmo e com os outros, e ter relacionamentos saudáveis e plenamente realizados consigo mesmo e com os outros pode exigir algum trabalho intencional e focado.

A intimidade com os outros inclui toda a gama de relacionamentos, desde conhecidos, amizades, relacionamentos familiares e até um parceiro com vínculo profundo e intimidade sexual. Os relacionamentos levam muito tempo para se desenvolver, por isso, o objetivo deste capítulo é trabalhar pontos que interferiram na sua capacidade de enriquecer a qualidade dos relacionamentos ou de desenvolver novos. Como vimos no Capítulo 12, sobre confiança, você não precisa confiar em alguém de todas as formas possíveis para tê-lo em sua vida.

Você pode ter evitado relacionamentos íntimos por algum tempo por causa de suas crenças sobre si mesmo e sobre os outros, que resultaram do evento traumático. Agora que você tem trabalhado com questões de confiança, poder e controle e estima, tem a oportunidade de considerar pontos de bloqueio que o impediram de se aproximar das pessoas. Você pode notar pontos de bloqueio que o levaram a se afastar de amizades ou de relacionamentos próximos, como "se eu chegar muito perto, as pessoas vão me machucar" ou "ninguém vai me aceitar". Fique atento a pontos como esses e lembre-se de utilizar o que aprendeu sobre confiança ao começar a se aproximar de relacionamentos mais íntimos. Algumas pessoas aceitarão e poderão ter tido suas próprias experiências traumáticas ou difíceis, que realmente as ajudarão a se relacionar com você e entendê-lo quando expressar suas necessidades, suas esperanças, seus medos e suas preocupações. Outras podem querer entender e podem estar abertas ao seu *feedback* à medida que respondem aos seus esforços para se aproximar. E se as pessoas não são capazes ou não estão dispostas a responder aos seus esforços para estar mais perto de maneiras saudáveis para você, isso indica que elas podem não ser as pessoas mais saudáveis para se aproximar, mas talvez possam ser amigos ou conhecidos mais casuais, ou membros da família com os quais você tem contato mais limitado. Como você aprendeu no Capítulo 12, não é preciso confiar em alguém de todas as formas possíveis antes de permitir que ele entre em sua vida, e há maneiras mais limitadas de aceitar pessoas em sua vida. Pense no potencial de amizades e como você deseja ser casual ou íntimo.

Se você é casado ou está em um relacionamento amoroso comprometido e seu relacionamento é conturbado, seu parceiro pode não saber como reagir às mudanças que você vem fazendo à medida que realiza esse processo. Você poderia pensar na terapia de casal ou familiar. Há também tratamentos do TEPT com base em casal, incluindo um curso *on-line* chamado Couple HOPES (www.couplehopes.com – disponível apenas em inglês), que poderá ajudar. Às vezes, se você tem TEPT há muito tempo e se sentiu incapaz de fazer certas atividades ou de ir a certos lugares, seu parceiro pode ter assumido um papel de cuidador. Como você não precisa mais disso, seu parceiro pode sentir que perdeu uma função importante em seu relacionamento. Você deve trabalhar na comunicação aberta e talvez renegociar tarefas e atividades. Ele também pode ter se acostumado a sair e fazer coisas sem você, e vocês podem ter que trabalhar juntos para se reintegrar à vida um do outro de maneira diferente. Se o trauma que você experimentou foi uma agressão ou um abuso sexual, também pode ter pontos de bloqueio sobre a intimidade sexual que você precisa examinar.

Pontos de bloqueio específicos aos relacionamentos sexuais podem incluir "sexo não é seguro" ou "se eu ficar fisicamente íntimo de alguém, ele vai me explorar". Pode realmente parecer um risco tornar-se sexualmente íntimo. Lembre-se de que não é preciso se apressar com isso. Leva tempo para construir confiança e para desenvolver proximidade emocional, que podem ser elementos importantes para se estabelecer primeiro, caso você tenha evitado a intimidade sexual. Você pode dedicar seu tempo para ver como os parceiros ou potenciais parceiros reagirão ao compartilhar quaisquer preocupações que tenha sobre a intimidade física. Se eles não reagirem de maneira confortável para você, isso será uma evidência importante sobre se eles são os parceiros certos para você neste momento de sua vida.

Autoconhecimento é mais do que autoestima. É a capacidade de realmente se conhecer e se aceitar, de se acalmar e cuidar de si mesmo sem depender de comportamentos externos ou talvez destrutivos (mas utilizar as planilhas seria um método saudável!). É sobre se sentir confortável em sua própria pele, com quem você é, e se aceitar como você é. Isso inclui poder estar sozinho sem estar solitário. Autoconhecimento é saber quais são seus valores e seus gostos. É estar confortável em entender seus limites e suas limitações, e não ter medo de mantê-los para ser fiel e honrar a si mesmo. Fazer algo bom ou que valha a pena para si mesmo todos os dias é uma forma de descobrir o que você gosta de fazer e talvez não tenha feito devido às consequências de eventos traumáticos.

Autoconhecimento é decidir como você quer gastar seu tempo e quais são seus objetivos para o futuro. Esse é um processo contínuo, mas você pode olhar ao redor, para outras pessoas da sua idade e ver o que elas estão fazendo com suas vidas e seu tempo livre, tal como decidindo o caminho que querem seguir com sua carreira ou sua educação; encontrando *hobbies* ou atividades espirituais que considerem gratificantes; ou decidindo se elas querem que suas vidas incluam um parceiro, filhos ou animais de estimação. Se você é um jovem adulto, seus colegas com a mesma idade também estão decidindo quem eles querem ser e podem experimentar diferentes carreiras ou lugares. Pense em si mesmo como alguém que está "se graduando" do seu TEPT e passando para um capítulo diferente em sua vida. Se você tem mais idade, seus pais podem estar passando por uma mudança de identidade à medida que se aposentam e decidem como querem gastar seu tempo e onde querem fazer isso. Você pode pensar em si mesmo como "se aposentando" do seu TEPT. Até a meia-idade carrega mudanças à medida que os corpos, os interesses, os relacionamentos e as atividades das pessoas mudam. Outras pessoas podem ter filhos fora de casa agora e, de repente, são livres para se envolver em novos interesses, ou podem ter mais responsabilidades como cuidadores de seus pais. Em outras palavras, o autoconhecimento é o processo de voltar a se conhecer sem o TEPT, e se estenderá muito além do tempo que você passa lendo este livro, para o resto da sua vida. Mas lembre-se, estar confortável consigo mesmo também significa aceitar a si mesmo e seus interesses, mesmo que eles sejam diferentes dos que as outras pessoas têm. Você pode optar por passar algum tempo sem estar em um relacionamento romântico. Você pode escolher um caminho para si mesmo que não seja como aquele que os outros escolheram. Tudo bem também, apenas certifique-se de que suas decisões sejam guiadas pelo seu senso de quem você é e pelo que você quer, e não por pontos de bloqueio e pelo TEPT.

> Margaret tinha histórico de trauma sexual, e também sofreu violência por parte de parceiros íntimos. Após deixar seu casamento abusivo e começar a trabalhar em seu TEPT, ela começou a trabalhar na culpa que sentia em relação ao abuso ("eu deveria ter ido embora mais cedo; a culpa é minha, pois eu fiquei até mais tarde"), no seu senso de confiança nos outros e na confiança em si mesma quando via sinais de alerta em outros relacionamentos. Margaret trabalhou para abordar seus pontos de bloqueio em relação ao poder e controle para que pudesse se sentir mais confiante em estabelecer limites, e aprendeu a se relacionar novamente com amigos e familiares, compartilhando gradualmente mais sobre sua história de traumas com as pessoas que a apoiavam. Contudo, ela notou que continuava travada para formar relacionamentos amorosos. Ela parava de responder aos homens que demonstravam interesse por ela, mesmo percebendo que gostaria de compartilhar sua vida com alguém. Ela identificou vários pontos de bloqueio que a impediam de experimentar ou buscar relacionamentos românticos, incluindo "tudo o que ele quer é sexo" e "não sou capaz de ter relacionamentos saudáveis". Ela utilizou as planilhas para examinar as evidências dessas crenças. Ela também percebeu que, às vezes, não tinha informações suficientes para realmente saber. Então começou a se relacionar lentamente com os homens, começando com coisas como conversar durante o café, passar tempo juntos em grupos e passear juntos. Ela descobriu

que alguns homens estavam dispostos a (e até queriam) dedicar seu tempo para conhecê-la. Isso era uma evidência contra a crença de que os homens só queriam sexo. Lembrou-se do que aprendeu sobre confiança e dedicou seu tempo para divulgar informações específicas que a faziam se sentir vulnerável somente após ter provas de que poderia confiar neles com outras informações. Margaret também aprendeu a estabelecer limites quando os homens queriam ir mais rápido do que ela desejava e descobriu que podia tolerar quando precisasse terminar relacionamentos que não pareciam estar progredindo de forma saudável ou confortável. Com o tempo, ela passou a ver que era, de fato, capaz de formar relacionamentos saudáveis. O fato de ela não ter estado em um relacionamento saudável no passado não significava que ela não poderia utilizar suas habilidades de desenvolvimento para formar os relacionamentos que queria no futuro.

Resolver os pontos de bloqueio sobre intimidade é apenas o começo para desenvolver um relacionamento melhor consigo mesmo e com os outros. Assim como na estima, você pode precisar de muita prática com as Planilhas de Pensamentos Alternativos (ver páginas 291–297) e com suas ações no mundo para mudar anos evitando as pessoas e evitando a si mesmo. Não se preocupe se aparecerem alguns contratempos. Eles fazem parte da vida, e cada um lhe dá a oportunidade de aprender mais sobre si mesmo, refinar sua resposta e, por fim, tornar-se mais forte e confiante sobre quem você é. Você já viveu muita coisa e mostrou resiliência e força ao enfrentar o seu TEPT. Agora você pode trabalhar para construir a vida que deseja para si mesmo, sabendo que pode enfrentar coisas difíceis e superá-las, e que tem as ferramentas para seguir em frente.

> ### ☑ PRINCIPAIS PONTOS SOBRE O TÓPICO DA INTIMIDADE
>
> Considere como o trauma afetou seu senso de intimidade consigo mesmo e com os outros. Ele confirmou crenças que você já tinha? Ou ele o levou a questionar sua capacidade de ser íntimo com os outros, ou seu senso de autoconhecimento?
>
> *Crenças relacionadas ao eu*
>
> A forma como você lida com o trauma e as memórias é influenciada pelo seu senso de autoconhecimento. Esta é a capacidade de uma pessoa estar sozinha sem se sentir solitária ou vazia. Quando você consegue se acalmar e lidar com o estresse sem se sentir completamente dependente dos outros, isso também é um sinal de autoconhecimento. Embora seja importante se sentir apoiado e não isolado, também é importante ser capaz de navegar pelo mundo com independência, para que você possa estar em relacionamentos que não sejam excessivamente dependentes e não sinta que não tem escolha a não ser estar em um relacionamento não saudável para não ficar sozinho.
>
> ○ Se você tinha um autoconhecimento estável e positivo, e o trauma ou suas consequências entraram em conflito com suas crenças anteriores (p. ex., se você teve problemas para lidar com as consequências), isso pode ter deixado você se

sentindo ansioso ou sobrecarregado. Traumas não são o mesmo que estressores cotidianos, e faz sentido que você não tenha lidado da mesma forma como lidou com outros eventos da vida.

- Se você teve experiências anteriores que o levaram a acreditar que não conseguia lidar com os eventos da vida, ou se não tinha bons exemplos dos adultos em sua vida enquanto crescia, pode ter reagido ao trauma com crenças de que era incapaz de se confortar ou cuidar de si mesmo. Isso pode levar você a evitar as lembranças do trauma.

Um menor senso de autoconhecimento pode levar ao medo de ficar sozinho, à dificuldade de confortar-se ou de acalmar-se, a uma sensação de vazio interior e à criação de relacionamentos carentes ou exigentes. Você também pode olhar para fora de si mesmo para obter conforto por meio de comida, drogas ou álcool, medicamentos, gastos excessivos ou sexo.

Crença pré-trauma	Ponto de bloqueio pós-trauma	Possível pensamento equilibrado/ alternativo
Posso lidar com coisas estressantes que acontecem.	Estou desamparado e sou incapaz de lidar com o que aconteceu.	O que aconteceu não foi apenas um fato estressante do dia a dia. Foi realmente terrível, e todos passam por dificuldade depois de algo assim.
Não consigo lidar com isso quando coisas ruins acontecem.	Preciso [beber/usar drogas/estar sempre perto de alguém/comer demais/fazer compras/etc.] para me sentir melhor.	Essas coisas só ajudam no curto prazo e me deixam com outros problemas. Posso tolerar mais do que eu pensava. Se me permitir sentir essas coisas e se utilizar minhas habilidades de enfrentamento, posso passar por momentos difíceis, mesmo que seja árduo.
Tenho noção de quem eu sou.	Não sei mais quem eu sou.	Posso me ouvir sobre minhas preferências, meus desejos, minhas necessidades e meus sentimentos, descobrindo ou redescobrindo minha noção de *eu* ao longo do tempo.

Intimidade relacionada aos outros

Conexão, proximidade e intimidade são necessidades humanas básicas. Nossa capacidade de estar intimamente conectado com as pessoas pode ser prejudicada pelo comportamento prejudicial, insensível ou pouco empático dos outros. Intimidade pode se referir tanto a intimidade emocional quanto física. A emocional pode ocorrer com amigos, familiares ou parceiros românticos.

- Se você tinha relacionamentos íntimos saudáveis antes do evento traumático, o trauma pode tê-lo feito acreditar que nunca mais poderia conseguir ser íntimo de outras pessoas, sobretudo se você foi prejudicado por alguém que conhecia ou confiava. Você também pode ter notado que suas crenças sobre intimidade mudaram caso as pessoas em quem você confiava não o tenham apoiado, ou se tiverem o rejeitado ou tratado de forma diferente após o trauma.

⮕ Se você tinha um histórico de relacionamentos não saudáveis ou abusivos, o trauma pode ter confirmado suas crenças negativas sobre a intimidade.

Dificuldades com a intimidade podem deixar você se sentindo solitário, isolado, vazio e desconectado, mesmo em relacionamentos saudáveis e amorosos.

Crença pré-trauma	Ponto de bloqueio pós-trauma	Possível pensamento equilibrado/alternativo
Posso ficar perto de pessoas com quem me importo sem me ferir.	Se eu me aproximar muito, as pessoas vão me ferir.	Mesmo que tenha me machucado em um relacionamento, isso não quer dizer que não é possível ter um relacionamento saudável. Posso ir devagar, pedir o que eu preciso e desenvolver algo saudável. Também posso ir embora se eu descobrir que a outra pessoa não me trata bem.
Sou capaz de ter relacionamentos saudáveis.	Se um relacionamento fracassa, a culpa é minha.	Um relacionamento saudável depende das duas pessoas. Posso tentar mais e me comunicar, mas a outra pessoa precisa colaborar.
Se um relacionamento não funciona, a culpa é minha.	Estou muito ferido ou prejudicado para ter um relacionamento saudável.	O trauma não me define. Tenho coisas a oferecer em um relacionamento. As pessoas que se importam comigo entenderão se eu precisar de um tempo para criar confiança. As pessoas que não estão dispostas a fazer isso me mostram que não são a parceria certa para mim.
Não é seguro me aproximar das pessoas.	Preciso continuar sozinho.	Minhas experiências do passado foram difíceis, mas isso não quer dizer que relacionamentos saudáveis não são possíveis. Posso precisar de um tempo para confiar e descobrir com quem é seguro me abrir, mas o risco pode compensar para que me sinta menos solitário e mais conectado.
Relacionamentos podem ser saudáveis.	Vou me ferir ou ser explorado nos relacionamentos.	É possível estar em um relacionamento saudável. Mesmo que não funcione, posso aprender com isso e seguir adiante sozinho ou em outro relacionamento.

> ▶▶ Para assistir a um vídeo (em inglês) que revise o que você acabou de ler aqui sobre intimidade, acesse a CPT Whiteboard Video Library (*http://cptforptsd.com/cpt--resources*) e assista aos vídeos *Self-Intimacy* (Autoconhecimento) e *Intimacy related to others* (Intimidade relacionada aos outros).

✎ Tarefa prática

Analise seu Registro de Pontos de Bloqueio, na página 64, para escolher os pontos relacionados com a intimidade consigo mesmo ou com os outros. Se você tiver problemas relacionados à intimidade, preencha as Planilhas de Pensamentos Alternativos sobre eles (ver páginas 291–297). Observe também se você ainda tem algum ponto de bloqueio em relação à intimidade sobre por que o trauma aconteceu, como "o trauma aconteceu porque eu deixei essa pessoa entrar". Se sim, trabalhe nisso primeiro.

Além disso, não se esqueça de continuar dando e recebendo elogios e fazendo coisas legais e que valem a pena para você! Lembre-se, essas são coisas que você deve integrar ao seu dia a dia agora. Trabalhe em quaisquer pontos de bloqueio que dificultem sua execução.

🔧 Solução de problemas

Ainda estou bloqueado e travado. Estou tendo dificuldade em deixar de lado minhas crenças de intimidade.

Se você está tendo dificuldade em deixar de lado suas crenças relacionadas à intimidade, como "se eu me envolver com alguém, ele vai me machucar", tente descobrir se você ainda tem alguma *crença de intimidade relacionada ao motivo pelo qual seu evento traumático ocorreu* e, em caso afirmativo, trabalhe nisso primeiro. Por exemplo, se você ainda está pensando "o trauma aconteceu porque me envolvi com essa pessoa", não é surpresa que você esteja preocupado em se envolver com os outros. No entanto, reconsidere os fatos do trauma: aconteceu porque você se envolveu com alguém ou porque essa pessoa escolheu machucá-lo(a)? Volte e faça uma Planilha de Pensamentos Alternativos sobre o ponto de intimidade relacionado ao motivo para o trauma ter acontecido. Em seguida, veja se você pode fazer mais progresso nos pontos mais gerais sobre intimidade.

Não consigo deixar de ter imagens quando tento ter intimidade física. Tenho aversão.

Lembre-se de que abuso sexual e agressão sexual são crimes e não têm *nada* a ver com intimidade sexual. Você já conversou com seu parceiro sobre as dificuldades que está tendo com a intimidade física? Ele sabe o que aconteceu com você? É incrível como muitas pessoas não contaram a seus parceiros sobre suas experiências. Se ele demonstrou ser confiável com suas informações pessoais e suas emoções, seria importante você contar por que a intimidade é difícil para você. Lembre-se, você pode dizer a ele que sofreu agressão sexual sem entrar em detalhes que você não se sente bem em compartilhar. Se ele ficar surpreso por você nunca ter contado isso antes, pode explicar o motivo (vergonha, constrangimento), que isso faz parte do seu TEPT e não tem relação com seu parceiro. Você pode querer procurar alguma forma de terapia (de casais ou sexual), mas você pode tentar fazer algumas Planilhas de Pensamentos Alternativos primeiro, para se certificar de que não tem pontos de bloqueio gerais sobre sexo e intimidade. Isso pode ser mais difícil se você foi estuprado por um ex-parceiro, alguém a quem você idealmente deveria ter sido capaz de confiar seu corpo e cuidar de você. Pode perguntar ao seu parceiro se ele poderia aguardar um pouco enquanto você trabalha em seus pontos de bloqueio. Tente apenas beijar ou tocar primeiro. Mantenha os olhos abertos e concentre-se no momento presente. Concentre-se na pessoa com quem você está e lembre-se de que essa é diferente da pessoa que magooou ou feriu você. Se você ficar paralisado ou começar a ter *flashbacks*, peça para parar por um momento, para que você possa se acalmar e se concentrar no momento presente. Fale sobre isso com antecedência, para que seu parceiro não se assuste com isso, e diga-lhe como ele pode apoiá-lo em situações como essa. Se o seu parceiro não pode fazer isso por você, é um sinal de que você deve considerar fortemente o tratamento de casal ou pensar se esse é o parceiro com quem quer continuar.

Ainda não me permito sentir emoções.

Primeiro, lembre-se de diferenciar entre emoções naturais e fabricadas. Você não precisa continuar sentindo as emoções fabricadas, baseadas em seus pontos de bloqueio. Fazer planilhas sobre elas pode fazer com que diminuam ou mudem. Muitas vezes, as emoções que as pessoas com TEPT evitam são naturais, como a tristeza devido ao trauma ter acontecido ou a raiva que sentem de um perpetrador. Se você está evitando sentir emoções naturais, pode haver um ponto de bloqueio sobre as emoções em geral ou talvez uma específica. O que você acha que vai acontecer ao sentir suas emoções? Seu ponto de vista é que elas vão te deixar fraco ou vulnerável? Veja os jogadores em um campeonato ou os atletas olímpicos e você perceberá pessoas incrivelmente fortes chorando de tristeza ou de felicidade. Nada de ruim acontece com eles, e ninguém os considera fracos. Você tem medo de que, se começar a sentir uma emoção, ela nunca vai parar? Isso é mesmo possível? Em algum momento, você estaria tão desgastado que adormeceria ou começaria a se acalmar. Você pode ter dor de cabeça ou coriza, mas nenhuma catástrofe acontece por sentir emoções naturais. São os comportamentos que colocam as pessoas em apuros, não as emoções. Tente apenas se sentar e senti-las. Pense em sacudir uma garrafa de refrigerante e depois abrir a tampa. Se você imediatamente colocar a tampa de volta, o gás ainda está lá e parece bastante explosiva. No entanto, se você segurá-la sobre a pia, agitá-la e abrir a tampa, haverá uma explosão de líquido e, em seguida, ele se acalmará. Então, por mais que você a agite, não verá mais bolhas (emoções) novamente. Que outros pontos de bloqueio você pode ter sobre se permitir sentir suas emoções?

Planilha de Pensamentos Alternativos

A. Situação	B. Ponto de bloqueio	C. Emoção(ões)	D. Explorando pensamentos	E. Padrões de pensamento	F. Pensamento(s) alternativo(s)	G. Reavaliação do ponto de bloqueio original	H. Emoção(ões)
Descreva o evento que leva ao ponto de bloqueio ou a emoções desagradáveis	Escreva seu ponto de bloqueio relacionado à situação na coluna A. Avalie sua crença nesse ponto de bloqueio, de zero a 100%. (O quanto você acredita nesse pensamento?)	Especifique sua(s) emoção(ões) (triste, zangado, etc.) e avalie a intensidade de cada uma delas, de zero a 100%.	Use as **perguntas exploratórias** para examinar seu pensamento automático da coluna B. Considere se o pensamento é equilibrado e factual ou extremo. Evidência contra? Que informações não estão incluídas? Tudo ou nada? Afirmações extremas? Focando em apenas uma parte do evento? Fonte de informação questionável? Confundindo possível com improvável? Com base em sentimentos ou em fatos?	Use os **padrões de pensamento** para decidir se este é um dos padrões e explique por quê. Tirar conclusões precipitadas: Ignorar partes importantes: Simplificar/generalizar: Leitura mental: Raciocínio emocional:	O que mais você pode dizer no lugar do pensamento na coluna B? De que outra forma você pode interpretar o evento que não seja a partir desse pensamento? Avalie sua crença no(s) pensamento(s) alternativo(s) de zero a 100%.	Reavalie o quanto você agora acredita no ponto de bloqueio na coluna B, de zero a 100%.	Como você se sente agora? Avalie de zero a 100%.

Planilha de Pensamentos Alternativos

A. Situação	B. Ponto de bloqueio	D. Explorando pensamentos	E. Padrões de pensamento	F. Pensamento(s) alternativo(s)
Descreva o evento que leva ao ponto de bloqueio ou a emoções desagradáveis	Escreva seu ponto de bloqueio relacionado à situação na coluna A. Avalie sua crença nesse ponto de bloqueio, de zero a 100%. (O quanto você acredita nesse pensamento?)	Use as **perguntas exploratórias** para examinar seu pensamento automático da coluna B. Considere se o pensamento é equilibrado e factual ou extremo.	Use os **padrões de pensamento** para decidir se este é um dos padrões e explique por quê.	O que mais você pode dizer no lugar do pensamento na coluna B? De que outra forma você pode interpretar o evento que não seja a partir desse pensamento? Avalie sua crença no(s) pensamento(s) alternativo(s) de zero a 100%.
		Evidência contra?	Tirar conclusões precipitadas:	
		Que informações não estão incluídas?	Ignorar partes importantes:	
	C. Emoção(ões) Especifique sua(s) emoção(ões) (triste, zangado, etc.) e avalie a intensidade de cada uma delas, de zero a 100%.	Tudo ou nada? Afirmações extremas?	Simplificar/generalizar:	**G. Reavaliação do ponto de bloqueio original** Reavalie o quanto você agora acredita no ponto de bloqueio na coluna B, de zero a 100%.
		Focando em apenas uma parte do evento?		
		Fonte de informação questionável?	Leitura mental:	
		Confundindo possível com improvável?	Raciocínio emocional:	**H. Emoção(ões)** Como você se sente agora? Avalie de zero a 100%.
		Com base em sentimentos ou em fatos?		

De Vencendo o transtorno de estresse pós-traumático com a terapia de processamento cognitivo, de Resick, Stirman e LoSavio. Artmed, 2025. Os compradores deste livro podem baixar cópias adicionais desta planilha na página do livro em loja.grupoa.com.br.

Planilha de Pensamentos Alternativos

A. Situação	B. Ponto de bloqueio	C. Emoção(ões)	D. Explorando pensamentos	E. Padrões de pensamento	F. Pensamento(s) alternativo(s)	G. Reavaliação do ponto de bloqueio original	H. Emoção(ões)
Descreva o evento que leva ao ponto de bloqueio ou a emoções desagradáveis	Escreva seu ponto de bloqueio relacionado à situação na coluna A. Avalie sua crença nesse ponto de bloqueio, de zero a 100%. (O quanto você acredita nesse pensamento?)	Especifique sua(s) emoção(ões) (triste, zangado, etc.) e avalie a intensidade de cada uma delas, de zero a 100%.	Use as **perguntas exploratórias** para examinar seu pensamento automático da coluna B. Considere se o pensamento é equilibrado e factual ou extremo.	Use os **padrões de pensamento** para decidir se este é um dos padrões e explique por quê.	O que mais você pode dizer no lugar do pensamento na coluna B? De que outra forma você pode interpretar o evento que não seja a partir desse pensamento? Avalie sua crença no(s) pensamento(s) alternativo(s) de zero a 100%.	Reavalie o quanto você agora acredita no ponto de bloqueio na coluna B, de zero a 100%.	Como você se sente agora? Avalie de zero a 100%.
			Evidência contra?	Tirar conclusões precipitadas:			
			Que informações não estão incluídas?	Ignorar partes importantes:			
			Tudo ou nada? Afirmações extremas?	Simplificar/generalizar:			
			Focando em apenas uma parte do evento?				
			Fonte de informação questionável?	Leitura mental:			
			Confundindo possível com improvável?	Raciocínio emocional:			
			Com base em sentimentos ou em fatos?				

De Vencendo o transtorno de estresse pós-traumático com a terapia de processamento cognitivo, de Resick, Stirman e LoSavio. Artmed, 2025. Os compradores deste livro podem baixar cópias adicionais desta planilha na página do livro em loja.grupoa.com.br.

Planilha de Pensamentos Alternativos

A. Situação	B. Ponto de bloqueio	C. Emoção(ões)	D. Explorando pensamentos	E. Padrões de pensamento	F. Pensamento(s) alternativo(s)	G. Reavaliação do ponto de bloqueio original	H. Emoção(ões)
Descreva o evento que leva ao ponto de bloqueio ou a emoções desagradáveis	Escreva seu ponto de bloqueio relacionado à situação na coluna A. Avalie sua crença nesse ponto de bloqueio, de zero a 100%. (O quanto você acredita nesse pensamento?)	Especifique sua(s) emoção(ões) (triste, zangado, etc.) e avalie a intensidade de cada uma delas, zero a 100%.	Use as **perguntas exploratórias** para examinar seu pensamento automático da coluna B. Considere se o pensamento é equilibrado e factual ou extremo. Evidência contra? Que informações não estão incluídas? Tudo ou nada? Afirmações extremas? Focando em apenas uma parte do evento? Fonte de informação questionável? Confundindo possível com improvável? Com base em sentimentos ou em fatos?	Use os **padrões de pensamento** para decidir se este é um dos padrões e explique por quê. Tirar conclusões precipitadas: Ignorar partes importantes: Simplificar/generalizar: Leitura mental: Raciocínio emocional:	O que mais você pode dizer no lugar do pensamento na coluna B? De que outra forma você pode interpretar o evento que não seja a partir desse pensamento? Avalie sua crença no(s) pensamento(s) alternativo(s) de zero a 100%.	Reavalie o quanto você agora acredita no ponto de bloqueio na coluna B, de zero a 100%.	Como você se sente agora? Avalie de zero a 100%.

De *Vencendo o transtorno de estresse pós-traumático com a terapia de processamento cognitivo*, de Resick, Stirman e LoSavio. Artmed, 2025. Os compradores deste livro podem baixar cópias adicionais desta planilha na página do livro em loja.grupoa.com.br.

Planilha de Pensamentos Alternativos

A. Situação	B. Ponto de bloqueio	D. Explorando pensamentos	E. Padrões de pensamento	F. Pensamento(s) alternativo(s)
Descreva o evento que leva ao ponto de bloqueio ou a emoções desagradáveis	Escreva seu ponto de bloqueio relacionado à situação na coluna A. Avalie sua crença nesse ponto de bloqueio, de zero a 100%. (O quanto você acredita nesse pensamento?)	Use as **perguntas exploratórias** para examinar seu pensamento automático da coluna B. Considere se o pensamento é equilibrado e factual ou extremo.	Use os **padrões de pensamento** para decidir se este é um dos padrões e explique por quê.	O que mais você pode dizer no lugar do pensamento na coluna B? De que outra forma você pode interpretar o evento que não seja a partir desse pensamento? Avalie sua crença no(s) pensamento(s) alternativo(s) de zero a 100%.
		Evidência contra?	Tirar conclusões precipitadas:	
		Que informações não estão incluídas?		
C. Emoção(ões)		Tudo ou nada? Afirmações extremas?	Ignorar partes importantes:	
Especifique sua(s) emoção(ões) (triste, zangado, etc.) e avalie a intensidade de cada uma delas, de zero a 100%.		Focando em apenas uma parte do evento?	Simplificar/generalizar:	**G. Reavaliação do ponto de bloqueio original**
		Fonte de informação questionável?	Leitura mental:	Reavalie o quanto você agora acredita no ponto de bloqueio na coluna B, de zero a 100%.
		Confundindo possível com improvável?	Raciocínio emocional:	**H. Emoção(ões)**
		Com base em sentimentos ou em fatos?		Como você se sente agora? Avalie de zero a 100%.

De Vencendo o transtorno de estresse pós-traumático com a terapia de processamento cognitivo, de Resick, Stirman e LoSavio. Artmed, 2025. Os compradores deste livro podem baixar cópias adicionais desta planilha na página do livro em loja.grupoa.com.br.

Planilha de Pensamentos Alternativos

A. Situação	B. Ponto de bloqueio	C. Emoção(ões)	D. Explorando pensamentos	E. Padrões de pensamento	F. Pensamento(s) alternativo(s)	G. Reavaliação do ponto de bloqueio original	H. Emoção(ões)
Descreva o evento que leva ao ponto de bloqueio ou a emoções desagradáveis	Escreva seu ponto de bloqueio relacionado à situação na coluna A. Avalie sua crença nesse ponto de bloqueio, de zero a 100%. (O quanto você acredita nesse pensamento?)	Especifique sua(s) emoção(ões) (triste, zangado, etc.) e avalie a intensidade de cada uma delas, de zero a 100%.	Use as **perguntas exploratórias** para examinar seu pensamento automático da coluna B. Considere se o pensamento é equilibrado e factual ou extremo. Evidência contra? Que informações não estão incluídas? Tudo ou nada? Afirmações extremas? Focando em apenas uma parte do evento? Fonte de informação questionável? Confundindo possível com improvável? Com base em sentimentos ou em fatos?	Use os **padrões de pensamento** para decidir se este é um dos padrões e explique por quê. Tirar conclusões precipitadas: Ignorar partes importantes: Simplificar/generalizar: Leitura mental: Raciocínio emocional:	O que mais você pode dizer no lugar do pensamento na coluna B? De que outra forma você pode interpretar o evento que não seja a partir desse pensamento? Avalie sua crença no(s) pensamento(s) alternativo(s) de zero a 100%.	Reavalie o quanto você agora acredita no ponto de bloqueio na coluna B, de zero a 100%.	Como você se sente agora? Avalie de zero a 100%.

De *Vencendo o transtorno de estresse pós-traumático com a terapia de processamento cognitivo*, de Resick, Stirman e LoSavio. Artmed, 2025. Os compradores deste livro podem baixar cópias adicionais desta planilha na página do livro em loja.grupoa.com.br.

Planilha de Pensamentos Alternativos

A. Situação	B. Ponto de bloqueio	C. Emoção(ões)	D. Explorando pensamentos	E. Padrões de pensamento	F. Pensamento(s) alternativo(s)	G. Reavaliação do ponto de bloqueio original	H. Emoção(ões)
Descreva o evento que leva ao ponto de bloqueio ou a emoções desagradáveis	Escreva seu ponto de bloqueio relacionado à situação na coluna A. Avalie sua crença nesse ponto de bloqueio, de zero a 100%. (O quanto você acredita nesse pensamento?)	Especifique sua(s) emoção(ões) (triste, zangado, etc.) e avalie a intensidade de cada uma delas, de zero a 100%.	Use as **perguntas exploratórias** para examinar seu pensamento automático da coluna B. Considere se o pensamento é equilibrado e factual ou extremo. Evidência contra? Que informações não estão incluídas? Tudo ou nada? Afirmações extremas? Focando em apenas uma parte do evento? Fonte de informação questionável? Confundindo possível com improvável? Com base em sentimentos ou em fatos?	Use os **padrões de pensamento** para decidir se este é um dos padrões e explique por quê. Tirar conclusões precipitadas: Ignorar partes importantes: Simplificar/generalizar: Leitura mental: Raciocínio emocional:	O que mais você pode dizer no lugar do pensamento na coluna B? De que outra forma você pode interpretar o evento que não seja a partir desse pensamento? Avalie sua crença no(s) pensamento(s) alternativo(s) de zero a 100%.	Reavalie o quanto você agora acredita no ponto de bloqueio na coluna B, de zero a 100%.	Como você se sente agora? Avalie de zero a 100%.

De *Vencendo o transtorno de estresse pós-traumático com a terapia de processamento cognitivo*, de Resick, Stirman e LoSavio. Artmed, 2025. Os compradores deste livro podem baixar cópias adicionais desta planilha na página do livro em loja.grupoa.com.br.

Como descobrir quem eu sou sem o TEPT?

Essa é uma boa pergunta que muitas pessoas têm que explorar após o TEPT. Se viveram em evitação por muitos anos, algumas pessoas perdem o contato com quais são seus valores e de quais atividades gostam, assim como podem ter perdido o contato com os amigos. Esse é um bom momento para fazer um balanço e decidir o que é importante ou não para você. Pode ser um bom momento para experimentar coisas novas, para ver se você pode descobrir algum novo interesse. Você pode ser capaz de se reconectar com as pessoas novamente, mesmo depois de muitos anos. Você não vai voltar a ser a pessoa que era quando os eventos traumáticos começaram, pois mesmo se eles não tivessem acontecido, você agora já teria crescido e mudado. Não estabeleça uma meta para ser a pessoa que você costumava ser, mas sim uma meta para ser a pessoa que gostaria de se tornar. Considere quais são as tarefas de desenvolvimento com as quais as pessoas da sua idade estão se comprometendo. Veja se isso faz sentido para você. Comece focando em eventos fora de si mesmo. Leia sobre coisas em que você está interessado — converse com outras pessoas sobre suas vidas. Junte-se a um grupo ou faça um curso para ter algumas ideias.

Quando devo contar a alguém sobre minha história?

Contar a alguém sobre seu histórico de trauma é uma questão de escolha pessoal e depende da sua proximidade com essa pessoa. Os conhecidos com quem você tem uma relação superficial ou com quem pratica uma atividade ou seus colegas de trabalho não precisam saber. Se você está iniciando a amizade com alguém, e essa pessoa revela algo pessoal sobre si mesma, você pode arriscar e dizer a ela que você tem um histórico de trauma, sem entrar em detalhes. Normalmente, você não diria a alguém, em um primeiro encontro, que já sofreu um estupro. Isso é muita informação, sobretudo se nenhum de vocês decidiu se a relação durará mais do que um encontro. Mesmo que você ache que deve divulgá-lo para explicar por que quer limitar a intimidade física, lembre-se de que não precisa justificar seus limites. Por que você desejaria contar isso a alguém que não conhece bem? É para ver como essa pessoa reage e determinar se você pode confiar nela? Tenha cuidado para não utilizar seu histórico de trauma como um teste. Ninguém gosta de testes informais, então não surpreenda as pessoas com informações sobre você apenas para ver como elas reagem. Isso não é justo com nenhum de vocês. Em um relacionamento contínuo, chegará um ponto em que ambos acabarão compartilhando suas histórias, e esse pode ser um momento apropriado. Quando você estiver mais seguro em um relacionamento e já tiver visto a pessoa ser solidária em resposta a outros detalhes a seu respeito, pode compartilhar alguns dos detalhes do seu trauma, mas você nunca é obrigado a dar todos os detalhes de qualquer evento específico. O quanto vai contar é uma decisão muito pessoal.

Quando se passa de conhecido a amigo?

Passar de conhecido a amigo é uma decisão mútua e geralmente não dita. Em geral, isso acontece gradualmente se vocês gostam um do outro, se se sentem melhor (em vez de pior) quando estão juntos e se gostam de passar tempo juntos. As amizades surgem do mútuo desejo de passar tempo juntos ou de estar na companhia um do outro (mesmo que apenas por mensagem de texto) e são apenas 50% decisão sua. As amizades podem fluir, então não leve para o lado pessoal se você perder o contato com algumas pessoas enquanto ganha outras. Gostos e objetivos mudam ao longo da vida, e as amizades também podem ser assim. Algumas amizades podem continuar exatamente de onde pararam, mesmo que você não veja alguém há muito tempo, pois tem uma base de carinho e respeito um pelo outro. Alguns desaparecerão naturalmente, devido a obrigações de trabalho ou família, ou à distância, que torna difícil ver um ao outro. A maioria das pessoas tem poucas pessoas em sua vida que consideram amigos próximos, mas muito mais conhecidos.

* * *

Você percorreu um longo caminho! Reserve um momento para completar a Lista de Verificação do TEPT para avaliar seu nível de sintomas atual.

PLANEJAMENTO PARA A CONCLUSÃO DA TPC

Muitas pessoas concluem a TPC após trabalhar no capítulo sobre intimidade. Se você atingiu seus objetivos e trabalhou com seus principais pontos de bloqueio, então se formará no próximo capítulo. Lembre-se de que você não precisa resolver todos os seus pontos de bloqueio ou não ter "nenhum" sintoma para seguir em frente. No entanto, você pode estar pronto para se formar se tiver tratado de muitos dos pontos de bloqueio que estavam mantendo você preso ao TEPT, se tiver reduzido seus sintomas (uma pontuação ideal de 19 ou menos na Lista de Verificação do TEPT) e se tiver as habilidades para continuar trabalhando em quaisquer questões restantes. Se você está pronto para concluir seu trabalho, vá para o capítulo final para revisar seu progresso e planejar o futuro.

Lista de Verificação do TEPT

Preencha a Lista de Verificação do TEPT para acompanhar seus sintomas enquanto lê este livro. Não se esqueça de preencher esta medição com base no mesmo evento central todas as vezes. Quando as instruções e as perguntas se referirem a uma "experiência estressante", lembre-se de que esse é o seu evento central — o pior evento, no qual você está trabalhando primeiro.

Escreva aqui o trauma em que você está trabalhando primeiro: _____

Preencha esta Lista de Verificação do TEPT com referência a esse evento.

Instruções: A seguir está uma lista de problemas que as pessoas às vezes têm em resposta a uma experiência muito estressante. Por favor, leia cada problema com atenção e, em seguida, circule um dos números à direita para indicar o quanto você foi incomodado por esse problema **no último mês**.

No último mês, quanto você foi incomodado por:	De modo nenhum	Um pouco	Moderadamente	Muito	Extremamente
1. Lembranças indesejáveis, perturbadoras e repetitivas da experiência estressante?	0	1	2	3	4
2. Sonhos perturbadores e repetitivos com a experiência estressante?	0	1	2	3	4
3. De repente, sentindo ou agindo como se a experiência estressante estivesse, de fato, acontecendo de novo (como se *você estivesse revivendo-a, de verdade, lá no passado*)?	0	1	2	3	4
4. Sentir-se muito chateado quando algo lembra você da experiência estressante?	0	1	2	3	4
5. Ter reações físicas intensas quando algo lembra você da experiência estressante (*por exemplo, coração apertado, dificuldade para respirar, suor excessivo*)?	0	1	2	3	4
6. Evitar lembranças, pensamentos, ou sentimentos relacionados à experiência estressante?	0	1	2	3	4
7. Evitar lembranças externas da experiência estressante (*por exemplo, pessoas, lugares, conversas, atividades, objetos ou situações*)?	0	1	2	3	4
8. Não conseguir se lembrar de partes importantes da experiência estressante?	0	1	2	3	4
9. Ter crenças negativas intensas sobre você, outras pessoas ou o mundo (*por exemplo, ter pensamentos tais como:* "Eu sou ruim", "existe algo seriamente errado comigo", "ninguém é confiável", "o mundo todo é perigoso")?	0	1	2	3	4

(Continua)

(Continuação)

No último mês, quanto você foi incomodado por:	De modo nenhum	Um pouco	Moderadamente	Muito	Extremamente
10. Culpar a si mesmo ou aos outros pela experiência estressante ou pelo que aconteceu depois dela?	0	1	2	3	4
11. Ter sentimentos negativos intensos como medo, pavor, raiva, culpa ou vergonha?	0	1	2	3	4
12. Perder o interesse em atividades que você costumava apreciar?	0	1	2	3	4
13. Sentir-se distante ou isolado das outras pessoas?	0	1	2	3	4
14. Dificuldades para vivenciar sentimentos positivos (*por exemplo, ser incapaz de sentir felicidade ou sentimentos amorosos por pessoas próximas a você*)?	0	1	2	3	4
15. Comportamento irritado, explosões de raiva ou agir agressivamente?	0	1	2	3	4
16. Correr muitos riscos ou fazer coisas que podem lhe causar algum mal?	0	1	2	3	4
17. Ficar "super" alerta, vigilante ou de sobreaviso?	0	1	2	3	4
18. Sentir-se apreensivo ou assustado facilmente?	0	1	2	3	4
19. Ter dificuldades para se concentrar?	0	1	2	3	4
20. Problemas para adormecer ou continuar dormindo?	0	1	2	3	4

Calcule a soma e a escreva aqui: _____

Extraído de PTSD Checklist for DSM-5 (PCL-5), de Weathers, Litz, Keane, Palmieri, Marx e Schnurr (2013). Disponível no National Center for PTSD, em www.ptsd.va.gov; em domínio público. Adaptação no Brasil: Lima Osório, F., Da Silva, T. D. A., Santos, R. G., Chagas, M. H. N., Chagas, N. M. S., Sanches, R. F., & De Souza Crippa, J. A. (2017). Posttraumatic stress disorder checklist for DSM-5 (PCL-5): Transcultural adaptation of the Brazilian version. *Revista de Psiquiatria Clínica*, 44(1), 10–19. https://doi.org/10.1590/0101-60830000000107. Reproduzido em *Vencendo o transtorno de estresse pós-traumático com a terapia de processamento cognitivo*. Os compradores deste livro podem baixar cópias adicionais desta planilha na página do livro em loja.grupoa.com.br.

CONTINUANDO SEU TRABALHO

Como alternativa, você pode optar por continuar praticando as habilidades da TPC com planilhas por mais algum tempo. Se você ainda está tendo sintomas significativos de TEPT e tem objetivos específicos para continuar (como mais alguns pontos de bloqueio principais para abordar), pode continuar pelo tempo que precisar. Não há tópicos novos, então você continuará a trabalhar com seu Registro de pontos de bloqueio e suas planilhas. Se você decidiu que seria útil estender seu trabalho, planeje em quais pontos de bloqueio você trabalhará enquanto continua. Você pode querer revisitar tópicos anteriores que não foram completamente resolvidos ou trabalhar em pontos de bloqueio sobre um evento traumático diferente.

Pode ser útil passar pelo seu Registro de pontos de bloqueio e riscar quaisquer pontos em que você não acredita mais. Os pontos de bloqueio que permanecem são aqueles em que você ainda precisa trabalhar. No Apêndice, você encontrará um Registro de pontos de bloqueio em branco para os Pontos de bloqueio restantes, que você pode utilizar para anotar os pontos com os quais deseja continuar trabalhando. Continue a usar as planilhas para investigar esses pensamentos. Você encontra Planilhas extras de pensamentos alternativos nas páginas 291–297.

Se você já tentou examinar alguns de seus pontos de bloqueio restantes e ainda se sente travado, pode tentar redigir os pontos de bloqueio de maneiras diferentes (p. ex., "se eu não tivesse _____, teria evitado o evento" ou "se eu tivesse _____, isso nunca teria acontecido"). Às vezes, mudar um pouco o ponto de bloqueio o ajuda a vê-lo por diferentes ângulos. Pergunte a si mesmo o que você quer dizer com o ponto de bloqueio.

Você também pode fazer algumas perguntas a si mesmo se estiver especialmente travado, como:

- Como você se sentiria se deixasse de lado essa crença?
- Você está utilizando esse ponto de bloqueio para se proteger de uma ideia mais assustadora (p. ex., "Se eu não pude evitar o evento, então pode haver outros eventos no futuro que não serei capaz de evitar")?
- Existe um ponto de bloqueio que o impede de abraçar a recuperação, como "se eu começar a me recuperar, isso significará que o evento traumático não importa"?
- Existe uma crença central que está mantendo esse ponto de bloqueio, como "Tudo é sempre culpa minha" ou "O mundo é completamente perigoso"? Se você sempre reage como se a crença central fosse verdadeira, talvez não perceba evidências de que ela não o é.

Quando você sentir que fez progresso suficiente, pode prosseguir para o capítulo final, para encerrar seu trabalho.

PARTE 5

Avante!

Parabéns! Você chegou ao final deste livro! Nos capítulos finais, você terá a oportunidade de refletir sobre seu progresso e fazer planos para o que vem pela frente.

16

Concluindo a terapia de processamento cognitivo

Você se esforçou para enfrentar seu trauma, permitiu-se experimentar emoções naturais, aprendeu novas habilidades e avaliou seus pontos de bloqueio. Esperamos que você esteja se sentindo melhor e experimentando menos sintomas do TEPT ou, pelo menos, que estejam mais leves. Você tem todo o crédito por embarcar nesse trabalho difícil e permanecer até o fim!

Reserve um momento para refletir sobre as mudanças em sua vida. Que mudanças você notou em seu trabalho, seus estudos ou outras atividades produtivas e no seu lazer?

_____
_____
_____
_____

Que mudanças você notou em suas relações com a família, os amigos, os colegas de trabalho, os vizinhos e outras pessoas?

_____
_____
_____
_____

Você já percebeu mudanças em alguma outra área da sua vida, como autocuidado ou saúde?

_____
_____
_____
_____

Declaração de Impacto Final

Por favor, escreva pelo menos uma página sobre o que você pensa *agora* sobre por que seu evento traumático ocorreu. Além disso, considere o que pensa *agora* sobre você, sobre os outros e sobre o mundo nas seguintes áreas: segurança, confiança, poder/controle, estima e intimidade.

Você pode escrever suas respostas no espaço a seguir.

_____

(Continua)

Declaração de Impacto Final

Para concluir seu trabalho, você será solicitado a escrever uma Declaração de Impacto Final (ver páginas 306–307) para refletir sobre como você pensa **agora**. Você também pode baixar e imprimir a Declaração de Impacto Final acessando a página do livro em loja.grupoa.com.br. Esse exercício permitirá que você considere as mudanças que teve como parte de seu trabalho neste programa. Faça esse exercício sem olhar para trás em sua Declaração de Impacto inicial e concentre-se apenas no que você acredita agora.

Em seguida, revise o que escreveu em sua Declaração de Impacto Final. Depois, volte e releia o que você escreveu no início do livro, na primeira Declaração de Impacto, completada no Capítulo 4, nas páginas 53 e 54.

Reflita sobre quaisquer diferenças que notar entre as duas declarações. Você pode se surpreender com o quanto seu pensamento mudou desde que iniciou esse processo. Por exemplo, há alguma mudança na qual você está colocando a culpa pelo trauma? Seus pensamentos sobre segurança ou confiança são menos extremos? O que se destaca para você ao comparar suas afirmações?

_____
_____
_____
_____

Reflita sobre o progresso que fez ao trabalhar neste programa. Dê uma olhada no seu Gráfico para acompanhar suas pontuações semanais, na página 29, e avalie quaisquer mudanças em suas pontuações. Quais são as suas conclusões? Como você se sente agora?

_____
_____
_____
_____

Além disso, examine os itens da Lista de Verificação do TEPT da Linha de Base, nas páginas 17 e 18, para observar quais sintomas específicos mudaram. Reflita sobre como ela era quando você começou este processo e como sua vida mudou desde que você melhorou nesses sintomas.

Há alguma área em que você acha que precisa continuar trabalhando? Por exemplo, há algum ponto de bloqueio para o qual você pode precisar preencher mais planilhas?

_____
_____
_____
_____

Certifique-se de não ficar preso em pensamentos de "tudo ou nada" a respeito do seu progresso. Mesmo que ainda haja mais trabalho a fazer, não deixe de comemorar o que você conquistou até agora! Foi preciso muito esforço para chegar até aqui! Além disso, às vezes as pessoas que se recuperam do TEPT sentem arrependimento por não terem feito esse trabalho mais cedo. Se você pensou algo nesse sentido, considere se sabia que esse tipo de ajuda existia, se estava disponível para você e se você sempre esteve na posição em que está agora para abordar seu TEPT. Não há problema em lamentar o quanto o trauma e o TEPT afetaram sua vida, mas certifique-se de dar a si mesmo o crédito pelo trabalho árduo que teve para permitir que avançasse em direção à recuperação e vivesse sua vida de maneira mais plena.

Pense com antecedência em metas que você pode querer realizar e coisas que não poderia fazer quando estava preso ao TEPT. Se não estiver se sentindo tão preso pelos sintomas do TEPT, você sente que agora está pronto para embarcar em novos desafios e oportunidades?

Agora que você já enfrentou o TEPT, quais são seus planos para o futuro?
_____
_____
_____
_____

Em quais objetivos você se concentrará a seguir?
_____
_____
_____
_____

Lembre-se de que as habilidades que você aprendeu neste livro estão aqui à sua disposição para o resto de sua vida. Você pode estar em um ponto em que pode preencher as planilhas "em sua cabeça", sem escrever, ou então pode achar que ainda é útil escrever nelas ou revisar as planilhas que já tenha completado. Se você notar um ponto de bloqueio com o qual está realmente tendo dificuldade, tente voltar e fazer uma Planilha de Pensamentos Alternativos sobre ele, mesmo que você já tenha feito uma antes ou se normalmente a faz de cabeça. Você também pode descobrir que rever os capítulos sobre segurança, confiança, poder e controle, estima e intimidade poderá ajudá-lo quando estiver em situações ou momentos desafiadores em sua vida. Lembre-se de que as Planilhas de Pensamentos Alternativos podem ser utilizadas para quaisquer problemas ou estressores que você tenha em sua vida, não apenas para pontos de bloqueio sobre seus traumas do passado. Quanto mais você pratica o uso das planilhas, mais elas se tornam parte de você, até que não precise mais delas.

Quanto mais você praticar os pensamentos alternativos, mais eles se tornarão seu novo hábito realista de pensar.

Recomendamos que você avalie como estará daqui a um mês. Considere se você tem algum ponto de bloqueio remanescente com o qual esteja trabalhando, ou sintomas do TEPT que precisam de mais atenção. Você pode querer continuar trabalhando em outros eventos traumáticos para ver se há diferentes pontos de bloqueio que deseja abordar. Algumas pessoas acham útil reservar uma ou duas horas por semana para rever as planilhas e completar algumas novas sobre quaisquer questões atuais que as estejam incomodando.

🔧 Solução de problemas

E se eu não estiver me sentindo melhor?

As necessidades de cada um são diferentes. Se você teve muitos eventos traumáticos ao longo de sua vida, talvez precise de um pouco mais de tempo para trabalhar nos pontos de bloqueio diferentes daqueles do evento-alvo com o qual você começou. Se começou devagar (relutando em fazer as tarefas de prática ou pensando no pior trauma), pode precisar de apenas mais algumas semanas para terminar. Basta continuar praticando e provavelmente logo verá melhora nesses sintomas. Fique atento também ao pensamento do "tudo ou nada". Se você se sentir um pouco melhor, mas não totalmente, tudo bem, e isso não significa que não será capaz de continuar se recuperando.

Não é um fracasso precisar de mais tempo e prática. Às vezes, as pessoas precisam de mais algumas semanas para trabalhar mais a estima ou a intimidade, pois são temas que mudam a vida. Você pode se beneficiar analisando os capítulos anteriores com outra perspectiva. No entanto, você não continuará este programa por um período indefinido. Você, em geral, precisará de apenas mais algumas semanas de prática para reduzir os outros sintomas do TEPT e, em seguida, pode simplesmente utilizar as habilidades quando precisar delas. Analisar suas respostas aos itens da Lista de Verificação do TEPT pode ajudá-lo a determinar onde você ainda está travado. Você ainda está evitando certos gatilhos? Qual é o ponto de partida com a sua evitação? Se você está tendo pesadelos ou *flashbacks*, considere se há uma parte de um de seus traumas que não foi processada, e quais podem ser os pontos de bloqueio e as emoções.

Nunca é tarde para se recuperar. Pessoas diferentes têm padrões diferentes de recuperação. Assuma o compromisso consigo mesmo de fazer tudo o que puder para não evitar coisas sobre as quais você tem dificuldade de falar e para garantir que invista tempo todos os dias em suas tarefas práticas. Comemore o fato de ter dado passos e feito alguns progressos.

Se você não tiver experimentado tanto alívio do TEPT quanto esperava após mais algumas semanas, é importante não desistir. Você pode continuar trabalhando com essas habilidades e continuar vendo melhorias. Você também pode procurar um terapeuta especializado. Há também outras formas de terapia que podem ajudar no TEPT. Uma delas pode ser mais adequada para você. Você pode descobrir sobre elas em *www.ptsd.va.gov*. É importante não perder a esperança e continuar utilizando todas as habilidades que vem desenvolvendo.

Vou voltar à minha antiga maneira de pensar? Vou ter uma recaída?

A boa notícia é que o que você realizou neste processo não é apenas mudar seus pensamentos, mas mudar a forma como você pensa sobre eles. Se você mudou seus pensamentos, não o fez apenas repetindo algo excessivamente positivo a si mesmo. O que você fez foi olhar para os fatos e decidir qual era a conclusão mais verdadeira e justa. Portanto, é improvável que você volte a pensar algo que você já decidiu que não é realista. No entanto, lembre-se de que sua antiga maneira de pensar pode ter sido uma forma de pensar enraizada e habitual. Então, às vezes você pode ter que se lembrar do trabalho que fez, olhando para os fatos, ou voltar às suas planilhas preenchidas, caso um de seus pontos de bloqueio reapareça. A pesquisa nos mostrou, no entanto, que as pessoas que completam a TPC não apenas mudam seu pensamento no curto prazo, mas também costumam manter essas mudanças no pensamento anos depois. Da mesma forma, estudos mostraram que as pessoas não costumam ter "recaída" com o TEPT. Após lidar com o trauma, é improvável que ele continue o assombrando da mesma forma. Mesmo que você experimente alguns períodos em que pensa mais sobre isso ou experimenta alguns sentimentos fortes ao se lembrar do trauma, pode notar que algo parece diferente agora que você se permitiu processar o trauma e experimentar as emoções naturais.

O que eu faço se lidei com o pior trauma, mas ainda tenho outros?

Com frequência, as pessoas percebem que, à medida que lidam com seus piores traumas, seus sintomas e seus pontos de bloqueio sobre outros traumas também diminuem. No entanto, se você tem pontos de bloqueio sobre outros traumas, pode continuar utilizando as mesmas habilidades que aplicou ao primeiro trauma. Volte ao Capítulo 7 e às perguntas sobre por que o trauma aconteceu. Também continue usando as Planilhas de Pensamentos Alternativos para avaliar seus pontos de bloqueio sobre seus outros traumas. Você pode descobrir que não precisa investir tanto tempo ou fazer tantas planilhas sobre outros traumas, ou que é mais fácil trabalhar com eles.

E se eu passar por um trauma no futuro?

Não há como prever o que o futuro pode reservar, e esperamos que você não passe por outro trauma. Ainda assim, a pesquisa nos mostrou que, mesmo que as pessoas tenham outro evento traumático após completar a TPC, é improvável que experimentem o TEPT novamente. Você aprendeu novas maneiras de se relacionar com suas experiências. Você aprendeu que, quando algo estressante ou traumático acontece, é melhor não evitá-lo, mas se permitir sentir seus sentimentos, conversar sobre eles com pessoas solidárias e processar seus pensamentos e suas emoções. Se algo estressante ou traumático ocorrer com você no futuro, você pode utilizar o mesmo conjunto de habilidades que já usou aqui para enfrentar essa experiência. Observe todos os pontos de bloqueio que você tem e preencha Planilhas de Pensamentos Alternativos sobre eles, conforme necessário. Você aprendeu uma habilidade inestimável que terá para o resto da vida e que poderá ser utilizada em muitas situações.

17
Conclusão

Parabéns pela conclusão deste trabalho! Esta é uma grande conquista, que deve ser comemorada. Você enfrentou algumas lembranças muito difíceis e dedicou muito tempo e esforço para a sua recuperação. Isso exigiu bravura e comprometimento, e uma crença de que você poderia progredir se fizesse o esforço necessário. Não se esqueça nem minimize o que foi preciso para chegar aqui! Complete o certificado na próxima página com a data em que concluiu este programa, como um lembrete do seu esforço e da sua realização (ou então acesse a página do livro em loja.grupoa.com.br). Ao encarar o futuro, você levará consigo todas as habilidades importantes que aprendeu. Continue a utilizá-las quando precisar delas, e não se esqueça de quanta força e persistência foram necessárias para enfrentar seu trauma e dar esses passos para vencer o TEPT. Desejamos-lhe as maiores felicidades enquanto continua avançando.

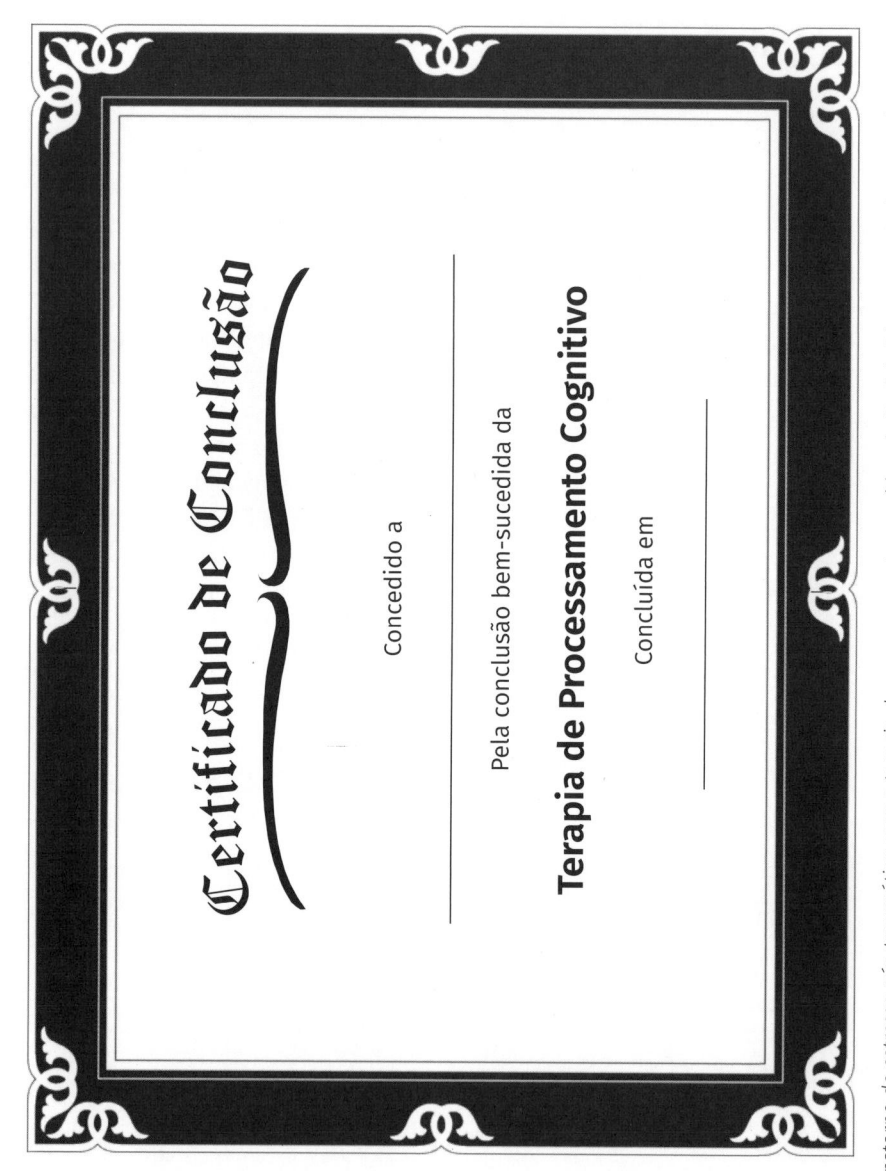

Certificado de Conclusão

Concedido a

_____

Pela conclusão bem-sucedida da

Terapia de Processamento Cognitivo

Concluída em

_____

Apêndice

Na página seguinte, há um folheto que pode ser compartilhado com as pessoas que você deseja que o apoiem enquanto estiver fazendo os exercícios da TPC.

Depois disso, você encontrará o Registro dos pontos de bloqueio restantes, que pode utilizar para anotar os pontos com os quais deseja continuar trabalhando, bem como cópias extras da Lista de Verificação do TEPT e da Planilha de Pensamentos Alternativos.

Apoiando seu familiar durante a TPC

A pessoa que compartilhou este folheto com você está trabalhando em um curso autoguiado de terapia de processamento cognitivo (TPC). Essa terapia é um tratamento eficaz para o transtorno do estresse pós-traumático (TEPT). Dezenas de estudos mostraram que a TPC pode ajudar as pessoas na sua recuperação do TEPT. Ela funciona ajudando os indivíduos a reconhecerem como o trauma mudou sua visão sobre si mesmos, sobre os outros e sobre o mundo. A TPC ensina as pessoas a reconhecerem os pensamentos negativos que resultaram do trauma. Nós os chamamos de "pontos de bloqueio", porque eles atrapalham a recuperação do TEPT e mantêm as pessoas travadas. Os pontos de bloqueio não refletem todo o contexto ou a realidade, e a TPC funciona ensinando as pessoas a pensar em seus pontos de bloqueio e a considerar perspectivas novas, mais verdadeiras e equilibradas. A TPC também ajuda as pessoas a quebrar o ciclo de evitação que pode manter o TEPT. Ao se permitirem fazer esse trabalho em vez de evitar memórias, elas podem processar o trauma e começar a se recuperar.

Há quatro fases da TPC: (1) educação sobre TEPT e como funciona a TPC; (2) processamento do trauma; (3) aprendizado de como examinar pensamentos sobre o trauma; e (4) exame dos pontos de bloqueio relacionados à segurança, à confiança, ao poder e ao controle, à estima e à intimidade.

Você pode ajudar seu familiar aprendendo mais sobre o TEPT. O National Center for PTSD (Centro Nacional Estadunidense para TEPT) tem alguns recursos úteis em seu *site: www.ptsd.va.gov/family/how_help_cpt.asp*. Você também pode perguntar se seu familiar gostaria que você o apoiasse, lembrando-o sobre algumas das práticas e dos exercícios que ele fará. Se ele o fizer, incentive-o, mas lembre-se de que não é sua função fazê-lo trabalhar no processo. Às vezes, quando as pessoas fazem a TPC ou outras formas de tratamento de trauma, elas podem experimentar emoções que têm evitado, como a tristeza, pois estão processando o trauma, em vez de evitando-o. Esses sentimentos vão diminuindo com o tempo e se tornando menos intensos. Você também pode dizer que está lá para conversar e apoiar seu familiar, mas respeite seus desejos se ele não quiser compartilhar muitas informações com você.

Não adianta sugerir que seu familiar pare de fazer o trabalho se ele estiver se sentindo mal, pois isso o incentiva a manter a evitação em funcionamento. Em vez disso, deixe claro para ele que você vê o quanto ele está se esforçando e que, se continuar assim e passar pelas partes difíceis, ele poderá começar a ver mudanças, ou apenas diga-lhe que você está lá e que o apoia. Este livro contém outros recursos e informações sobre o que fazer se seu familiar não estiver se sentindo melhor ou se estiver tendo pensamentos suicidas; portanto, se você ficar preocupado com como ele está, sugira que ele veja essa seção.

Seu apoio significa muito para seu familiar quando ele está lidando com eventos traumáticos. Agradecemos por estar presente e apoiá-lo enquanto ele dá esses passos em sua recuperação.

De *Vencendo o transtorno de estresse pós-traumático com a terapia de processamento cognitivo*, de Resick, Stirman e LoSavio. Artmed, 2025. Os compradores deste livro podem baixar cópias adicionais deste folheto na página do livro em loja.grupoa.com.br.

Registro dos Pontos de Bloqueio Restantes

Ponto de bloqueio	Pensamento alternativo

De *Vencendo o transtorno de estresse pós-traumático com a terapia de processamento cognitivo*, de Resick, Stirman e LoSavio. Artmed, 2025. Os compradores deste livro podem baixar cópias adicionais deste folheto na página do livro em loja.grupoa.com.br.

Lista de Verificação do TEPT

Preencha a Lista de Verificação do TEPT para acompanhar seus sintomas enquanto lê este livro. Não se esqueça de preencher esta medição com base no mesmo evento de índice todas as vezes. Quando as instruções e as perguntas se referirem a uma "experiência estressante", lembre-se de que esse é o seu evento central — o pior evento, no qual você está trabalhando primeiro.

Escreva aqui o trauma que você está trabalhando primeiro: _____

Preencha esta Lista de Verificação do TEPT com referência a esse evento.

Instruções: A seguir está uma lista de problemas que as pessoas às vezes têm em resposta a uma experiência muito estressante. Por favor, leia cada problema com atenção e, em seguida, circule um dos números à direita para indicar o quanto você foi incomodado por esse problema **no último mês**.

No último mês, quanto você foi incomodado por:	De modo nenhum	Um pouco	Moderadamente	Muito	Extremamente
1. Lembranças indesejáveis, perturbadoras e repetitivas da experiência estressante?	0	1	2	3	4
2. Sonhos perturbadores e repetitivos com a experiência estressante?	0	1	2	3	4
3. De repente, sentindo ou agindo como se a experiência estressante estivesse, de fato, acontecendo de novo (como se *você estivesse revivendo-a, de verdade, lá no passado)*?	0	1	2	3	4
4. Sentir-se muito chateado quando algo lembra você da experiência estressante?	0	1	2	3	4
5. Ter reações físicas intensas quando algo lembra você da experiência estressante (*por exemplo, coração apertado, dificuldade para respirar, suor excessivo*)?	0	1	2	3	4
6. Evitar lembranças, pensamentos, ou sentimentos relacionados à experiência estressante?	0	1	2	3	4
7. Evitar lembranças externas da experiência estressante (*por exemplo, pessoas, lugares, conversas, atividades, objetos ou situações*)?	0	1	2	3	4
8. Não conseguir se lembrar de partes importantes da experiência estressante?	0	1	2	3	4

(Continua)

(Continuação)

No último mês, quanto você foi incomodado por:	De modo nenhum	Um pouco	Moderadamente	Muito	Extremamente
9. Ter crenças negativas intensas sobre você, outras pessoas ou o mundo (*por exemplo, ter pensamentos tais como: "Eu sou ruim", "existe algo seriamente errado comigo", "ninguém é confiável", "o mundo todo é perigoso*)?	0	1	2	3	4
10. Culpar a si mesmo ou aos outros pela experiência estressante ou pelo que aconteceu depois dela?	0	1	2	3	4
11. Ter sentimentos negativos intensos como medo, pavor, raiva, culpa ou vergonha?	0	1	2	3	4
12. Perder o interesse em atividades que você costumava apreciar?	0	1	2	3	4
13. Sentir-se distante ou isolado das outras pessoas?	0	1	2	3	4
14. Dificuldades para vivenciar sentimentos positivos (*por exemplo, ser incapaz de sentir felicidade ou sentimentos amorosos por pessoas próximas a você*)?	0	1	2	3	4
15. Comportamento irritado, explosões de raiva ou agir agressivamente?	0	1	2	3	4
16. Correr muitos riscos ou fazer coisas que podem lhe causar algum mal?	0	1	2	3	4
17. Ficar "super" alerta, vigilante ou de sobreaviso?	0	1	2	3	4
18. Sentir-se apreensivo ou assustado facilmente?	0	1	2	3	4
19. Ter dificuldades para se concentrar?	0	1	2	3	4
20. Problemas para adormecer ou continuar dormindo?	0	1	2	3	4

Calcule a soma e a escreva aqui: _____

Extraído de PTSD Checklist for DSM-5 (PCL-5), de Weathers, Litz, Keane, Palmieri, Marx e Schnurr (2013). Disponível no National Center for PTSD, em www.ptsd.va.gov; em domínio público. Adaptação no Brasil: Lima Osório, F., Da Silva, T. D. A., Santos, R. G., Chagas, M. H. N., Chagas, N. M. S., Sanches, R. F., & De Souza Crippa, J. A. (2017). Posttraumatic stress disorder checklist for DSM-5 (PCL-5): Transcultural adaptation of the Brazilian version. *Revista de Psiquiatria Clínica*, 44(1), 10–19. https://doi.org/10.1590/0101-60830000000107. Reproduzido em *Vencendo o transtorno de estresse pós-traumático com a terapia de processamento cognitivo*. Os compradores deste livro podem baixar cópias adicionais desta planilha na página do livro em loja.grupoa.com.br.

Planilha de Pensamentos Alternativos

A. Situação	B. Ponto de bloqueio	C. Emoção(ões)	D. Explorando pensamentos	E. Padrões de pensamento	F. Pensamento(s) alternativo(s)	G. Reavaliação do ponto de bloqueio original	H. Emoção(ões)
Descreva o evento que leva ao ponto de bloqueio ou a emoções desagradáveis	Escreva seu ponto de bloqueio relacionado à situação na coluna A. Avalie sua crença nesse ponto de bloqueio, de zero a 100%. (O quanto você acredita nesse pensamento?)	Especifique sua(s) emoção(ões) (triste, zangado, etc.) e avalie a intensidade de cada uma delas, de zero a 100%.	Use as **perguntas exploratórias** para examinar seu pensamento automático da coluna B. Considere se o pensamento é equilibrado e factual ou extremo. Evidência contra? Que informações não estão incluídas? Tudo ou nada? Afirmações extremas? Focando em apenas uma parte do evento? Fonte de informação questionável? Confundindo possível com improvável? Com base em sentimentos ou em fatos?	Use os **padrões de pensamento** para decidir se este é um dos padrões e explique por quê. Tirar conclusões precipitadas: Ignorar partes importantes: Simplificar/generalizar: Leitura mental: Raciocínio emocional:	O que mais você pode dizer no lugar do pensamento na coluna B? De que outra forma você pode interpretar o evento que não seja esse pensamento? Avalie sua crença no(s) pensamento(s) alternativo(s) de zero a 100%.	Reavalie o quanto você agora acredita no ponto de bloqueio da coluna B, de zero a 100%.	Como você se sente agora? Avalie de zero a 100%.

De *Vencendo o transtorno de estresse pós-traumático com a terapia de processamento cognitivo*, de Resick, Stirman e LoSavio. Artmed, 2025. Os compradores deste livro podem baixar cópias adicionais desta planilha na página do livro em loja.grupoa.com.br.

Planilha de Pensamentos Alternativos

A. Situação	B. Ponto de bloqueio	D. Explorando pensamentos	E. Padrões de pensamento	F. Pensamento(s) alternativo(s)
Descreva o evento que leva ao ponto de bloqueio ou a emoções desagradáveis	Escreva seu ponto de bloqueio relacionado à situação na coluna A. Avalie sua crença nesse ponto de bloqueio, de zero a 100%. (O quanto você acredita nesse pensamento?)	Use as **perguntas exploratórias** para examinar seu pensamento automático da coluna B. Considere se o pensamento é equilibrado e factual ou extremo.	Use os **padrões de pensamento** para decidir se este é um dos padrões e explique por quê.	O que mais você pode dizer no lugar do pensamento na coluna B? De que outra forma você pode interpretar o evento que não seja esse pensamento? Avalie sua crença no(s) pensamento(s) alternativo(s) de zero a 100%.
		Evidência contra?	Tirar conclusões precipitadas:	
		Que informações não estão incluídas?	Ignorar partes importantes:	
	C. Emoção(ões) Especifique sua(s) emoção(ões) (triste, zangado, etc.) e avalie a intensidade de cada uma delas, de zero a 100%.	Tudo ou nada? Afirmações extremas?	Simplificar/generalizar:	G. Reavaliação do ponto de bloqueio original Reavalie o quanto você agora acredita no ponto de bloqueio da coluna B, de zero a 100%.
		Focando em apenas uma parte do evento?		
		Fonte de informação questionável?	Leitura mental:	
		Confundindo possível com improvável?	Raciocínio emocional:	H. Emoção(ões) Como você se sente agora? Avalie de zero a 100%.
		Com base em sentimentos ou em fatos?		

De Vencendo o transtorno de estresse pós-traumático com a terapia de processamento cognitivo, de Resick, Stirman e LoSavio. Artmed, 2025. Os compradores deste livro podem baixar cópias adicionais desta planilha na página do livro em loja.grupoa.com.br.

Planilha de Pensamentos Alternativos

A. Situação	B. Ponto de bloqueio	C. Emoção(ões)	D. Explorando pensamentos	E. Padrões de pensamento	F. Pensamento(s) alternativo(s)	G. Reavaliação do ponto de bloqueio original	H. Emoção(ões)
Descreva o evento que leva ao ponto de bloqueio ou a emoções desagradáveis	Escreva seu ponto de bloqueio relacionado à situação na coluna A. Avalie sua crença nesse ponto de bloqueio, de zero a 100%. (O quanto você acredita nesse pensamento?)	Especifique sua(s) emoção(ões) (triste, zangado, etc.) e avalie a intensidade de cada uma delas, de zero a 100%.	Use as **perguntas exploratórias** para examinar seu pensamento automático da coluna B. Considere se o pensamento é equilibrado e factual ou extremo. Evidência contra? Que informações não estão incluídas? Tudo ou nada? Afirmações extremas? Focando em apenas uma parte do evento? Fonte de informação questionável? Confundindo possível com improvável? Com base em sentimentos ou em fatos?	Use os **padrões de pensamento** para decidir se este é um dos padrões e explique por quê. Tirar conclusões precipitadas: Ignorar partes importantes: Simplificar/generalizar: Leitura mental: Raciocínio emocional:	O que mais você pode dizer no lugar do pensamento na coluna B? De que outra forma você pode interpretar o evento que não seja esse pensamento? Avalie sua crença no(s) pensamento(s) alternativo(s) de zero a 100%.	Reavalie o quanto você agora acredita no ponto de bloqueio da coluna B, de zero a 100%.	Como você se sente agora? Avalie de zero a 100%.

De Vencendo o transtorno de estresse pós-traumático com a terapia de processamento cognitivo, de Resick, Stirman e LoSavio. Artmed, 2025. Os compradores deste livro podem baixar cópias adicionais desta planilha na página do livro em loja.grupoa.com.br.

Recursos

Nesta seção, você encontrará algumas informações e recursos adicionais que podem ser úteis. Incluímos uma lista de alguns pontos de bloqueio comuns para pessoas com tipos específicos de histórias de trauma, bem como perguntas que podem ser úteis para se fazer sobre pontos de bloqueio específicos que você pode ter.

FERRAMENTAS ADICIONAIS

Pontos de bloqueio comuns para tipos específicos de trauma

Abuso sexual na infância

- Devo ter feito algo que os fez pensar que eu queria.
- Eles me escolheram por um motivo (algo a meu respeito, especificamente).
- Deveria ter dito a alguém que o abuso estava ocorrendo.
- Deveria ter dito antes a alguém que o abuso estava acontecendo.
- Não valia a pena me proteger.
- Não deveria ter gostado da atenção.
- Deveria ter dito "não".
- Deveria ter revidado.
- Deveria ter fugido.
- Aconteceu porque eu abracei aquela pessoa/sentei no colo dela.
- Não deveria ter feito o que me mandaram fazer.
- Devo ter desejado/gostado.

Abuso físico na infância

- Aconteceu porque eu era mau.
- Fiz algo para merecer o abuso.
- Aconteceu porque eu não era amável.
- Não valia a pena me cuidar/proteger.
- Deveria ter contado a alguém.
- Deveria ter fugido.
- Deveria ter revidado.
- Talvez não tenha sido realmente abuso.

Agressão sexual na fase adulta

- Deveria ter lutado mais.
- Deveria ter dito "não".
- Deixei acontecer.
- Deveria saber que aquela pessoa me agrediria.
- Aconteceu porque eu flertei.
- Não deveria ter congelado.
- Não deveria estar naquela situação (bebendo, saindo sozinho, etc.).
- Aconteceu por causa da minha aparência/vestimenta.
- Talvez não tenha sido realmente um estupro.
- Devem ter pensado que eu queria.

Agressão/abuso físico em adultos

- Deveria ter visto os sinais de que essa pessoa era um abusador.
- Deveria tê-lo deixado na primeira vez que isso aconteceu.
- Aconteceu por causa de algo que fiz de errado.
- Não deveria tê-lo provocado.
- Se eu fosse um parceira melhor, ele não teria abusado de mim.
- Deveria ter tido mais cuidado.
- Aconteceu por causa do meu mau julgamento.

Perda traumática (como guerra, suicídio, overdose de drogas, assassinato)

- Eu deveria saber que isso aconteceria.
- Eu deveria ter feito mais para ajudar.
- Eu deveria estar lá.
- Se eu tivesse feito algo diferente, eles ainda estariam aqui.
- Eu não merecia que eles ficassem vivos/sóbrios.
- Nunca vou superar perder essa pessoa.
- Não posso continuar sem eles.
- Deveria tê-los tirado daquela situação enquanto ainda havia tempo.
- Deveria ter protegido meus entes queridos/as crianças que vi/os outros.

Combate

- Deveria ter sido eu a me ferir/morrer em vez deles.
- Não deveria ter me sentido emocionado enquanto [o evento traumático] estava acontecendo.
- Não é assim que o combate/serviço deveria ser (explosivos escondidos, inimigos disparando a distância, crianças ou mulheres como combatentes ou chamarizes, fogo amigo, acidentes de treinamento, etc.).
- Devíamos ter podido fazer mais.
- O ataque inimigo foi culpa do nosso comandante.
- Não deveria ter me alistado/aceitado esse posto.
- Não deveria ter disparado contra essas pessoas.
- Se eu tivesse sido um líder melhor, isso não teria acontecido.
- Eu deveria estar lá no dia em que aconteceu.
- Eu não deveria ter me sentido tão apavorado quanto me senti.
- Eu não deveria ter congelado/Eu deveria ter reagido mais rapidamente.

*Trauma secundário ao trabalho como socorrista
(como médico, bombeiro ou policial)*

- Eu deveria ter sido capaz de salvar essa pessoa.
- Eu falhei com eles.
- Eu deveria ter sido mais rápido.
- A culpa é minha que a pessoa morreu.
- Se eu fosse mais competente, eu os teria salvado.

Trauma associado a ser um profissional médico

- Fiz o procedimento errado.
- Aconteceu porque eu não reagi rápido o suficiente.
- Eu deveria ter sido capaz de salvá-los.
- Eu deveria ter respondido mais rápido.
- A culpa é toda [do sistema hospitalar/ de um colega de trabalho].
- Eu deveria ter sido mais gentil com aquele paciente.
- Eu deveria ter falado quando vi algo dando errado.

Trauma associado a ser refugiado

- Eu deveria ter saído antes.
- Eu não deveria ter saído de jeito nenhum.
- Eu deveria ter trazido mais familiares comigo.
- Eu deveria ter convencido meus entes queridos a vir comigo.
- Eu deveria ter sido capaz de proteger meus entes queridos.
- Nunca vou conseguir seguir em frente.
- Coisas assim não deveriam acontecer.
- Eu não deveria me recuperar enquanto os outros ainda estão sofrendo.

Perguntas a serem consideradas para pontos de bloqueio comuns

"Eu deveria ter visto os sinais de que essa pessoa era abusiva."

- Quais foram suas impressões originais sobre a pessoa?
- Como ela o tratou originalmente?
- Que sinais você acha que deveria ter visto? Havia mesmo algum? Você percebeu sinais na hora? O que você achou desses fatos na ocasião?
- Há alguma razão pela qual você pode não ter confiado em seus instintos, como violações anteriores, que fizeram com que você duvidasse de si mesmo ou de seus sentimentos?

"Eu deveria ter saído na primeira vez que aconteceu."

- Quais foram os motivos pelos quais você não saiu?
- Na época, o que você estava pensando ou esperando que acontecesse a seguir?
- Você sabia na época o que aconteceria a seguir, como prosseguiria ou quanto tempo duraria?

"Eu deveria ter lutado mais."

- O que você fez? Se você inicialmente revidou, funcionou? O que aconteceu? Faz sentido que você tenha parado de resistir?
- É possível que, se você lutasse mais, o resultado fosse o mesmo, como não ter sido possível afastar a outra pessoa?
- É possível que, se você lutasse mais, poderia ter se machucado ou até mesmo morrido?

"Eu deveria ter dito 'não'."

- O que você disse?
- Você disse "sim"?
- O que sua linguagem corporal disse?
- Se alguém reagisse da forma como você reagiu, você continuaria?

"Deixei o evento acontecer."

- Você *queria* que o evento acontecesse?
- Você *pretendia* que isso acontecesse?
- *Deixar* implica que você tinha controle. O quanto de controle você realmente tinha?

"Eu deveria ter contado a alguém."

- Quais foram as razões para você não ter contado a ninguém?
- Como você estava se sentindo na época?
- Quantos anos você tinha? É razoável que alguém da sua idade e na sua situação não fosse contar (p. ex., por causa de sentimentos de medo, ou por não saber a quem contar ou o que dizer)?
- O que você esperava que acontecesse a seguir?
- É possível que, mesmo que você contasse, o evento pudesse continuar acontecendo de qualquer maneira?

"Aconteceu porque eu estava mal."

- O que você fez que foi "ruim"? A punição parece justa?
- Outras pessoas fazem as mesmas coisas que você fez sem passar pelo trauma que você viveu?
- Você puniria alguém do jeito que você foi punido pela mesma coisa que você fez? Você tornaria a punição tão extrema?
- A resposta diz mais sobre você ou sobre o agressor?
- De onde você tirou a ideia de que era ruim? Considere a fonte. Essa é uma crença do "mundo justo"?

"Aconteceu porque eu não era amável."

- O que não foi "amável" em você? Você consideraria que outras pessoas com esses traços ou comportamentos são completamente impossíveis de amar? Você acha que elas mereciam vivenciar o que você viveu?
- Alguém é realmente impossível de ser amado?
- O abuso diz mais sobre você ou sobre o agressor?
- Essa é a conclusão a que você chegou na infância e nunca a questionou?

"Eu não deveria estar naquela situação."

- Quais foram as razões pelas quais você estava naquela situação? Quais eram suas intenções quando entrou na situação?
- Você sabia na época o que aconteceria?
- Você já tinha passado por essa situação antes, com um resultado diferente? Estar nessa situação sempre causa esse resultado?
- Quando você se concentra em estar na situação, está deixando de fora quaisquer outros fatores que precisariam existir para que o trauma ocorresse (como alguém com a intenção de machucá-lo)?

"Eu deveria ter protegido outras pessoas."

- Era realmente possível proteger outras pessoas naquele momento?
- O que estava acontecendo que o impedia de protegê-las?
- Você tomou a decisão de não proteger os outros no momento ou isso aconteceu muito rápido? Se você tomou uma decisão, quais foram os motivos para isso?

OUTROS LOCAIS PARA OBTER INFORMAÇÕES OU AJUDA

Página do livro em loja.grupoa.com.br com materiais para *download*
Site CPT for PTSD (Biblioteca de vídeos em quadro branco, lista de terapeutas treinados em TPC, artigos de pesquisa): *https://cptforptsd.com*
National Center for PTSD: *www.ptsd.va.gov*
National Domestic Violence Hotline: *www.thehotline.org*
Aplicativo móvel PTSD Coach: *www.ptsd.va.gov/appvid/mobile/ptsdcoach_app.asp*

Recursos de prevenção do suicídio

Estados Unidos

National Suicide Prevention Lifeline: 988; *www.988lifeline.org*

Reino Unido

Serviços de emergência (polícia, bombeiros, ambulância): 999
Linha de apoio nacional não governamental gratuita, disponível 24 horas, 7 dias por semana: *www.samaritans.org*

Austrália

Serviços de emergência: 000
O serviço nacional de suicídio/crise chama-se Lifeline: *www.lifeline.org.au*, e as pessoas podem ligar (13 11 14), ou conversar ou enviar mensagens de texto (consulte esses *links* no *site*).

Canadá

Serviços de emergência: 911
National Suicide Hotline: 800-273-8255
Talk Suicide Canada: *www.crisisservicescanada.ca*

Brasil

Centro de Valorização da Vida – 188 (ligação gratuita). Atendimento por telefone disponível 24 horas. Atendimento por *chat*: domingos – das 17h à 01h; de segunda-feira a quinta-feira – das 09h à 01h, sextas-feiras – das 15h às 23h, sábados – das 16h à 01h.
CAPS e Unidades Básicas de Saúde (Saúde da família, Postos e Centros de Saúde)
UPA 24H, SAMU 192, Pronto-socorro; Hospitais

Índice

A

Acompanhamento do progresso.
Ver Monitoramento do progresso
Aconselhamento. *Ver* Ajuda profissional
Agressão, 40, 238
Ajuda de outros, 244. *Ver também* Ajuda profissional
Ajuda profissional. *Ver também* Terapia de processamento cognitivo (TPC)
    dicas para trabalhar neste livro com, 23-25
    encontrando um terapeuta TPC, 6-7
    quando considerar, 27-28
    terapia de casal ou familiar e, 283-285
Alarmes falsos, 42-43. *Ver também* Reação de luta–fuga–congelamento
Amígdala, 41-42
Amizades. *Ver* Intimidade; Problemas de relacionamento
Ansiedade, 4-5, 124-125, 191-199. *Ver também* Medo
Área de broca, 41-42
Assertividade, 237-239, 244-246
Autoculpa. *Ver também* Culpa; Seu papel e o dos outros em eventos traumáticos
    dano intencional a outra pessoa e, 258-261
    estima e, 270
    evento-alvo e, 111
    examinando a culpa, 91-101
    Lista de Perguntas Exploratórias, 119, 122
    pensamentos e, 48-49
    pontos de bloqueio e, 61-62
Autoestima, 256-258, 265-267, 269-273. *Ver também* Estima
Avaliação do progresso. *Ver* Monitoramento do progresso

C

Casamento, 283-285. *Ver também* Intimidade; Problemas de relacionamento

Ciclo de *feedback*, 41-42
Comportamentos, 193-196
Comportamentos de automutilação, 244
Comportamentos de fuga, 193-196. *Ver também* Evitação
Comportamentos viciantes, 39, 244
Concluindo a TPC. *Ver também* Recuperação do trauma; Terapia de processamento cognitivo (TPC)
    solução de problemas, 310-312
    trabalho contínuo além deste livro e, 302
    visão geral, 305, 308-309
Confiança. *Ver também* Folha de Exercícios da Estrela da Confiança; Temas muitas vezes interrompidos por eventos traumáticos
    compartilhando informações sobre trauma e TEPT e, 218-220
    construção, 213-217
    dando segundas chances, 216-218
    estima e, 270-271
    intimidade e, 283, 290-299
    perdão e, 225-226
    Planilha de Pensamentos Alternativos, 227-233
    pontos de bloqueio resultantes do trauma e, 66-67
    presumindo que novas pessoas não são confiáveis, 216-217
    reconstrução, 217-219
    solução de problemas, 223-226
    tipos de confiança, 210-211, 213-216
    traições, 222-223
    visão geral, 190, 210, 213-216, 219-222
Consequências de eventos e pensamentos, 75-76, 189-190, 193-196. *Ver também* Emoções; Planilha ABC
Considerando detalhes sobre o trauma, 122-124
Controle. *Ver também* Poder/Controle
    crença do mundo justo e, 44-46
    evento-alvo e, 92

mudança de crenças e, 45-48
padrões de pensamento e, 157
pontos de bloqueio resultantes do trauma e, 66-67
solução de problemas, 243-246
visão geral, 236-243
Crença do mundo justo, 44-46, 62-63, 123-125. *Ver também* Crenças; Crenças de justiça
Crenças. *Ver também* Pensamentos; Planilha ABC; Pontos de bloqueio
    confiança e, 219-224
    efeitos sobre a recuperação, 44-48
    evento-alvo e, 112-113
    intimidade e, 286-290
    Lista de Perguntas Exploratórias, 119-138
    medos em relação à segurança e, 197-199, 256-258, 260-264
    poder e controle e, 236-244
Crenças de justiça, 112-113. *Ver também* Crença do mundo justo
Culpa
    crença do mundo justo e, 44-46
    culpa correta, 258-261
    dano intencional a outra pessoa e, 258-261
    estima e, 270
    Lista de Perguntas Exploratórias, 122
    não percebendo mudanças e, 181-182
    pensamentos e, 48-49
    pontos de bloqueio ou pensamentos e, 45-46, 61-62
    seu papel e o dos outros em eventos traumáticos, 93-104, 111
    terapia de processamento cognitivo (TPC) e, 4-5, 7-8
    viés de retrospectiva e, 96-101
    visão geral, 37, 89
Culpa da vítima, 44-46. *Ver também* Culpa

D

Declaração de Impacto
    Declaração de Impacto Final e, 306-308
    emoções e, 73-75
    exemplo de, 65-66
    pontos de bloqueio e, 62-63, 67-68
    problemas para começar, 55-57
    visão geral, 51-54, 60-62
Declarações extremas, 123-124, 163-164, 190. *Ver também* Pensamento do tipo "tudo ou nada"
Definição de metas, 27-28, 49-51, 308-309
Depressão, 4-5, 39. *Ver também* Tristeza
Desafios enfrentados ao fazer tratamento de trauma
    antecipando, 30-32

autoestima, 265-267, 269-273
concluindo a TPC, 310-312
confiança, 223-226
controle, 243-246
embotamento emocional, 79-80
emoções, 79-80, 175-176
estima, 265-267, 269-273
intimidade, 289-299
Lista de Perguntas Exploratórias, 128
não percebendo mudanças e, 179-188
padrões de pensamento, 156-157
pensamentos alternativos, 165-176
percepção da probabilidade de algo ruim, 199-207
Planilha ABC, 79-80, 106, 110-111
Planilha de Pensamentos Alternativos, 165-176
poder e controle, 243-246
pontos de bloqueio, 67-69, 175-176, 182-188
recuperação de traumas, 310-312
segurança, 198-207
seu papel e o dos outros em eventos traumáticos, 111
Desesperança, 4-5
Detalhes sobre o trauma, considerando, 122-124
Diagrama de Identificação de Emoções. *Ver também* Emoções
    identificando emoções e, 79-80
    Planilha ABC e, 74-75, 77-78
    visão geral, 72-73
Dimensionamento correto da culpa, 258-261. *Ver também* Culpa
Divulgação de informações sobre eventos traumáticos, 218-220, 290-299
Dormência emocional, 72, 79-80, 290-298

E

Elogios, dar e receber, 265-270, 289-290
Emoções. *Ver também* Alterações de humor; Consequências de eventos e pensamentos; Emoções individuais; Planilha ABC; Planilha de Pensamentos Alternativos
    desafios ao renunciar aos pontos de e, 186-187
    desenvolvimento de pensamentos alternativos e, 163-165
    emoções naturais e fabricadas, 48-50
    identificando, 72-75
    intimidade e, 290-298
    Lista de Perguntas Exploratórias, 119
    mudanças nas, 114-116
    poder e controle e, 237-238

pontos de bloqueio e, 49-51
processando o evento-alvo e, 91-93, 103-110, 114-116
seu papel e o dos outros em eventos traumáticos, 93-104
solução de problemas, 79-80, 175-176
visão geral, 36-37, 75-77, 89

Emoções fabricadas. *Ver também* Emoções
Lista de Perguntas Exploratórias, 119
Planilha ABC e, 84-85
visão geral, 48-50, 75-77

Emoções naturais, 48-50, 75-76, 84-85. *Ver também* Emoções

Emoções negativas, 72. *Ver também* Emoções

Emoções positivas, 72. *Ver também* Emoções

Erros, 216-219

Estima. *Ver também* Autoestima; Temas muitas vezes interrompidos por eventos traumáticos
construindo, 261-264
dando e recebendo elogios, 264-268
dano intencional a outra pessoa e, 258-261
fazendo coisas boas para si mesmo e, 264-266
intimidade e, 283
para os outros, 260-262
pontos de bloqueio resultantes do trauma e, 66-68
Registro de coisas boas que eu fiz para mim, 264-266
solução de problemas, 265-267, 269-273
visão geral, 190, 256-258, 261-264

Evento-alvo. *Ver também* Eventos traumáticos
aplicando a Planilha ABC ao, 83-85, 103-112
crenças de justiça e, 112-113
examinando, 91-93, 114-116
linha do tempo de eventos traumáticos, 12-15
Lista de Perguntas Exploratórias, 119-138
perdão e, 225-226
pontos de bloqueio e, 62-63, 182-188
seu papel e o dos outros no, 93-104
visão geral, 13-15, 50-51

Eventos, 74-76. *Ver também* Eventos traumáticos; Gatilhos Planilha ABC

Eventos estressantes, 9-11, 23-26

Eventos traumáticos. *Ver também* Evento-alvo; Temas muitas vezes interrompidos por eventos traumáticos; Traumas
ajuste às crenças, 45-48
aplicação da Planilha ABC a, 83-85
compartilhando com os outros, 218-220, 290-299

concluindo a TPC e, 311-312
examinando, 91-93
medindo sintomas do TEPT e, 11-18
pontos de bloqueio em relação a, 61-63, 65-67
reações, 40-52
traumas futuros e, 311-312
visão geral, 9-11

Evidência a favor ou contra um pensamento/ ponto de bloqueio, 122, 163-165. *Ver também* Pontos de bloqueio

Evitação
como iniciar o trabalho de recuperação e, 30-31
concluindo a TPC e, 310-311
de emoções, 72, 75-76
evento-alvo e, 106
intimidade e, 283
medindo sintomas do TEPT e, 10-11
medos em relação à segurança e, 193-196
mudanças de humor e pensamento, 37
piora de outros sintomas do TEPT e, 25-26
Planilha ABC e, 85
pontos de bloqueio e, 49-51
relutância em parar, 55-56
visão geral, 37-38, 89

Excitação, 36. *Ver também* Sintomas do TEPT

F

Falha. *Ver também* Culpa
Lista de Perguntas Exploratórias, 122-125
seu papel e o dos outros em eventos traumáticos, 93-95, 111

Fatos. *Ver também* ABC; Eventos Planilha
Planilha de Perguntas Exploratórias, 123-125
pontos de bloqueio e, 185-187
seu papel e o dos outros em eventos traumáticos, 93
visão geral, 74-76

Fazer coisas boas para si mesmo, 264-266

Flashbacks, 289-290, 310-311. *Ver também* Memórias

Folha de Exercícios "Apoiando seu ente querido durante a TPC", 25-26, 316

Folha de Exercícios da Estrela da Confiança. *Ver também* Confiar
como preencher, 211-213
exemplos de, 214
planilha em branco, 215
visão geral, 211-216, 224

Formulários, listas de verificação, folhas de exercícios e atividades

Declaração de Impacto, 51-57, 60-63, 65-66, 73-75, 306-308
Declaração de Impacto Final, 306-308
Diagrama de Identificação de Emoções, 72-75, 77-80
dicas para trabalhar com, 20-25, 31-32
Folha de exercícios "Apoiando seu ente querido durante a TPC", 25-26, 316
Folha de Exercícios da Estrela da Confiança, 211-216, 224
Gráfico para acompanhar suas pontuações semanais, 28-30, 207
linha do tempo de eventos traumáticos, 12-14
Lista de Padrões de Pensamento, 141, 144-157, 160, 165-175
Lista de Perguntas Exploratórias, 119-138, 141, 160, 165-175
Lista de Verificação do TEPT, 14-15, 23-25, 28-29, 56-59, 70-71, 117-118, 139-140, 158-179, 186-187, 207-209, 234-235, 254-255, 281-282, 300-301, 308
Lista de Verificação do TEPT da Linha de Base, 14-15, 16-18, 28-29, 31, 50-51
Planilha ABC, 74-85, 89, 103-112, 114-116, 160, 165-175
Planilha de Pensamentos Alternativos, 160-176, 189, 193-194, 198-206, 223, 225-233, 236-239, 243-253, 264-267, 270-271, 274-280, 285-286, 288-289, 291-297, 302, 309, 311-312
Registro de coisas boas que fiz para mim, 264-266
Registro de elogios dados e recebidos, 264-268
Registro de Pontos de Bloqueio, 60, 62-68, 72-75, 84-85, 103-104, 142-145, 186-187, 198-199, 223, 243, 256-257, 264-267, 288-289, 302, 317
Funções cerebrais, 41-42
Futuro, previsões a respeito, 62-63

G

Gatilhos, 6-7, 42-43. *Ver também* Eventos; Planilha ABC
Generalizações, 62-63, 143-144
Gráfico para Acompanhar suas Pontuações Semanais, 28-30, 207

H

Hipervigilância, 194-195
História de trauma complexo, 5-6

I

Identidade, 290-298
Ignorando partes importantes de um padrão de pensamento situacional, 142-144. *Ver também* Lista de Padrões de Pensamento; Padrões de pensamento; Planilha de Pensamentos Alternativos
Intenção, 93-95
Interpretações do evento. *Ver também* Pensamentos; Pontos de bloqueio
    emoções e, 48-50
    entendendo eventos traumáticos e, 45-48
    pontos de bloqueio e, 49-51
    visão geral, 89
Intimidade. *Ver também* Problemas de relacionamento; Temas muitas vezes interrompidos por eventos traumáticos
    pontos de bloqueio resultantes do trauma e, 67-68
    solução de problemas, 289-299
    visão geral, 190, 283-289
Intimidade consigo mesmo, 284-288. *Ver também* Intimidade
Intimidade emocional. *Ver* Intimidade
Intimidade física. *Ver* Intimidade
Irritabilidade, 110-111

L

Lamento
    não percebendo mudanças e, 181-182
    seu papel e o dos outros em eventos traumáticos, 93-94
    viés retrospectivo e, 96-101
Linha do tempo de eventos traumáticos, 12-14, 50-51. *Ver também* Eventos traumáticos
Lista de Padrões de Pensamento
    exemplos de, 145-147
    Planilha de Pensamentos Alternativos e, 165-175
    planilha em branco, 148-154
    solução de problemas, 156-157
    visão geral, 141, 144-156, 160
Lista de Perguntas Exploratórias
    como preencher, 119-127
    exemplos de, 125-127
    Planilha de Pensamentos Alternativos e, 165-175
    planilha em branco, 120-121, 129-138
    solução de problemas, 128
    visão geral, 119, 141, 160
Lista de Verificação do TEPT. *Ver também* Lista de Verificação do TEPT da Linha de Base

concluindo a TPC e, 308-309
lista de verificação em branco, 58-59, 70-71, 86-87, 117-118, 139-140, 158-179, 177-178, 208-209, 234-235, 254-255, 281-282, 300-301
monitoramento do progresso e, 56-57, 186-187
visão geral, 14-15, 23-25, 28-30, 207
Lista de Verificação do TEPT da Linha de Base. *Ver também* Lista de Verificação do TEPT
escolhendo com qual trauma trabalhar e, 31
evento-alvo e, 50-51
planilha em branco, 16-18
visão geral, 14-15, 28-30
Luto, 7-8, 270

M

Medo. *Ver também* Ansiedade; Segurança
antecipando desafios e, 30-31
Lista de Perguntas Exploratórias, 124-125
medos em relação à segurança e, 191-199
poder e controle e, 237-238
Memórias
antecipando desafios e, 30-32
concluindo a TPC e, 310-311
dar sentido a eventos traumáticos e, 45-46
evitação e, 37
intimidade e, 289-290
não percebendo mudanças e, 180-182
pontos de bloqueio e, 49-51
sintomas intrusivos, 35-36
trabalhar com o trauma e, 3, 6-7
Monitoramento do progresso. *Ver também* Lista de Verificação do TEPT; Recuperação do trauma; Sintomas do TEPT
concluindo a TPC e, 308-309
desafios ao renunciar aos pontos de bloqueio e, 182-188
evento-alvo e, 115-116
não percebendo mudanças, 179-188
Planilha de Pensamentos Alternativos e, 179-183
pontos de bloqueio e, 68-69
progresso em direção a metas e, 186-188
visão geral, 23-25, 28-31, 186-188
Mudanças de humor, 36-37. *Ver também* Emoções

N

Neurotransmissores, 41-42
Nojo, 93

O

Obstáculos, 30-32
Opiniões, 75-76. *Ver também* Crenças; Pensamentos; Planilha ABC; Pontos de bloqueio

P

Padrões de pensamento "generalização excessiva", 143-144. *Ver também* Lista de Padrões de Pensamento; Padrões de pensamento; Planilha de Pensamentos Alternativos
Padrões de pensamento "simplificação excessiva", 143-144. *Ver também* Lista de Padrões de Pensamento; Padrões de pensamento; Planilha de Pensamentos Alternativos
Padrões de pensamento de leitura da mente, 143-145. *Ver também* Lista de Padrões de Pensamento; Padrões de pensamento; Planilha de Pensamentos Alternativos
Padrões de pensamento de raciocínio emocional, 144-145. *Ver também* Lista de Padrões de Pensamento; Padrões de pensamento; Planilha de Pensamentos Alternativos
Padrões de pensamento, 141-145, 156-157, 161-163. *Ver também* Lista de Padrões de Pensamento; Pensamentos; Pensamentos automáticos; Planilha de Pensamentos Alternativos
Parte frontal do cérebro, 41-42
Pedindo ajuda, 244. *Ver também* Ajuda profissional
Pensamento "tudo ou nada". *Ver também* Declarações extremas
concluindo a TPC, 308-309
confiança e, 213-216
Lista de Perguntas Exploratórias, 123-124
poder e controle e, 237-238
visão geral, 190
Pensamento do tipo tudo ou nada, 190. *Ver também* Declarações extremas
Pensamento equilibrado. *Ver* Padrões de pensamento; Pensamentos; Pensamentos alternativos
Pensamentos. *Ver também* Crenças; Lista de Padrões de Pensamento; Padrões de pensamento; Pensamentos alternativos; Planilha ABC; Planilha de Pensamentos Alternativos; Pontos de bloqueio
confiança e, 219-224
desafios ao renunciar aos pontos de bloqueio e, 182-188
efeitos sobre a recuperação, 44-48

emoções e, 48-50
evento-alvo e, 91-93, 103-110
examinando, 49-51, 91-93, 103-110, 161-163
identificando, 68-69, 72, 79-80
mudanças nos, 36-37
pensamentos automáticos, 6-7, 49-51
pensamentos negativos, 19-21
segurança e, 191-194
seu papel e o dos outros em eventos traumáticos, 93-104
sintomas do TEPT e, 10-12
temas muitas vezes interrompidos por eventos traumáticos e, 190
visão geral, 49-51, 67-69, 75-77, 89, 197-199

Pensamentos alternativos. *Ver também* Pensamentos; Planilha de Pensamentos Alternativos
confiança e, 219-222
danos intencionais a outra pessoa e, 260-261
desenvolvendo, 163-165
intimidade e, 286-289
medos em relação à segurança e, 197-199, 260-264
poder e controle e, 239-243
solução de problemas, 165-176
visão geral, 161-163

Pensamentos automáticos, 6-7, 49-51. *Ver também* Lista de Padrões de Pensamento; Padrões de pensamento; Pensamentos

Pensamentos "deveria-poderia-faria". *Ver também* Viés de retrospectiva
confiança e, 222-223
explorando, 91-101
Lista de Perguntas Exploratórias, 123-124
pontos de bloqueio e, 61-63
visão geral, 91-93

Pensamentos "se", 61-63
Pensamentos suicidas, 4-5, 25-28
Percepção de probabilidade de algo ruim acontecer, 191-194, 199-207, 239-240. *Ver também* Crenças; Pensamentos; Pontos de bloqueio
Perdão, 225-226
Perfeccionismo, 163-164, 238-239
Pesadelos, 310-311
Planejamento do trabalho de recuperação
como começar, 30-32
monitoramento do progresso e, 28-31
perguntas antes de começar, 23-28
visão geral, 20-25

Planilha ABC
aplicando ao trauma, 83-85
como preencher, 74-80
evento-alvo e, 103-112
exemplos de, 77-79, 103-105, 114-116
Planilha de Pensamentos Alternativos e, 160-163, 165-175
planilha em branco, 75-78, 81-82, 105, 107-110
revisão, 112
solução de problemas, 79-80, 106, 110-111
visão geral, 74-75, 89, 160

Planilha de Pensamentos Alternativos. *Ver também* Pensamentos alternativos
como completar, 160-165
concluindo a TPC e, 309, 311-312
confiança e, 223, 225-226
estima e, 265-267
exemplos de, 166-167
intimidade e, 285-286, 288-289
planilha em branco, 163-164, 168-174, 198-206, 227-233, 247-253, 274-280, 291-297
poder e controle e, 236-239, 243-246
segurança e, 193-194, 198-199, 264-265, 270-271
solução de problemas, 165-176
trabalho contínuo além deste livro e, 302
visão geral, 160, 164-165, 189

Poder/Controle. *Ver também* Controle; Temas muitas vezes interrompidos por eventos traumáticos
intimidade e, 283
pontos de bloqueio resultantes do trauma e, 66-67
solução de problemas, 243-246
visão geral, 190, 236-243

Pontos de bloqueio. *Ver também* Crenças; Planilha ABC; Planilha de Pensamentos Alternativos; Pensamentos; Registro de Pontos de Bloqueio
ausência de, 56-57
concluindo a TPC e, 308-311
confiança e, 219-224
desafios ao abrir mão do, 182-188
desenvolvendo pensamentos alternativos e, 161-164
dicas para a escrita, 63
estima e, 269-270
evento-alvo e, 106
examinando, 49-51, 114-116, 160, 182-188
exemplos de, 63, 65-68
intimidade e, 283-298

Lista de Padrões de Pensamento e, 145-147
Lista de Perguntas Exploratórias, 119-138
medos em relação à segurança e, 193-195, 197-199, 261-264
poder e controle e, 237-244
resultante do trauma, 62-63, 66-68
sobre o evento traumático, 61-63
solução de problemas, 67-69, 175-176, 182-188
tarefa de Declaração de Impacto, 51-57
visão geral, 61-62, 89
Prática regular. *Ver também* planilhas individuais e tarefas práticas
concluindo a TPC e, 310-311
importância de, 23-25
Lista de Perguntas Exploratórias e, 128
Planilha de Pensamentos Alternativos e, 189
Pressupostos, 75-76. *Ver também* Pensamentos; Planilha ABC
Previsões sobre o futuro, 62-63, 142. *Ver também* Lista de Padrões de Pensamento; Padrões de pensamento
Probabilidade de algo ruim acontecer, 191-194, 199-207, 239-240
Problemas de relacionamento, 39. *Ver também* Confiança; Intimidade
Prontidão, 31

R

Raiva
identificando emoções e, 73
não percebendo mudanças e, 181-182
perdão e, 225-226
poder e controle e, 237-238
seu papel e o dos outros em eventos traumáticos, 93
terapia de processamento cognitivo (TPC) e, 4-5, 7-8
visão geral, 37
Reação de luta–fuga–congelamento
evento-alvo e, 92
Lista de Perguntas Exploratórias, 122-124
visão geral, 40-45, 193-194
Reações a eventos traumáticos. *Ver também* Eventos traumáticos
emoções e, 48-50
evento-alvo e, 50-51
pensamentos e, 44-48
pontos de bloqueio e, 49-51
reação de luta–fuga–congelamento, 40-45
tarefa de Declaração de Impacto e, 51-54
visão geral, 40-41

Reatividade, 36. *Ver também* Sintomas do TEPT
Recaída, 310-312
Recuperação de trauma. *Ver também* Concluindo a TPC; Monitoramento do progresso
abordagem focada na recuperação, 5-6
continuando além deste livro, 302
desafios a renunciar aos pontos de bloqueio e, 182-188
não percebendo mudanças e, 179-188
solução de problemas, 310-312
terapia de processamento cognitivo (TPC) e, 4-6
visão geral, 40-45, 305, 308-309
Reexperimentando o trauma, 30-31
Registro de coisas boas que fiz para mim, 264-266
Registro de elogios dados e recebidos, 264-268
Registro de Pontos de Bloqueio. *Ver também* Pontos de bloqueio
confiança e, 223
continuando o trabalho além deste livro e, 302
dicas para a redação de pontos de bloqueio, 63
estima e, 265-267
evento-alvo e, 103-104
exemplo de, 65-66
identificando emoções e, 73-75
intimidade e, 288-289
padrões de pensamento e, 142-145
Planilha ABC e, 84-85
poder e controle e, 243
progresso em direção a metas e, 186-187
registro em branco para, 64, 317
revendo, 179
segurança e, 198-199, 256-257, 264-265
solução de problemas, 67-69
visão geral, 60, 62-63, 67-68, 72
Relações amorosas, 283-285. *Ver também* Intimidade; Problemas de relacionamento
Relações sexuais, 284-285. *Ver também* Intimidade; Problemas de relacionamento
Responsabilidade pelo evento traumático, 93-95, 101-104
Resposta de congelamento, 41-42. *Ver também* Reação de luta–fuga–congelamento
Resposta de fuga. *Ver* Reação de luta–fuga–congelamento
Resposta orientadora, 41-42. *Ver também* Reação de luta–fuga–congelamento
Respostas físicas, 73
Revivendo o trauma, 30-31

S

Saltar para conclusão do padrão de pensamento. *Ver também* Padrões de pensamento; Planilha de Padrões de Pensamento; Planilha de Pensamentos Alternativos;
    estima e, 269
    poder e controle e, 239-240
    pontos de bloqueio e, 62-63
    visão geral, 142
Segundas chances, 216-218, 224. *Ver também* Confiança
Segurança. *Ver também* Medo; Temas muitas vezes interrompidos por eventos traumáticos
    dando sentido a eventos traumáticos e, 45-48
    pontos de bloqueio resultantes do trauma e, 66-67
    reação de luta–fuga–congelamento e, 42-43
    solução de problemas, 198-207
    visão geral, 190-199
Sentimentos, 79-80. *Ver também* Consequências de eventos e pensamentos; Emoções; Mudanças de humor; Planilha ABC
Sentimentos de impotência, 237-238
Seu papel e o dos outros em eventos traumáticos. *Ver também* Culpa; Evento-alvo
    examinando, 93-104
    Lista de Perguntas Exploratórias, 122-124
    solução de problemas, 111
    viés de retrospectiva e, 96-101
Sintomas do TEPT. *Ver também* Monitoramento do progresso; Sintomas individuais
    desafios ao renunciar aos pontos de bloqueio e, 182-188
    desenvolvimento de, 39-41
    medindo, 11-18
    mudanças no humor e no pensamento, 36-37
    não percebendo mudanças e, 177-178, 180-188
    piora dos, 25-26
    progresso em direção às metas e, 186-188
    sintomas de evitação, 37-38
    sintomas de excitação ou reatividade, 36
    terapia de processamento cognitivo (TPC) e, 4-5
    visão geral, 3, 10-11, 35-39
Sintomas e memórias intrusivos, 35-36.
    Ver também Memórias; Sintomas do TEPT
Sistema nervoso, 42-43

T

Temas muitas vezes interrompidos por eventos traumáticos, 189-190. *Ver também* Confiança; Estima; Eventos traumáticos; Intimidade; Poder/Controle; Segurança
TEPT, sintomas. *Ver* Sintomas do TEPT
Terapeutas, 23-25, 27-28. *Ver também* Ajuda profissional
Terapia. *Ver* Ajuda profissional
Terapia de processamento cognitivo (TPC). *Ver também* Ajuda profissional; Concluindo a TPC
    finalizando, 302, 305-312
    pontos de bloqueio e, 49-51
    visão geral, 4-7, 316
Trabalho de recuperação de ritmo, 20-25
Traição, 222-223, 225-226
Transtorno do estresse pós-traumático (TEPT), 39-41, 316. *Ver também* Sintomas do TEPT; Traumas
Traumas. *Ver também* Eventos traumáticos
    considerando outros detalhes importantes sobre, 122-124
    dicas para trabalhar com este livro, 20-25
    escolhendo com qual trauma trabalhar, 30-31
    evitação e, 39-41
    impacto de, 1-2
    pontos de bloqueio resultantes de, 62-63, 66-68
    recuperação de, 3
    visão geral, 9-11
Tristeza, 7-8, 73. *Ver também* Depressão

U

Uso de substâncias, 4-5, 39

V

Vergonha, 4-5, 7-8, 181-182
Viés de retrospectiva, 96-101, 222-223. *Ver também* Arrependimento; Autoculpa; Culpa; Pensamentos "deveria–poderia–faria"
Violência, 224